CÓMO FUNCIONA
EL ESPACIO

CÓMO FUNCIONA EL ESPACIO

CONTENIDOS

Asesoramiento editorial
Anthony Brown,
Dr Jacqueline Mitton

Edición de arte
Steve Woosnam-Savage

Edición de arte del proyecto
Amy Child, Shahid Mahmood,
Jessica Tapolcai

Ilustración
Mark Clifton,
Dan Crisp, Phil Gamble

Edición de arte ejecutiva
Michael Duffy

Diseño de cubierta
Tanya Mehrotra

Edición de producción sénior
Andy Hilliard

Dirección de arte
Karen Self

Colaboración
Abigail Beall, Philip Eales,
John Farndon, Giles Sparrow,
Colin Stuart

Edición sénior
Peter Frances

Edición del proyecto
Nathan Joyce, Martyn Page

Edición
Annie Moss,
Hannah Westlake

Edición ejecutiva
Angeles Gavira Guerrero

Producción sénior
Meskerem Berhane

Dirección editorial
Liz Wheeler

Dirección de publicaciones
Jonathan Metcalf

De la edición en español

Coordinación editorial
Cristina Sánchez Bustamante

Servicios editoriales
Tinta Simpàtica

Asistencia editorial y producción
Malwina Zagawa

Traducción
Ismael Belda Sanchis

Publicado originalmente en Gran Bretaña en 2021
por Dorling Kindersley Limited
DK, One Embassy Gardens, 8 Viaduct Gardens,
Londres SW11 7BW
Parte de Penguin Random House

Copyright © 2021 Dorling Kindersley Limited
© Traducción española: 2021 Dorling Kindersley Ltd

Título original: *How Space Works*
Primera reimpresión: 2022

Reservados todos los derechos.
Queda prohibida, salvo excepción prevista en la ley, cualquier
forma de reproducción, distribución, comunicación pública
y transformación de esta obra sin la autorización escrita de
los titulares de la propiedad intelectual.

ISBN: 978-0-7440-4918-3
Impreso en China

Para mentes curiosas
www.dkespañol.com

MIXTO
Papel procedente de
fuentes responsables
FSC™ C018179

Este libro se ha impreso con papel
certificado por el Forest Stewardship
Council ™ como parte del compromiso
de DK por un futuro sostenible.
Para más información, visita
www.dk.com/our-green-pledge

ESTRELLAS

LAS GALAXIAS
Y EL UNIVERSO

EXPLORACIÓN ESPACIAL

DESDE
LA TIERRA

La Tierra

La Luna

Venus

El Sol | Saturno

El cinturón
de Kuiper

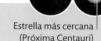
La nube de Oort

Estrella más cercana
(Próxima Centauri)

DISTANCIA DE LA TIERRA	1 MILLÓN DE KM	100 MILLONES DE KM	10000 MILLONES DE KM	1 BILLÓN DE KM

El diámetro de la Tierra es de 12760 km; la Luna está a 384400 km de distancia

Los planetas rocosos interiores están dentro del cinturón principal de asteroides, 2,5 veces más lejos del Sol que la Tierra

Los planetas del sistema solar orbitan nuestra estrella local, el Sol

Más allá de los planetas, está el cinturón de Kuiper, a 15000 millones de kilómetros del Sol

De la Tierra a la red cósmica
Todo lo que hay en el universo, desde nuestro planeta a los cúmulos de galaxias, es parte de una estructura. Si pudiéramos ampliar nuestra visión del universo, veríamos una red de gases y galaxias interconectada: la red cósmica.

El sistema solar es parte de la Vía Láctea, galaxia con entre 100000 y 400000 millones de estrellas

LA TIERRA Y LA LUNA

EL SISTEMA SOLAR INTERIOR

EL SISTEMA SOLAR

LA VÍA LÁCTEA

El disco de la Vía Láctea tiene 100000-120000 años luz de diámetro

Estructuras del universo

Todo lo que está hecho de materia en el universo –desde las estrellas más densas, los planetas y las lunas, hasta el gas difuso y el polvo– puede distribuirse en una jerarquía de estructuras unidas por la gravedad. Los objetos en una estructura orbitan en torno a un centro de masa, normalmente el centro de la estructura. Así, los planetas del sistema solar orbitan en torno al Sol, que está en el centro, y en nuestra galaxia todo orbita alrededor de su centro, que contiene un agujero negro supermasivo cuya masa es unos 4 millones de veces superior a la del Sol.

Nuestro lugar en el universo

El universo es todo lo que existe, ha existido o existirá. Contiene toda la materia y todo el espacio, y está permeado por la luz y la radiación. También incluye todo el tiempo, tanto pasado como futuro.

¿QUÉ FORMA TIENE EL UNIVERSO?

Como el universo no tiene límites conocidos, no podemos decir cuál es su forma. Algunos estudios sugieren que es plano, mientras que otros indican que podría ser redondo, como una esfera.

sfera de 1000 años luz

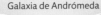
Galaxia de Andrómeda

Límite del universo
observable

ntiene el 90 por ciento
de las estrellas visibles

Centro de la
Vía Láctea

Cúmulo
de Virgo

Cuásar más
cercano

10^{16} KM 10^{18} KM 10^{20} KM 10^{22} KM

Distancias cósmicas

Las distancias en el universo no se pueden
representar en una simple escala lineal. En
este gráfico, cada división indica una distancia
10 veces mayor que la división anterior.

LA EDAD DEL UNIVERSO ES DE 13 800 MILLONES DE AÑOS

Tamaño y distancia

Fuera del sistema solar, las distancias son tan vastas que se
necesitan nuevas unidades para medirlas. Una de esas unidades
es el año luz, la distancia que recorren en un año los fotones
—partículas de luz o de otra radiación electromagnética—. Un año
luz equivale a unos 9,5 billones de kilómetros. La parte del
universo que podemos ver, llamada universo observable, está
limitada por esa distancia, ya que la luz, para llegar a nosotros, ha
tenido solo el tiempo transcurrido desde el Big Bang. No podemos
ver nada más allá de ese límite, llamado horizonte de luz cósmica.
Se desconoce el tamaño de todo el universo. Una posibilidad es
que sea infinito, lo que querría decir que no tiene límites.

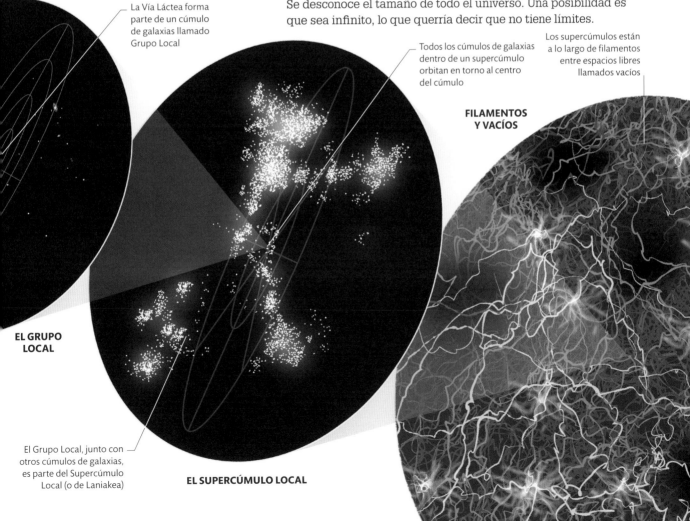

La Vía Láctea forma
parte de un cúmulo
de galaxias llamado
Grupo Local

Todos los cúmulos de galaxias
dentro de un supercúmulo
orbitan en torno al centro
del cúmulo

Los supercúmulos están
a lo largo de filamentos
entre espacios libres
llamados vacíos

**FILAMENTOS
Y VACÍOS**

**EL GRUPO
LOCAL**

El Grupo Local, junto con
otros cúmulos de galaxias,
es parte del Supercúmulo
Local (o de Laniakea)

EL SUPERCÚMULO LOCAL

Mirando el espacio

Durante siglos, se creyó que el Sol giraba alrededor de la Tierra debido a la forma en que se mueve en el cielo. Ahora sabemos que la Tierra orbita en torno al Sol y que gira sobre sí misma. Ambos movimientos crean la apariencia de que es el cielo el que se mueve.

La esfera celeste

Los planetas visibles a simple vista están mucho más cerca que las estrellas del cielo nocturno. Sin embargo, para identificar la posición de cada cuerpo celeste, los astrónomos lo imaginan todo —estrellas, planetas y la Luna— como puntos en una esfera imaginaria con un radio arbitrario en torno a la Tierra. Recibe el nombre de esfera celeste.

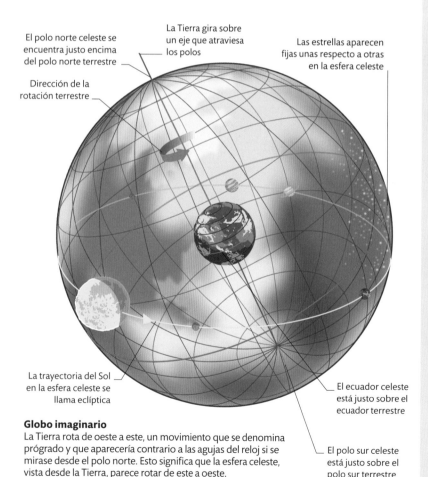

El polo norte celeste se encuentra justo encima del polo norte terrestre

Dirección de la rotación terrestre

La Tierra gira sobre un eje que atraviesa los polos

Las estrellas aparecen fijas unas respecto a otras en la esfera celeste

La trayectoria del Sol en la esfera celeste se llama eclíptica

El ecuador celeste está justo sobre el ecuador terrestre

El polo sur celeste está justo sobre el polo sur terrestre

Globo imaginario

La Tierra rota de oeste a este, un movimiento que se denomina prógrado y que aparecería contrario a las agujas del reloj si se mirase desde el polo norte. Esto significa que la esfera celeste, vista desde la Tierra, parece rotar de este a oeste.

Cómo cambia el cielo

A lo largo de un día, la esfera celeste parece rotar en torno a la Tierra. Esto significa que las estrellas, aunque están relativamente fijas unas respecto a otras, atraviesan el cielo en una trayectoria circular. Excepto las estrellas cerca de los polos, la mayoría parecen salir y ponerse por el horizonte. A medida que la Tierra rodea el Sol, las estrellas que se ven de noche varían a lo largo del año según la posición de la Tierra. Esto significa que cada noche las estrellas cambian de posición en el cielo. De un día al siguiente, si miramos el cielo a la misma hora, veremos que las estrellas han cambiado de posición aproximadamente 1 grado.

POSICIÓN DEL OBSERVADOR EN AGOSTO

LA ECLÍPTICA

A lo largo de un año, la Tierra orbita alrededor del Sol, que traza una línea a través de la esfera celeste. Esta trayectoria es el plano de la órbita terrestre y se llama eclíptica. Los demás planetas orbitan más o menos en el mismo plano que la Tierra y siempre aparecen cerca de esa línea. La Luna orbita en un leve ángulo respecto a la eclíptica. Los eclipses se dan solo cuando la Luna la atraviesa.

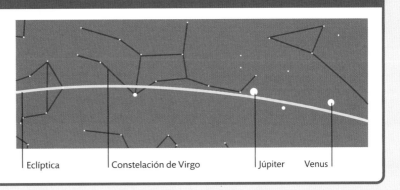

Eclíptica | Constelación de Virgo | Júpiter | Venus

Paralaje

Si miras un objeto con un ojo y después con el otro, el objeto parece desplazarse ligeramente. De la misma forma, los objetos del cielo se ven en diferentes posiciones según dónde está la Tierra en su órbita alrededor del Sol. Esto recibe el nombre de paralaje. Cuanto más cerca de la Tierra está un objeto, más parecerá moverse y mayor será el ángulo de paralaje. Con el paralaje se puede calcular la distancia de las estrellas.

VISTO CONTRA ESTOS OBJETOS EN FEBRERO

VISTO CONTRA ESTOS OBJETOS EN AGOSTO

Cada trazo es la trayectoria de una estrella circumpolar que da vueltas alrededor del polo norte celeste

Posición del polo norte celeste

OBJETO CELESTE

ÁNGULO DE PARALAJE

En el hemisferio norte, el objeto atraviesa lo alto de la esfera celeste en febrero

El ángulo del objeto visto desde la Tierra es más agudo en agosto

Dirección de la órbita terrestre alrededor del Sol

Trazos de estrellas circumpolares

Algunas estrellas son visibles todo el año; en lugar de salir y ponerse, estas estrellas dan vueltas alrededor de los polos. En una fotografía de larga exposición, su movimiento crea distintivos trazos circulares.

SOL

POSICIÓN DEL OBSERVADOR EN FEBRERO

DESPUÉS DEL
SOL, PRÓXIMA CENTAURI ES LA ESTRELLA MÁS CERCANA A LA TIERRA Y ESTÁ A UNOS **4,22 AÑOS LUZ**

Ciclos celestes

Para nosotros, los eventos celestes tienen lugar en ciclos que marca el movimiento de la Tierra, el Sol y la Luna. Estos ciclos dan pie a unidades de medida temporales, como los días, los años y las estaciones. Otros ciclos relacionados son la causa de los eclipses lunares y solares.

Por qué tenemos estaciones

La Tierra orbita en torno al Sol al tiempo que gira sobre su propio eje, que pasa por los polos norte y sur. El eje de rotación de la Tierra está inclinado unos 23,5 grados de la vertical en relación con el plano de la órbita. Esta inclinación significa que hay puntos en la órbita en los que el polo norte terrestre está apuntando al Sol y otros puntos en los que no. Esta inclinación también significa que la cantidad de luz solar que reciben los hemisferios norte y sur de la Tierra cambia a lo largo del año. El cambio en la cantidad de luz solar en cada hemisferio es la razón de que la Tierra experimente estaciones.

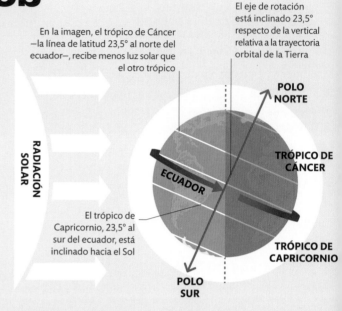

En la imagen, el trópico de Cáncer —la línea de latitud 23,5° al norte del ecuador—, recibe menos luz solar que el otro trópico

El eje de rotación está inclinado 23,5° respecto de la vertical relativa a la trayectoria orbital de la Tierra

RADIACIÓN SOLAR

POLO NORTE

TRÓPICO DE CÁNCER

ECUADOR

El trópico de Capricornio, 23,5° al sur del ecuador, está inclinado hacia el Sol

TRÓPICO DE CAPRICORNIO

POLO SUR

Inclinación de la Tierra

En el hemisferio que se encuentra inclinado en dirección opuesta al Sol, la radiación solar se dispersa en un área mayor de la superficie terrestre. Esto hace que la superficie se caliente menos que en el otro hemisferio.

Días y años

Hay dos formas de medir los días y los años. Un año solar, o año tropical, es el tiempo que la Tierra tarda en regresar al mismo ángulo respecto al Sol. Un año sideral se mide valiéndose de la posición de la Tierra respecto de las estrellas fijas. La diferencia entre los dos es de unos 20 minutos. De la misma forma, un día sideral se mide comparando la rotación de la Tierra con las estrellas fijas, mientras que un día solar es el tiempo que tarda el Sol en regresar a la misma posición en el cielo. La diferencia entre ambos es de 4 minutos, causados por la distancia que ha recorrido la Tierra en su órbita durante ese tiempo.

En el solsticio de junio, el polo norte experimenta 24 horas de luz solar

HACIA EL ECUADOR CELESTE

Sol de mediodía justo sobre el trópico de Cáncer

ECLÍPTICA

Ecuador

Solsticio de junio

Durante el solsticio de verano, el polo norte experimenta su momento de mayor inclinación hacia el Sol y el hemisferio norte, el día más largo del año

La órbita de la Tierra en torno al Sol no es un círculo perfecto sino una elipse

Solsticios y equinoccios

En los solsticios, un hemisferio experimenta su día más largo, seguido por el otro hemisferio 6 meses más tarde. Durante los equinoccios, la noche y el día duran cada uno exactamente 12 horas en todos los lugares de la Tierra.

¿POR QUÉ SE INCLINA LA TIERRA?

Hace 4000 millones de años, cuando los planetas del sistema solar se estaban formando, la Tierra sufrió una serie de colisiones con otros objetos de tamaño planetario. La última colisión –que se cree que fue con un planeta del tamaño de Marte– inclinó el eje de rotación de la Tierra.

LA TIERRA ESTÁ MÁS CERCA DEL SOL EN ENERO, DURANTE EL INVIERNO DEL HEMISFERIO NORTE

PRECESIÓN

Debido a la gravedad, el eje de rotación se desplaza, como la parte superior de una peonza, realizando un movimiento cónico que se denomina precesión. Hacen falta 25 772 años para completar un ciclo de precesión. Eso significa que la estrella polar, Polaris, no estará siempre sobre el polo norte, como ahora. Algún día, Vega reemplazará a Polaris como la estrella polar.

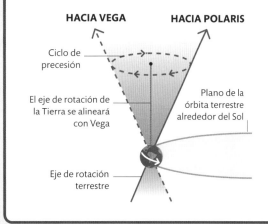

HACIA VEGA

HACIA POLARIS

Ciclo de precesión

El eje de rotación de la Tierra se alineará con Vega

Plano de la órbita terrestre alrededor del Sol

Eje de rotación terrestre

El Sol, directamente sobre el ecuador al mediodía

Equinoccio de marzo
En el equinoccio de primavera, la Tierra no se inclina ni hacia el Sol ni en la dirección contraria. Ese día a mediodía, el Sol está sobre el ecuador.

Solsticio de diciembre
En el solsticio de invierno, el polo norte tiene la máxima inclinación en la dirección contraria al Sol. Por ello, el hemisferio norte recibe menos horas de luz solar.

HACIA EL POLO NORTE CELESTE

SOL

Sol de mediodía justo sobre el trópico de Capricornio

El eje de la Tierra está inclinado 23,5° respecto a la vertical

La Tierra rota de oeste a este

Eclíptica: plano de la órbita de la Tierra y la trayectoria del Sol a través de la esfera celeste

MOVIMIENTO ORBITAL DE LA TIERRA

En el solsticio de diciembre, el polo sur experimenta 24 horas de luz diurna

Equinoccio de septiembre
Como en el equinoccio de primavera, la Tierra no se inclina ni hacia el Sol ni en la dirección contraria. Al mediodía el Sol está sobre el ecuador.

HACIA EL POLO SUR CELESTE

Los satélites y las naves espaciales aparecen como puntos de luz que se mueven por el cielo; el más brillante es la Estación Espacial Internacional

SATÉLITE

La Luna, el único satélite natural de la Tierra, pasa por un ciclo de fases lunares durante un período de 29,5 días

LA LUNA

FRANJA DE LA VÍA LÁCTEA

PLANETA.

Cuando son visibles, los planetas Saturno, Júpiter, Marte y Venus están entre los objetos más brillantes del cielo nocturno

ESTRELLA

CONSTELACIÓN

Las estrellas constituyen la gran mayoría de los objetos visibles en el cielo nocturno; todas ellas, como por ejemplo Antares, pertenecen a nuestra galaxia, la Vía Láctea

La neblinosa franja de luz que se extiende por el cielo es el bulto central de nuestra galaxia

La esfera celeste está dividida en 88 secciones llamadas constelaciones, como por ejemplo Libra. Cada constelación se compone de una figura formada por estrellas interconectadas por líneas imaginarias

¿Qué podemos ver a simple vista?

El cielo nocturno es una inagotable fuente de maravillas y solo hacen falta los ojos para ver una gran variedad de objetos diferentes. A lo largo de una hora en una noche cualquiera, podemos ver incontables estrellas, al menos un meteoro, un satélite y quizá uno o dos planetas. Lejos de la contaminación lumínica, que vuelve los rasgos del cielo nocturno más difíciles de ver en detalle, el núcleo de polvo y estrellas de nuestra galaxia, la Vía Láctea, brilla como una tenue franja a través del cielo.

¿CUÁNTAS ESTRELLAS SE VEN A SIMPLE VISTA?

En perfectas condiciones y con una vista excelente, pueden verse unas 9000 estrellas a simple vista, aunque en un lugar concreto se ven solo la mitad a la vez.

Objetos en el cielo

De día, la luz del Sol domina el cielo, por lo que no se ve ningún otro cuerpo celeste excepto la Luna. Pero de noche, cuando la Tierra vuelve la espalda al Sol, el cielo revela una gran variedad de cuerpos celestes, algunos observables a simple vista y otros mediante magnificación

La nebulosa del Cangrejo, restos de la explosión de una estrella, se ve con prismáticos

ANILLOS PLANETARIOS

Los anillos de Saturno solo se ven con unos prismáticos potentes o un telescopio pequeño

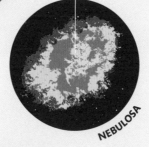

NEBULOSA

METEORO

Los meteoros son pedazos de roca y polvo, desprendidos de cometas y de asteroides, que entran en la atmósfera a gran velocidad y se queman

Visibles con prismáticos y telescopios
Los prismáticos son portátiles y fáciles de usar, y son una buena forma de ver más objetos en el cielo nocturno. La mayor magnificación que ofrece un telescopio abre aún más maravillas del cielo nocturno al observador.

Detectable a simple vista
Todos los objetos celestes de la imagen en el cielo nocturno son visibles a simple vista en una noche despejada. El más brillante con diferencia es la Luna llena.

GALAXIA

La galaxia de Andrómeda, a 2,5 millones de años luz, es el objeto más lejano detectable a simple vista, pero se ve con mucho más detalle con un telescopio

¿POR QUÉ TITILAN?

Las estrellas titilan a causa de la turbulencia de la atmósfera de la Tierra. Los cambios en densidad y temperatura pueden hacer que la luz de las estrellas cambie levemente de dirección. Este efecto es más visible en las estrellas que en los planetas, pues su luz parece venir de un solo punto, llamado fuente puntual. También es más prominente en las estrellas más cercanas al horizonte, pues la luz tiene que atravesar más atmósfera.

La luz recorre una trayectoria más corta, por lo que titila menos

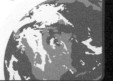

La estrella parece titilar más, pues su luz debe atravesar más atmósfera

¿Qué podemos ver con la magnificación?

Muchos cuerpos celestes se ven a simple vista, pero los aparatos de magnificación revelan nuevos niveles de detalle. Con unos prismáticos se puede ver el color de los planetas, los detalles de una nebulosa, los cráteres de la superficie lunar y cúmulos estelares. Con un telescopio pequeño, empiezan a aparecer detalles como los anillos de Saturno y las formas de las galaxias más cercanas. Los telescopios más grandes pueden ver más allá de nuestra galaxia.

CASI **TODAS LAS ESTRELLAS** QUE VEMOS **A SIMPLE VISTA** SON **MÁS GRANDES** Y **BRILLANTES** QUE **EL SOL**

Constelaciones

En astronomía, el cielo nocturno se divide en secciones llamadas constelaciones. Históricamente se trataba de formas imaginarias hechas de estrellas, pero a inicios del siglo XX, se redefinieron como áreas del cielo. Las estrellas de una constelación, aunque parecen formar un grupo, no están necesariamente cerca en el espacio.

Las 88 constelaciones, entrelazadas, ocupan todo el cielo

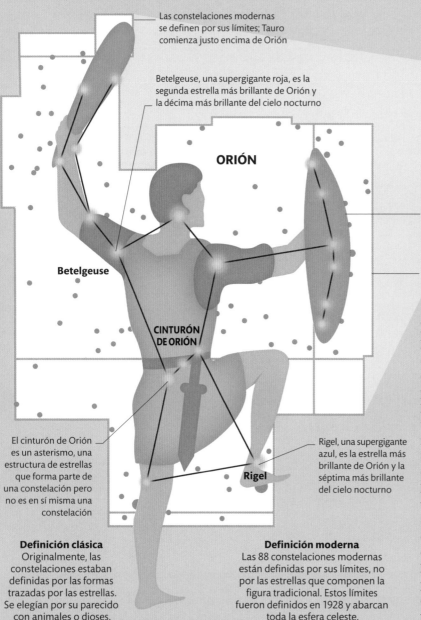

Las constelaciones modernas se definen por sus límites; Tauro comienza justo encima de Orión

Betelgeuse, una supergigante roja, es la segunda estrella más brillante de Orión y la décima más brillante del cielo nocturno

ORIÓN

Betelgeuse

CINTURÓN DE ORIÓN

El cinturón de Orión es un asterismo, una estructura de estrellas que forma parte de una constelación pero no es en sí misma una constelación

Rigel, una supergigante azul, es la estrella más brillante de Orión y la séptima más brillante del cielo nocturno

Rigel

ESFERA CELESTE

La estructura creada por las líneas imaginarias trazadas entre las estrellas se parece a la figura clásica de Orión

Los límites de las constelaciones modernas son líneas rectas, horizontales o verticales

Formas en el cielo

Las constelaciones son una forma de agrupar las estrellas. Hay 88 constelaciones oficiales reconocidas por la Unión Astronómica Internacional. Suelen representarse uniendo las estrellas con líneas imaginarias para trazar una forma. Sin embargo, las constelaciones están en realidad definidas por sus límites, no por las formas que trazan sus estrellas en el cielo. Las 88 constelaciones cubren toda la esfera celeste (ver p. 12). Cada estrella que está dentro de los límites de una constelación forma parte de esta, aunque no sea una de las estrellas principales que trazan la forma tradicional.

Definición clásica
Originalmente, las constelaciones estaban definidas por las formas trazadas por las estrellas. Se elegían por su parecido con animales o dioses.

Definición moderna
Las 88 constelaciones modernas están definidas por sus límites, no por las estrellas que componen la figura tradicional. Estos límites fueron definidos en 1928 y abarcan toda la esfera celeste.

Franja del zodíaco
La franja zodiacal es la parte del cielo nocturno en la que se encuentran la eclíptica, los planetas y la Luna. Se extiende aproximadamente 8 grados a cada lado de la eclíptica.

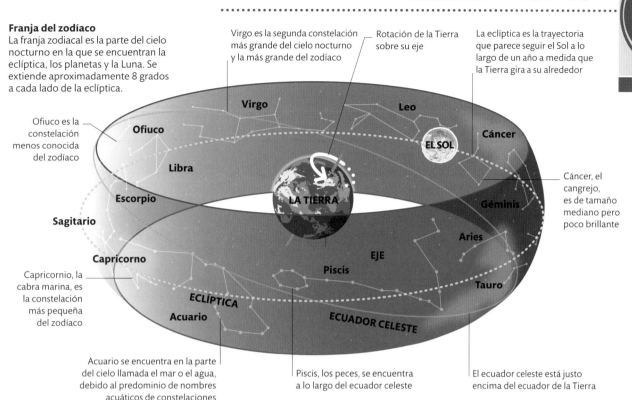

Virgo es la segunda constelación más grande del cielo nocturno y la más grande del zodíaco

Rotación de la Tierra sobre su eje

La eclíptica es la trayectoria que parece seguir el Sol a lo largo de un año a medida que la Tierra gira a su alrededor

Ofiuco es la constelación menos conocida del zodíaco

Cáncer, el cangrejo, es de tamaño mediano pero poco brillante

Capricornio, la cabra marina, es la constelación más pequeña del zodíaco

Acuario se encuentra en la parte del cielo llamada el mar o el agua, debido al predominio de nombres acuáticos de constelaciones

Piscis, los peces, se encuentra a lo largo del ecuador celeste

El ecuador celeste está justo encima del ecuador de la Tierra

El zodíaco
Las trece constelaciones que se cruzan en la trayectoria que el Sol parece trazar a lo largo de un año se conocen como constelaciones del zodíaco. Incluyen las doce constelaciones del horóscopo y una decimotercera, Ofiuco, que está entre Sagitario y Escorpio. El zodíaco comprende en torno a una sexta parte del área de la esfera celeste.

LA CONSTELACIÓN DE HIDRA ES TAN GRANDE QUE ABARCA EL 3 POR CIENTO DE TODO EL CIELO NOCTURNO

DENOMINACIONES DE BAYER

La nomenclatura estelar inventada en 1603 por el astrónomo alemán Johann Bayer sigue hoy vigente. Una estrella recibe su nombre por medio de una letra griega seguida del nombre de la constelación en la que se encuentra. Las letras se asignaban por orden de luminosidad según los aparatos del siglo XVII.

Pólux, según la denominación de Bayer, se llama Beta Geminorum, pero ahora sabemos que es la estrella más brillante de Géminis

Ahora sabemos que Cástor (Alpha Geminorum) es menos brillante que Pólux

CONSTELACIÓN DE GÉMINIS

¿CAMBIAN LAS CONSTELACIONES CON EL TIEMPO?

Dentro de unos 50 000 años, algunas constelaciones no tendrán ningún parecido con sus formas actuales. Cuanto más lejos de la Tierra esté una estrella, menos cambiará de posición.

Cartografiar el cielo

Una carta estelar representa parte de la esfera celeste (ver p. 12). Una carta estelar normal muestra los nombres y posiciones de estrellas, constelaciones y otros objetos, como cúmulos y nebulosas. Las estrellas suelen representarse mediante puntos, grandes para las estrellas más brillantes y pequeños para las menos brillantes.

Cómo navegar el cielo

Nuestra visión del cielo depende del hemisferio y la latitud en que estemos, por lo que es importante tener una carta estelar que corresponda a nuestra localización. Al mirar el cielo nocturno, la mejor forma de orientarse es encontrar algunas estrellas brillantes y constelaciones y usarlas como señaladores de otras estrellas. Una útil herramienta es una carta circular con una ventana oval que puede rotarse para mostrar el aspecto del cielo en un determinado momento.

Hemisferio norte
Esta carta estelar muestra las constelaciones del hemisferio norte celeste (círculo azul oscuro) y hasta los 30° del hemisferio sur celeste. Las estrellas «indicadoras» Merak y Dubhe ayudan a encontrar a Polaris, la estrella polar.

El ecuador celeste es la proyección del ecuador terrestre sobre la esfera celeste y el punto cero de la declinación, una de las dos coordenadas celestes que sirven para definir la posición de las estrellas

El punto en el que el ecuador celeste se cruza con la eclíptica es el punto cero de la llamada ascensión recta, una de las dos coordenadas celestes que sirven para definir la posición de las estrellas; se mide en horas y minutos

Las Pléyades son un conocido cúmulo estelar abierto (ver pp. 96-97) que aparece a simple vista como un pequeño grupo centelleante de estrellas

La eclíptica es la línea imaginaria que representa la trayectoria del Sol a través de la esfera celeste

Polaris está a menos de 1 grado del polo norte celeste

En inglés, el asterismo que forman siete estrellas de la Osa Menor se conoce como «Cucharón pequeño». Polaris está en el «mango» del cucharón

Merak, una de las dos estrellas «indicadoras», se usa para encontrar a Polaris

Alkaid es el «mango» del «Cucharón grande» o Arado, un asterismo de siete estrellas que forma parte de la constelación de la Osa Mayor

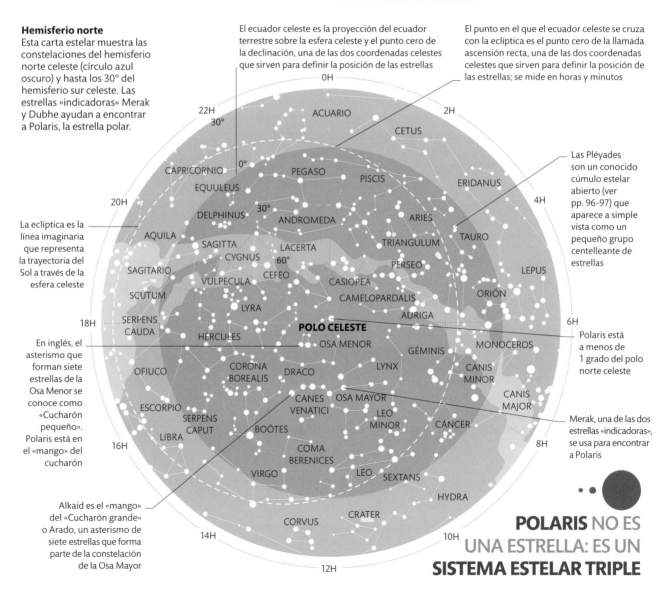

POLARIS NO ES UNA ESTRELLA: ES UN **SISTEMA ESTELAR TRIPLE**

¿A QUÉ DISTANCIA ESTÁN LAS ESTRELLAS MÁS CERCANAS?

Próxima Centauri es la estrella más cercana a la Tierra, a 4,22 años luz. El sistema estelar más cercano es Alpha Centauri, a 4,37 años luz.

LA ESCALA DE BORTLE

La luz artificial de las ciudades dificulta la visión del cielo nocturno, por lo que solo se ven los objetos más brillantes. A mayor contaminación lumínica, menos estrellas se ven. La escala de Bortle fue creada en 2001 para evaluar la contaminación lumínica en un determinado lugar. Va del 1 al 9 y el 1 representa el cielo más transparente.

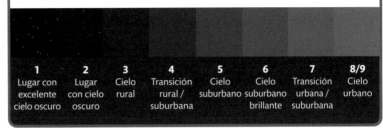

1	2	3	4	5	6	7	8/9
Lugar con excelente cielo oscuro	Lugar con cielo oscuro	Cielo rural	Transición rural / suburbana	Cielo suburbano	Cielo suburbano brillante	Transición urbana / suburbana	Cielo urbano

Hemisferio sur
A diferencia del hemisferio norte, en el hemisferio sur no hay una estrella brillante en el polo sur celeste, pero la dirección sur puede deducirse mediante un asterismo llamado la Cruz del Sur.

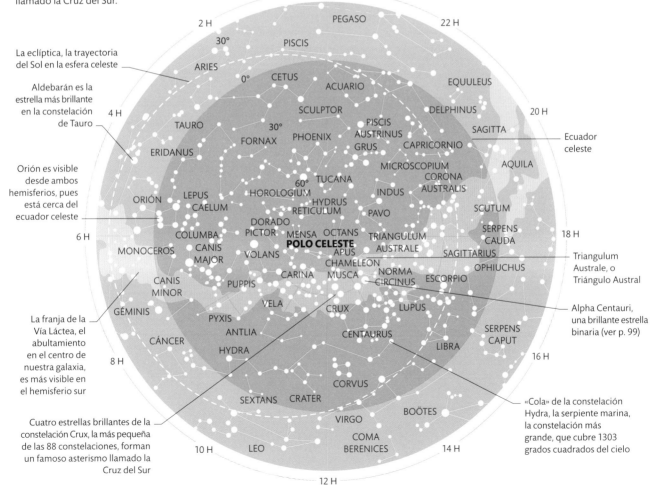

La eclíptica, la trayectoria del Sol en la esfera celeste

Aldebarán es la estrella más brillante en la constelación de Tauro

Orión es visible desde ambos hemisferios, pues está cerca del ecuador celeste

La franja de la Vía Láctea, el abultamiento en el centro de nuestra galaxia, es más visible en el hemisferio sur

Cuatro estrellas brillantes de la constelación Crux, la más pequeña de las 88 constelaciones, forman un famoso asterismo llamado la Cruz del Sur

Ecuador celeste

Triangulum Australe, o Triángulo Austral

Alpha Centauri, una brillante estrella binaria (ver p. 99)

«Cola» de la constelación Hydra, la serpiente marina, la constelación más grande, que cubre 1303 grados cuadrados del cielo

POLO CELESTE

Telescopios

Muchos objetos en el cielo nocturno se ven a simple vista, pero para estudiarlos más en detalle y observar objetos menos brillantes hacen falta aparatos capaces de recoger y enfocar la luz para producir una imagen magnificada. Los telescopios hacen esto de dos maneras: mediante espejos o mediante lentes.

Telescopios reflectores

Los telescopios funcionan captando luz y enfocándola en un punto. Esto da como resultado una imagen clara y brillante de un objeto lejano. Los telescopios reflectores enfocan la luz de un objeto valiéndose de espejos planos o curvos. Una ventaja de los telescopios reflectores es que pueden ser muy grandes sin ser demasiado pesados, a diferencia de las lentes.

Cómo funciona un telescopio reflector

La magnificación de un telescopio depende de la distancia focal, la distancia entre una lente o un espejo al punto en la que se cruzan los rayos de luz (el punto focal). Cuanto mayor sea la distancia focal, mayor es la magnificación.

4 Ocular
La lente del ocular magnifica la imagen. Cuanto más corta es su distancia focal, más grande aparece la imagen.

3 Espejo secundario
Los rayos de luz que se reflejan en el espejo primario se dirigen a un espejo más pequeño, el espejo secundario. Desde allí, los rayos de luz se reflejan en distintas partes del espejo y convergen en un punto focal.

OJO

Distancia focal de la lente del ocular

1 Luz entrante
Por la parte superior del telescopio entran rayos de luz paralelos.

La lente se puede mover para ajustar la imagen

Punto focal

RAYOS DE LUZ ENTRANTES

ESPEJO SECUNDARIO

La luz se refleja en el espejo secundario y entra en el ocular

Distancia focal del espejo primario

Un telescopio normalmente está apoyado en una montura para así dirigirlo a la parte deseada del cielo nocturno

ESPEJO PRIMARIO

Primero, la luz se refleja en el espejo primario

2 Espejo primario
La luz se enfoca con un gran espejo llamado espejo primario o espejo de superficie. En la imagen, un telescopio newtoniano –bautizado en honor de Isaac Newton–, que lleva espejos planos.

¿SE QUEDÓ CIEGO GALILEO POR USAR SU TELESCOPIO?

No, aunque es un mito muy extendido. En realidad Galileo se quedó ciego a los 72 años por una combinación de cataratas y glaucoma.

Telescopios refractores

Un telescopio refractor usa lentes para obtener una imagen magnificada. Aunque son más robustos y necesitan menos mantenimiento que los telescopios reflectores, las lentes tienen que ser muy grandes para ver objetos lejanos, lo que hace que sean muy pesados. Además, cualquier pequeña imperfección en la lente tendrá un gran impacto en la imagen final. También tienen defectos como la aberración cromática, en la que los colores viran debido a sus diferentes longitudes de onda.

Cómo funciona un telescopio refractor
Se puede crear un telescopio refractor simple usando dos lentes, ambas convexas. La lente mayor es la lente objetiva, que enfoca la luz de un objeto distante.

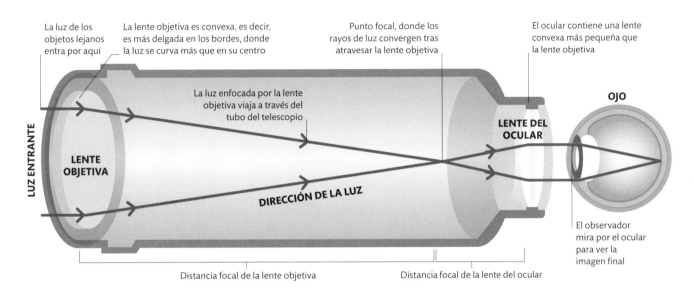

La luz de los objetos lejanos entra por aquí

La lente objetiva es convexa, es decir, es más delgada en los bordes, donde la luz se curva más que en su centro

Punto focal, donde los rayos de luz convergen tras atravesar la lente objetiva

El ocular contiene una lente convexa más pequeña que la lente objetiva

La luz enfocada por la lente objetiva viaja a través del tubo del telescopio

OJO

LUZ ENTRANTE

LENTE OBJETIVA

DIRECCIÓN DE LA LUZ

LENTE DEL OCULAR

El observador mira por el ocular para ver la imagen final

Distancia focal de la lente objetiva

Distancia focal de la lente del ocular

1 Lente objetiva
Los rayos de luz paralelos entran en el telescopio y alcanzan la lente objetiva. Esta es convexa, y enfoca la luz en un punto. Cuanto mayor sea la lente objetiva, más capaz será el telescopio de magnificar el objeto.

2 Punto focal
Es el punto en el que los rayos de luz enfocados se encuentran tras atravesar la lente objetiva. En el punto focal es donde una imagen es más nítida. Después de este punto, la luz se dispersa de nuevo.

3 Ocular
Se usa una pequeña lente para refractar la luz que ha atravesado la lente objetiva. Los rayos de luz que atraviesan la lente salen en paralelo, creando una imagen virtual en el ocular.

MONTURAS DE TELESCOPIO

Los telescopios suelen instalarse en monturas para mantenerlos estables y para ayudar al observador a encontrar objetos en el cielo. Hay dos tipos de montura para telescopio: altazimutal y ecuatorial. Una montura altazimutal usa dos ejes de rotación y hace falta mover los dos para encontrar un cuerpo celeste. Una montura ecuatorial usa también dos ejes, pero uno de ellos está alineado de forma que apunta al polo celeste (ver pp. 12-13).

El telescopio se inclina hacia arriba y hacia abajo

El telescopio se mueve de lado a lado

MONTURA ALTAZIMUTAL

El telescopio se inclina hacia arriba y hacia abajo

El eje ya está inclinado hacia el polo celeste, y el observador solo debe mover el telescopio hacia arriba y hacia abajo

MONTURA ECUATORIAL

Telescopios gigantes

Muchos telescopios de gran tamaño de los observatorios son instrumentos ópticos que captan luz de los límites del universo observable (ver pp. 160-61). Otros estudian partes diferentes del espectro electromagnético.

Telescopios ópticos gigantes

En la Tierra, los telescopios gigantes están en lugares muy altos y secos, como el desierto de Atacama. La altitud y la falta de humedad reducen las turbulencias atmosféricas que debe atravesar la luz para llegar al telescopio. Las observaciones más lejanas las hacen los telescopios espaciales (ver pp. 186-87), pues en el espacio no hay atmósfera. En la Tierra, la tecnología óptica adaptativa ayuda a compensar los efectos de distorsión causados por la atmósfera.

Óptica adaptativa

Con rayos láser, se estimulan átomos de sodio de la mesosfera para crear estrellas «guía» artificiales, que se usan para determinar la distorsión de la atmósfera. El espejo primario segmentado cambia de forma para corregir la distorsión y enfocar mejor el objetivo.

La luz llega al foco Nasmyth, montado sobre plataformas de acero, que también enfoca el ocular del telescopio

Luz de un cuerpo celeste lejano

MESOSFERA

Átomos de sodio en la atmósfera activados por láser que forman las estrellas guía

ESTRELLAS GUÍA

TURBULENCIA ATMOSFÉRICA

LUZ ENTRANTE

RAYOS LÁSER

ESPEJO SECUNDARIO

Espejo primario hecho de 36 hexágonos

ESPEJO TERCIARIO

ESPEJO PRIMARIO

1 Luz estelar entrante
La luz de un objeto distante entra en el telescopio en línea recta y llega hasta el espejo primario.

3 Espejo secundario
Después la luz se refleja en el espejo secundario, más pequeño y convexo, localizado en un marco de acero a 15 m del espejo primario.

4 Espejo terciario
Este espejo, que puede rotar, refleja la luz que llega desde el espejo secundario hasta un punto focal, el foco Nasmyth, a un lado del telescopio.

2 Espejo primario
La luz alcanza este espejo primario de 36 segmentos, que cambia de forma hasta 2000 veces por segundo para cancelar distorsiones de la atmósfera.

Telescopio Keck
Cerca de la cumbre del Mauna Kea, en Hawái, el Observatorio Keck alberga dos telescopios, uno óptico y otro infrarrojo. Cada uno tiene un espejo primario de 10 m de diámetro.

La señal rebota en el borde cóncavo de la antena

1 Señal entrante
Las ondas de radio entrantes se reflejan en la antena principal, que suele ser muy grande, para captar mejor la señal. Esto es porque las señales de radio que llegan de muy lejos suelen ser débiles.

SUBREFLECTOR

Señal de radio entrante de un cuerpo celeste

ALIMENTADOR

ANTENA PRINCIPAL

2 Subreflector
Las ondas de radio reflejadas se enfocan en un segundo receptor, o subreflector, situado donde se cruzan las ondas de la antena principal.

El receptor transmite la señal al ordenador

La señal viaja por cables de fibra óptica

RECEPTOR

Otros tipos de telescopios

Además de los ópticos, hay cuatro tipos principales de telescopio: radiotelescopios, telescopios submilimétricos, telescopios infrarrojos y telescopios ultravioleta. Cada tipo recibe su nombre por la longitud de onda de la radiación que detecta. Mirar un objeto en varias partes del espectro nos da más información que centrarnos en una sola región.

Cómo funciona un radiotelescopio
Los radiotelescopios están diseñados para captar señales de radio de gran longitud de onda provenientes del espacio. Suelen tener una gran antena parabólica que refleja las señales de radio hasta un subreflector, de donde pasan al receptor.

Los dispositivos computerizados y de grabación interpretan la señal

3 Alimentador
La señal, tras rebotar en el subreflector, va al alimentador en el centro de la antena y de ahí al receptor.

4 Receptor
El receptor tiene un amplificador que incrementa la potencia de la señal. Después la señal se traslada a un ordenador.

5 Ordenador
Las señales se almacenan en un ordenador, donde son procesadas, o se analizan con un sofisticado software.

¿CUÁL ES EL OBSERVATORIO MÁS ALTO DEL MUNDO?

El Observatorio de la Universidad de Tokio Atacama, situado en la cima del cerro Chajnator, en Chile, está a una altitud de 5640 m.

INTERFEROMETRÍA ASTRONÓMICA

Un interferómetro astronómico combina señales lumínicas y de radio de dos o más telescopios. Esto permite a los astrónomos examinar un cuerpo celeste en mayor detalle, como si lo observaran con espejos o antenas de cientos de metros de diámetro. Esto se logra haciendo que conjuntos de telescopios observen un objeto al mismo tiempo. Un correlacionador digital procesa las señales y corrige el lapso de tiempo entre los telescopios.

EN **2008** EL **TELESCOPIO KECK** CAPTÓ LA **PRIMERA IMAGEN** DE UN **SISTEMA PLANETARIO EXTRASOLAR**

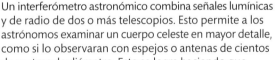

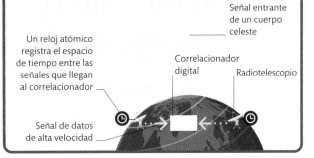

Señal entrante de un cuerpo celeste

Un reloj atómico registra el espacio de tiempo entre las señales que llegan al correlacionador

Correlacionador digital

Radiotelescopio

Señal de datos de alta velocidad

Espectroscopia

Los astrónomos pueden identificar qué elementos o moléculas hay en una estrella y otros cuerpos celestes estudiando la luz que emiten o absorben mediante la espectroscopia, que descompone la radiación electromagnética en longitudes de onda separadas.

Qué forma las estrellas

La luz visible es parte del espectro de radiación electromagnética (ver pp. 152-53). Los elementos emiten diferentes longitudes de onda según sus niveles de energía. Como cada longitud de onda se corresponde con un elemento, podemos valernos de instrumentos para analizar la luz y saber qué forma las estrellas y otros cuerpos celestes, como las nebulosas (ver pp. 94-95) y los agujeros negros. Uno de estos instrumentos es el espectroscopio, que concentra un rayo de luz en un prisma y separa las longitudes de onda que lo forman.

Las mayores longitudes de onda, como la luz roja o naranja, se desvían menos y transmiten menos energía

El prisma descompone la luz estelar en sus longitudes de onda

ESTRELLA

LUZ DE UNA ESTRELLA

La onda lumínica de una estrella llega al prisma del espectroscopio

PRISMA DE ESPECTROSCOPIO

La luz azul y la violeta tienen longitudes de onda más cortas, por lo que se desvían más y generan más energía

Cómo funciona un espectroscopio

La luz de las estrellas entra en un prisma, que la desvía. Al entrar en el prisma, la luz se ralentiza, pero cada longitud de onda, correspondiente a un color, se ralentiza de forma diferente. Las longitudes de onda salen del prisma por lugares distintos, lo que produce un arcoíris de colores.

ESPECTRÓGRAFOS

Un espectrógrafo es más complejo que un espectroscopio. Por medio de finas ranuras, espejos y una rejilla de difracción —pantalla opaca con numerosas líneas paralelas transparentes—, separa la luz con mucho más detalle. En lugar de un arcoíris, el resultado es un espectro en el que la luz se divide en longitudes de onda individuales. Los astrónomos usan cada vez más la espectroscopia multiobjeto, mediante la cual estudian los espectros de más de un cuerpo celeste al mismo tiempo dentro del campo de visión de un instrumento.

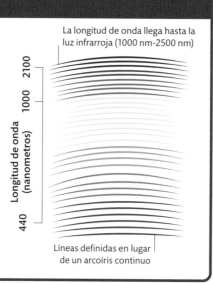

La longitud de onda llega hasta la luz infrarroja (1000 nm-2500 nm)

Longitud de onda (nanometros)

2100
1000
440

Líneas definidas en lugar de un arcoíris continuo

EL ESPECTRÓGRAFO MUESTRA LA VELOCIDAD DE LAS ESTRELLAS

¿QUIÉN ANALIZÓ POR PRIMERA VEZ LA LUZ DE LAS ESTRELLAS?

El físico Joseph von Fraunhofer inventó el espectroscopio en 1814 y lo usó para estudiar el espectro del Sol. Las líneas de absorción que descubrió llevan su nombre.

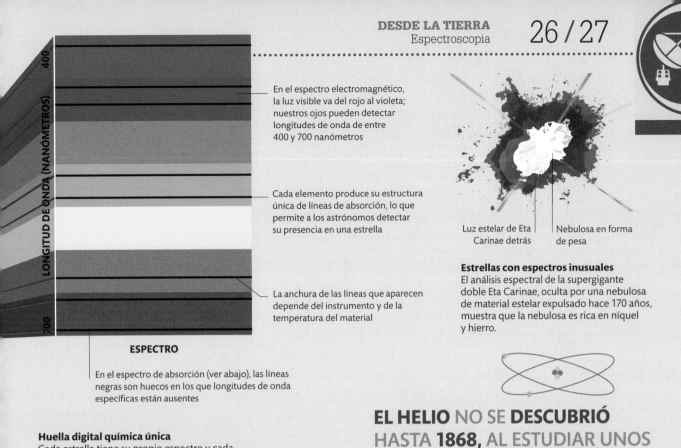

En el espectro electromagnético, la luz visible va del rojo al violeta; nuestros ojos pueden detectar longitudes de onda de entre 400 y 700 nanómetros

Cada elemento produce su estructura única de líneas de absorción, lo que permite a los astrónomos detectar su presencia en una estrella

La anchura de las líneas que aparecen depende del instrumento y de la temperatura del material

ESPECTRO

En el espectro de absorción (ver abajo), las líneas negras son huecos en los que longitudes de onda específicas están ausentes

Huella digital química única
Cada estrella tiene su propio espectro y cada espectro revela exactamente qué materiales forman la estrella y su atmósfera. Esto ayuda a los astrónomos a diferenciar las estrellas y a saber qué tienen en común.

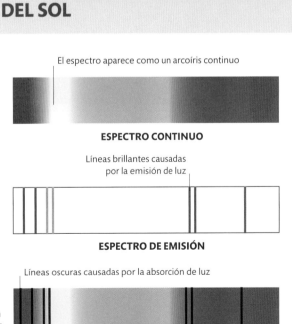

Luz estelar de Eta Carinae detrás

Nebulosa en forma de pesa

Estrellas con espectros inusuales
El análisis espectral de la supergigante doble Eta Carinae, oculta por una nebulosa de material estelar expulsado hace 170 años, muestra que la nebulosa es rica en níquel y hierro.

EL HELIO NO SE **DESCUBRIÓ** HASTA **1868,** AL ESTUDIAR UNOS ASTRÓNOMOS EL **ESPECTRO DEL SOL**

Tipos de espectro

Según el objeto que se observe, un espectroscopio puede producir tres tipos de espectro. Un espectro continuo es el resultado de un sólido o de un gas denso y caliente, y tiene el aspecto de un arcoíris, con todos los espectros de la luz visible. Un espectro de absorción puede ser producido por un objeto caliente como una estrella vista a través de un gas más frío. Este espectro lo causan átomos de una nube de gas que absorben la energía de la estrella en longitudes de onda específicas y después vuelven a emitirlas de forma aleatoria. Un espectro de emisión se produce por un gas caliente y poco denso, que solo emite luz en ciertas longitudes de onda. Se ve como una serie de líneas brillantes, cada una para una longitud de onda en la cual tiene lugar la emisión.

Patrones distintivos
Los tres tipos de espectro dan patrones identificables. Un espectro de absorción tiene el mismo aspecto que un continuo, excepto por las líneas de emisión. La luz del Sol es casi por entero un espectro continuo, pero tiene gases que absorben ciertas longitudes de onda, lo que produce un espectro de absorción.

El espectro aparece como un arcoíris continuo

ESPECTRO CONTINUO

Líneas brillantes causadas por la emisión de luz

ESPECTRO DE EMISIÓN

Líneas oscuras causadas por la absorción de luz

ESPECTRO DE ABSORCIÓN

Rocas del espacio

En torno al Sol orbitan muchos objetos rocosos. Algunos, como los cometas y los asteroides, son muy grandes. Los meteoroides son mucho más pequeños y cuando entran en la atmósfera terrestre, reciben el nombre de meteoros o estrellas fugaces. Los pocos que no se vaporizan del todo y llegan a la superficie de la Tierra se llaman meteoritos.

Pequeño núcleo de hielo y polvo rodeado de una nube brillante –también llamada coma– de gas y polvo

COMETA

Cuerpo sólido hecho de materiales rocosos y de metales; formado por los restos de una fallida formación planetaria

ASTEROIDE

Entrar en la atmósfera
Tras vagar rápidamente por el vacío del espacio, los objetos se frenan muy deprisa al entrar en la atmósfera terrestre. La fricción causada por las distintas capas de la atmósfera terrestre consume el material sólido y, por lo común, lo vaporiza.

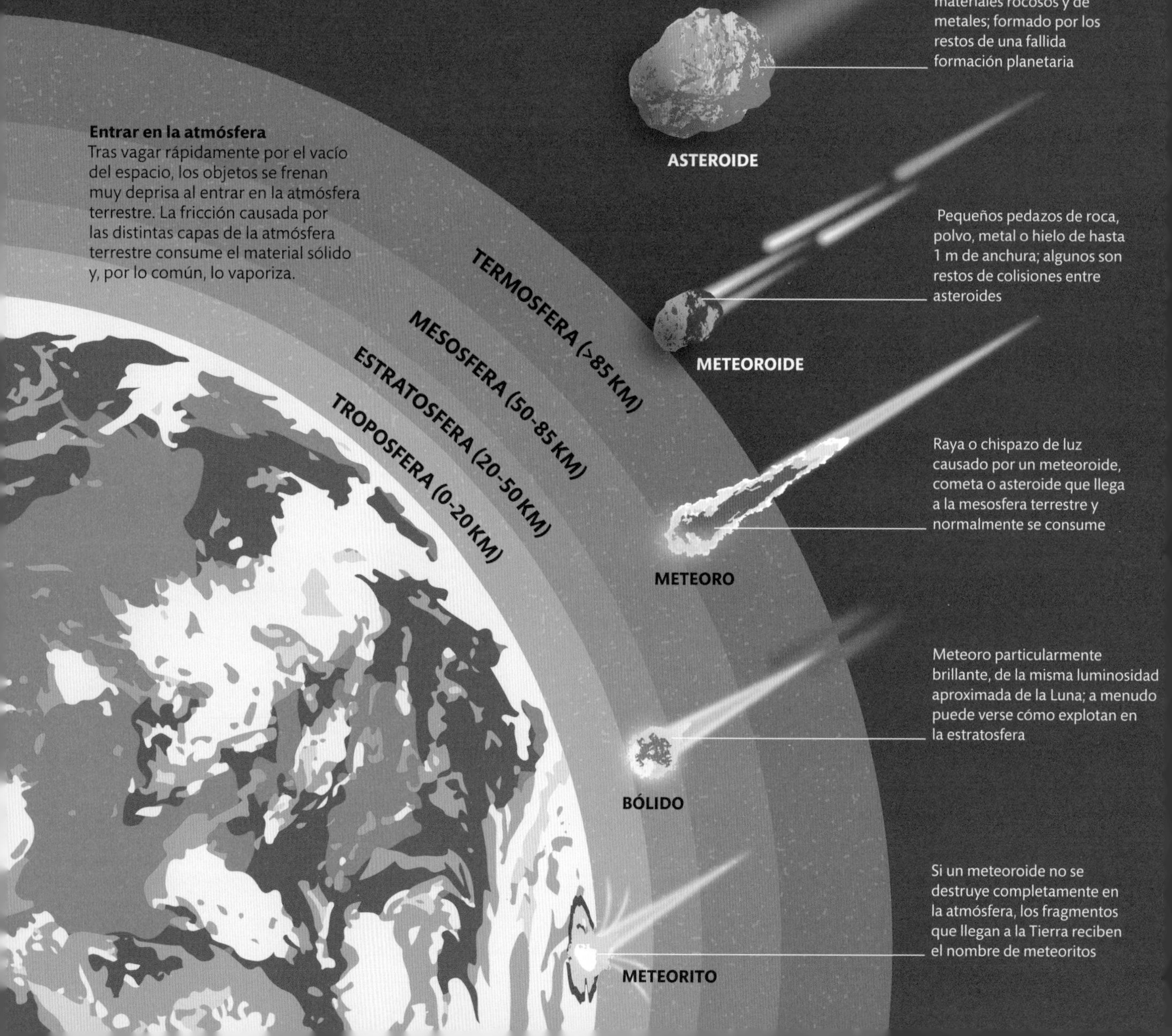

Pequeños pedazos de roca, polvo, metal o hielo de hasta 1 m de anchura; algunos son restos de colisiones entre asteroides

METEOROIDE

TERMOSFERA (>85 KM)

MESOSFERA (50-85 KM)

ESTRATOSFERA (20-50 KM)

TROPOSFERA (0-20 KM)

Raya o chispazo de luz causado por un meteoroide, cometa o asteroide que llega a la mesosfera terrestre y normalmente se consume

METEORO

Meteoro particularmente brillante, de la misma luminosidad aproximada de la Luna; a menudo puede verse cómo explotan en la estratosfera

BÓLIDO

Si un meteoroide no se destruye completamente en la atmósfera, los fragmentos que llegan a la Tierra reciben el nombre de meteoritos

METEORITO

Tipos de roca

Hay muchos fragmentos de roca por el sistema solar, restos de la formación de planetas y lunas. Los objetos de hasta 1 m de tamaño se denominan meteoroides. Los objetos rocosos de más tamaño, pero demasiado pequeños para ser esféricos, son generalmente asteroides o cometas. Los asteroides pueden tener hasta 1000 km de tamaño, mientras que los cometas son más pequeños, en torno a los 40 km. La mayoría de los asteroides están en el cinturón principal, entre Marte y Júpiter (ver pp. 60-61). Los cometas se originan más lejos de la Tierra, y son lo bastante fríos para contener hielo. Cuando partes de estos objetos entran en la atmósfera y arden, producen meteoros.

CADA DÍA, MILLONES DE METEOROIDES SE CONSUMEN EN LA ATMÓSFERA TERRESTRE

¿CUÁL FUE EL MAYOR METEORITO QUE HA IMPACTADO CONTRA LA TIERRA?

El mayor meteorito intacto es el meteorito Hoba, que está en Namibia. Pesa 60 toneladas y se cree que cayó hace 80 000 años.

Meteoritos

Los meteoritos se dividen en tres tipos: metálicos, pétreos y mixtos. Los meteoritos suelen presentar un exterior quemado y brillante producido por la fusión de su capa exterior al atravesar la atmósfera. Algunos meteoritos contienen material que formaba parte originalmente de planetas rocosos, lo que nos proporciona una idea de las condiciones del comienzo del sistema solar.

TIPOS DE METEORITOS

Tipo de meteorito	Composición	Origen	Porcentaje de meteoritos
METÁLICO	Compuestos por una aleación de hierro y níquel, y otros minerales en una menor cantidad.	Se cree que son núcleos de asteroides que se fundieron al comienzo de su historia.	5,4 por ciento
PÉTREO	Minerales de silicato. Se dividen en dos grupos: acondritas y condritas. Las condritas contienen granos de material antiguamente fundido denominados cóndrulas.	Las acondritas se forman al fundirse asteroides; en el sistema solar primitivo, las condritas se formaron a partir de polvo, hielo y gravilla.	93,3 por ciento
MIXTO	Más o menos la misma cantidad de metal y de cristales de silicato; se dividen en dos grupos: palasitas y mesosideritas.	Las palasitas se forman con un núcleo de metal y un manto externo de silicato; las mesosideritas se forman al colisionar asteroides.	1,3 por ciento

LLUVIAS DE METEOROS

Los cometas van perdiendo pequeños pedazos, lo que deja tras ellos una cola. Cuando la órbita de la Tierra nos hace atravesar ese rastro, experimentamos una lluvia de meteoros. En estos períodos, se pueden observar, en solo una hora, decenas y hasta cientos de meteoros que irradian desde un punto común en el cielo nocturno. Las lluvias de meteoros suelen recibir el nombre de la estrella o constelación en la que se originan.

COLA DEL COMETA

Órbita de la Tierra en torno al Sol

EL SOL

LA TIERRA

COMETA

La órbita de la Tierra atraviesa la cola del cometa

Partículas espaciales

El espacio está casi vacío, pero no del todo. Hay muchos tipos diferentes de partículas que lo recorren, entre ellas una corriente de partículas con carga eléctrica que emana del Sol. La mayoría de las que se acercan a la Tierra son rechazadas por el campo magnético de nuestro planeta. Sin embargo, algunas llegan hasta la atmósfera e interaccionan con ella.

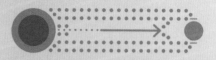

LAS PARTÍCULAS QUE CAUSAN LAS **AURORAS POLARES VIAJAN** A UNOS **400 KM/S**

VIENTO SOLAR

EL SOL

Las manchas solares son zonas oscuras y frías en la superficie del Sol causadas por concentraciones en el campo magnético del Sol

Composición del viento solar
El viento solar es una mezcla de partículas liberadas por la atmósfera superior del Sol o corona. Está compuesto principalmente por partículas con carga, o iones, de hidrógeno, así como de núcleos de helio y de iones más pesados, por ejemplo de carbono, nitrógeno y oxígeno.

Las protuberancias son arcos de hidrógeno y helio en estado plasmático, que ascienden hasta llegar al espacio aunque permanecen ligadas a la fotosfera (la superficie visible del Sol)

El viento solar tarda entre 2 y 4 días en llegar a la Tierra

VIENTO SOLAR

La corona solar (la capa más externa) llega hasta el espacio

Rayos cósmicos

Aunque se les llama rayos cósmicos, en realidad no son rayos, sino partículas subatómicas de alta energía provenientes del sistema solar o de fuera de este. La mayoría, el 89 por ciento, son partículas de carga positiva llamadas protones o núcleos de hidrógeno (un núcleo de hidrógeno consta de un protón). Otro 10 por ciento son núcleos de helio, que constan de dos protones y dos neutrones, y el resto son núcleos de elementos más pesados. Viajan a la velocidad de la luz, y la razón de que posean la suficiente energía como para moverse tan rápido es un misterio sin resolver.

¿POR QUÉ LAS AURORAS POLARES SON DE COLORES?

El color se debe al tipo de átomos de la atmósfera de la Tierra y a la altitud a la que las partículas chocan con ellos. Las luces verdes están causadas por partículas de oxígeno a 100 km de altitud.

El viento solar

Las partículas con carga provenientes del Sol –viento solar– son los rayos cósmicos de menor energía que llegan a la Tierra. Las auroras polares (boreales y australes) están causadas por estas partículas al entrar en la atmósfera y chocar con el aire. Esto les da energía extra y excita los electrones a un estado de alta energía. Este estado es inestable, y los electrones regresan a su estado anterior liberando la energía extra en forma de fotón, es decir, una partícula de luz.

La energía de las estrellas destruidas causa grandes ondas de choque

RESTOS DE UNA SUPERNOVA

Capa de gas comprimido

RAYO GAMMA

RAYO CÓSMICO

Partículas con carga reflejadas atraviesan la magnetosfera por las áreas en las que el campo es más débil –cúspides–, desde donde viajan hasta los polos de la Tierra, cargados magnéticamente

Efectos de una supernova

Al explotar las grandes estrellas, crean ondas de choque, que se cree que aceleran las partículas con carga y los rayos gamma (ver pp. 152-53) hasta volverlos de alta energía. Las partículas con carga son interceptadas por el campo magnético de la Tierra, a diferencia de los rayos gamma, eléctricamente neutros.

El cinturón externo de radiación, que es esférico, atrapa las partículas de viento solar entrantes

Las auroras polares se manifiestan como enormes anillos –óvalos aurorales– en los polos magnéticos de la Tierra

Defendiendo la Tierra

La electricidad del núcleo de hierro fundido de la Tierra genera un campo magnético que forma una burbuja protectora en torno a nuestro planeta.

Las auroras polares en torno al polo sur se llaman auroras australes, o luces del sur

Cinturón interno de radiación, que consiste principalmente en protones de alta energía

Magnetopausa, el extremo del campo magnético de la Tierra

La mayoría de las partículas son rechazadas por el campo magnético de la Tierra

LLUVIA DE PARTÍCULAS EN EL AIRE

PROTÓN

MOLÉCULAS ATMOSFÉRICAS

PION **PION** **PION** **PION**

NEUTRÓN

MUON **ANTINEUTRINO** **MUON**

FOTÓN **FOTÓN**

ELECTRÓN **POSITRÓN** **ELECTRÓN** **POSITRÓN**

CLIMA ESPACIAL

La actividad magnética del Sol crea un tipo de clima llamado clima espacial. Las eyecciones de masa de la corona solar, por ejemplo, crean tormentas geomagnéticas. Los casos más extremos pueden afectar a los satélites orbitales y a las centrales eléctricas de la superficie terrestre.

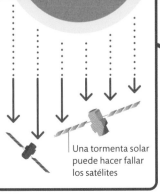

Una tormenta solar puede hacer fallar los satélites

Descenso a través de la atmósfera de la Tierra

Los rayos cósmicos interactúan con moléculas de la atmósfera terrestre y producen partículas subatómicas llamadas piones. Estas chocan unas con otras en el aire y crean una cascada de nuevas partículas.

Vida extraterrestre

La cuestión de si existe vida fuera de la Tierra ha captado la imaginación de los seres humanos desde hace siglos. Los intentos de identificar vida extraterrestre se basan principalmente en lanzar sondas al espacio y buscar señales de radio que puedan haber sido enviadas por extraterrestres.

¿QUÉ ES UNA RÁFAGA RÁPIDA DE RADIO?

Las ráfagas rápidas de radio son misteriosos impulsos de potentes ondas de radio que duran solo unos milisegundos y suelen venir de galaxias lejanas. Su origen es desconocido.

Intentos de contactar

En 1974 se transmitieron por primera vez señales de radio para intentar contactar con vida extraterrestre. El Instituto SETI (de búsqueda de inteligencia extraterrestre), fundado en 1985, redobló estos esfuerzos. Entre otras cosas está la construcción en 2019 del Telescopio Esférico de 500 Metros de Apertura (FAST). Una de sus funciones es buscar señales de radio extraterrestres.

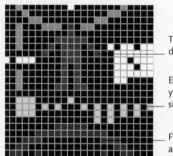

Tamaño y forma de un ser humano

El Sol (izquierda) y los planetas del sistema solar

Forma de la antena de Arecibo

El mensaje de Arecibo
En 1974, se envió un mensaje de radio desde el Observatorio de Arecibo al cúmulo estelar M13. Incluía datos sobre la humanidad y sobre la Tierra.

EL TELESCOPIO FAST TIENE UN ÁREA DE RECEPCIÓN EQUIVALENTE A 750 CANCHAS DE TENIS

Paneles ajustables
El propio reflector es demasiado grande para moverlo, pero sus 4500 paneles triangulares pueden ajustarse, formando una especie de espejo flexible que puede deformarse para ampliar el área de búsqueda.

ONDA DE RADIO ENTRANTE

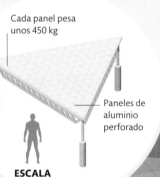

Cada panel pesa unos 450 kg

Paneles de aluminio perforado

ESCALA

Una red de cables de acero sostiene la cabina receptora

Cabina receptora, que contiene un receptor de múltiples rayos y receptores de radio

Telescopio FAST
El FAST es el radiotelescopio más grande del mundo. Está situado en una cuenca natural de una región montañosa de China, que lo protege de las interferencias de radio. Puede usarse para buscar señales de radio provenientes de planetas lejanos, localizaciones potenciales de vida extraterrestre.

REFLECTOR PRINCIPAL

Zona silenciosa cósmica

El «pozo de agua» es una franja del espectro electromagnético entre los 1,420 y los 1,640 MHz en la que las interferencias son mínimas. Este rango de frecuencias se asocia con las emisiones de los átomos de hidrógeno y de las partículas de hidroxilo, que unidas forman agua. Es una popular frecuencia de escucha para los radiotelescopios.

Interferencias de radio cada vez mayores causadas por el ruido de alta frecuencia de la atmósfera

Los átomos fríos y neutros de hidrógeno emiten una frecuencia de 1,420 MHz, equivalente a una longitud de onda de 21 cm

(Gráfico: Intensidad de ruido (Kelvin) vs Frecuencia (MHz); eje y: 1, 10, 100, 1000; eje x: 0,1, 1, 10, 100, 1000. POZO DE AGUA)

La aurora polar puede emitir ondas de radio tan potentes que puedan detectarlas los radiotelescopios de la Tierra

AURORA POLAR

Un gran campo magnético emana de la estrella enana roja

ENANA ROJA

Se forma una aurora polar, producida por la interacción entre un exoplaneta rocoso cercano y una enana roja

EXOPLANETA

Cómo funcionaba SETI@Home

Este experimento científico llevado a cabo entre 1999 y 2020 permitía a cualquier persona con un ordenador ayudar a buscar vida extraterrestre. Los usuarios se instalaban un programa gratuito que analizaba unidades de información de 107 segundos recogidas por radiotelescopios.

Intentando oír a los extraterrestres

Una forma de intentar hallar extraterrestres es escuchar en busca de señales de vida inteligente enviadas para contactar con otras formas de vida inteligente. Esto se realiza buscando radiación electromagnética en la frecuencia de radio y descartando cualquier otro origen de dicha radiación. SETI@Home es un singular programa que ha estado en la vanguardia de estos esfuerzos. Aún se están analizando los datos recogidos.

DATOS RECIBIDOS → **DATOS DIVIDIDOS** → **SERVIDORES** → **BASE DE DATOS DE LOS USUARIOS** → **INTERNET** → **USUARIOS**

LA ECUACIÓN DE DRAKE

Esta ecuación se usa para estimar no solo la posibilidad de que exista vida fuera de nuestro planeta, sino también las probabilidades de encontrar vida extraterrestre en el universo. La propuso el astrónomo Frank Drake en 1961 y calcula el número de civilizaciones potencialmente capaces de comunicarse con la multiplicación de un número de variables.

Número de civilizaciones avanzadas en la Vía Láctea

Fracción de estrellas con sistema planetario

Fracción de mundos en los que surge la vida

Fracción de civilizaciones con tecnología de comunicación

$$N = R_* \times f_p \times n_e \times f_e \times f_i \times f_c \times L$$

Índice de formación de estrellas en la galaxia

Número de mundos que albergan la vida por sistema planetario

Fracción de mundos con vida inteligente

Vida media de una civilización capaz de comunicarse

EL SISTEMA SOLAR

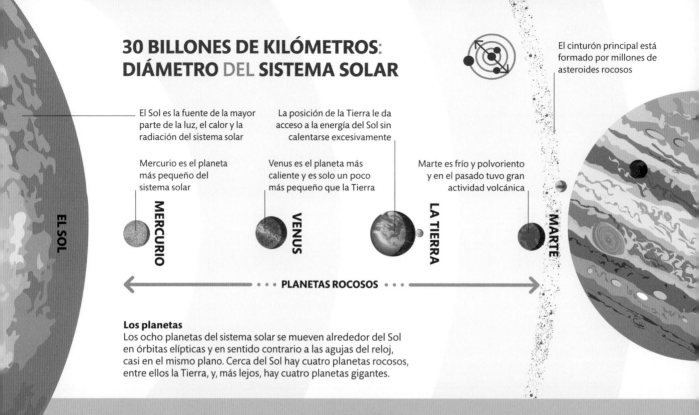

30 BILLONES DE KILÓMETROS: DIÁMETRO DEL SISTEMA SOLAR

El cinturón principal está formado por millones de asteroides rocosos

El Sol es la fuente de la mayor parte de la luz, el calor y la radiación del sistema solar

La posición de la Tierra le da acceso a la energía del Sol sin calentarse excesivamente

Mercurio es el planeta más pequeño del sistema solar

Venus es el planeta más caliente y es solo un poco más pequeño que la Tierra

Marte es frío y polvoriento y en el pasado tuvo gran actividad volcánica

EL SOL

MERCURIO

VENUS

LA TIERRA

MARTE

• • • PLANETAS ROCOSOS • • •

Los planetas
Los ocho planetas del sistema solar se mueven alrededor del Sol en órbitas elípticas y en sentido contrario a las agujas del reloj, casi en el mismo plano. Cerca del Sol hay cuatro planetas rocosos, entre ellos la Tierra, y, más lejos, hay cuatro planetas gigantes.

Estructura del sistema solar

El sistema solar está estructurado en torno al Sol, con una clara distinción entre cuerpos pequeños y rocosos, más cercanos al Sol, y planetas gigantes de gas y hielo, más alejados.

Objetos del sistema solar

El sistema solar comprende todos los objetos sujetos por la poderosa atracción gravitatoria del Sol. De estos, los más grandes son los ocho planetas conocidos, que tienen, entre todos, unas 200 lunas. En los espacios que hay entre los planetas y los cinco planetas enanos, se mueven rocosos asteroides y helados cometas. El sistema solar se extiende hasta los límites de la Nube de Oort (ver pp. 84-85), a unas 100 000 veces la distancia entre la Tierra y el Sol, y es solo una de los cientos de millones de estructuras parecidas de la inmensa metrópolis estelar conocida como la galaxia de la Vía Láctea.

LA LÍNEA DE CONGELAMIENTO

Es la línea, en un sistema planetario en formación, en que las temperaturas descienden por debajo del punto de congelación del agua, el amoniaco y el metano. Más allá, los materiales helados se unen y forman planetas gigantes. Más cerca de la estrella, solo la roca y el metal pueden soportar el calor.

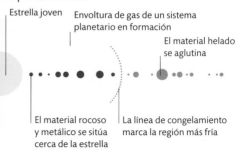

Estrella joven

Envoltura de gas de un sistema planetario en formación

El material helado se aglutina

El material rocoso y metálico se sitúa cerca de la estrella

La línea de congelamiento marca la región más fría

**PLANETAS
GIGANTES**

Júpiter es el planeta más grande y está compuesto principalmente de hidrógeno y helio

Urano es el planeta más frío y, con su inclinación única, rota acostado sobre un lado

Neptuno es el planeta más alejado del Sol y tiene vientos supersónicos

JÚPITER

SATURNO

URANO

NEPTUNO

Saturno es el único planeta gigante con anillos visibles, los cuales están hechos de partículas de hielo, aunque todos los planetas gigantes tienen anillos

¿CUÁNTOS OBJETOS HAY EN EL SISTEMA SOLAR?

El número exacto de objetos no se conoce, pero hay más de medio millón con nombre oficial y al menos 300 000 que aún no lo tienen.

Leyes de Kepler de movimiento planetario

El astrónomo alemán Johannes Kepler realizó detalladas observaciones del movimiento de los planetas para formular tres leyes. Más tarde, Isaac Newton demostró que las leyes de Kepler se deducían naturalmente de su propia ley de la gravitación universal. Las tres leyes describen la forma de las órbitas y cómo la velocidad es afectada por la distancia al Sol.

Un planeta orbita el Sol en una elipse

Un planeta está siempre a la misma distancia combinada de los dos focos de su órbita

El Sol está en el foco

Foco secundario

Período de 100 días

Los planetas se mueven más deprisa cerca del Sol

Las porciones sombreadas son de la misma área

El Sol

Período de 100 días

Marte traza una órbita parcial en un año terrestre

El Sol

La Tierra tarda un año en completar su órbita

Júpiter completa solo una fracción de su órbita en un año terrestre

Saturno tarda 29 años terrestres en trazar una órbita completa

Primera ley
La primera ley de Kepler dice que la órbita de un planeta es una elipse –forma geométrica con dos focos– y que uno de sus focos es el Sol. Cuanto más elíptica es una órbita, se dice que tiene mayor excentricidad orbital.

Segunda ley
Kepler se dio cuenta de que un planeta acelera al acercarse al Sol y se ralentiza al alejarse de este, y también que la línea del Sol al planeta recorre siempre áreas iguales en períodos de tiempo iguales.

Tercera ley
Los planetas tardan más en recorrer su órbita cuanto más lejos están del Sol. Kepler halló una fórmula simple que relaciona los períodos orbitales de los planetas con el tamaño de sus órbitas.

Nacimiento del sistema solar

El sistema solar se formó hace más de 4500 millones de años. Los astrónomos han estudiado jóvenes sistemas estelares en la Vía Láctea y han hecho simulaciones por ordenador para comprender cómo se formó el sistema solar.

La nebulosa solar

La idea más aceptada sobre cómo se formó el sistema solar comienza con el nacimiento del Sol, cuando una bola de gas y polvo, llamada núcleo, se aglutinó debido a la gravedad en una gigantesca nube molecular, posiblemente impulsada por la explosión de una estrella cercana (ver pp. 92-93). Cuando el núcleo se colapsó, atrajo más material, aumentando su densidad central y girando más rápidamente. Alrededor del Sol, recién formado en el centro, se fue creando un plano disco protoplanetario de gas y polvo. A lo largo de millones de años, la gravedad continuó comprimiendo el disco de materia, creando el sistema de asteroides, las lunas y los planetas que ahora orbitan el Sol.

¿QUÉ PLANETA SE FORMÓ PRIMERO?

Los astrónomos creen que el gigante de gas Júpiter fue el primer planeta en formarse y después influyó en la formación del resto de los planetas. Los planetas rocosos debieron de ser los últimos en formarse.

UN **0,01** POR CIENTO DE LA **MATERIA NEBULAR** TERMINÓ EN LOS **PLANETAS**

El joven Sol era muy brillante

La materia del disco se conglomeró formando planetesimales

Protoestrella recién formada

La materia se aplanó en forma de disco

El gas se calentó en el centro de la nube

Disco de gas giratorio de gas y granos de polvo

1 Contracción del núcleo
En la nube interestelar, un cúmulo rotatorio de materia, unido por la gravedad, empezó a contraerse. El centro se hizo cada vez más caliente y denso y a su alrededor se formó un disco.

2 La protoestrella generó energía
Comenzó la fusión nuclear, dando lugar a la protoestrella. Su energía contrarrestó la gravedad, haciendo que la protoestrella no se comprimiera aún más. En el disco giratorio se formaron granos de polvo.

3 Formación de los planetesimales
La materia del disco se aglomeró en pequeños cuerpos llamados planetesimales. Parte de la materia cercana a la estrella se evaporó, dejando solo elementos pesados como el hierro y el níquel. El viento solar se llevó el gas más lejos aún.

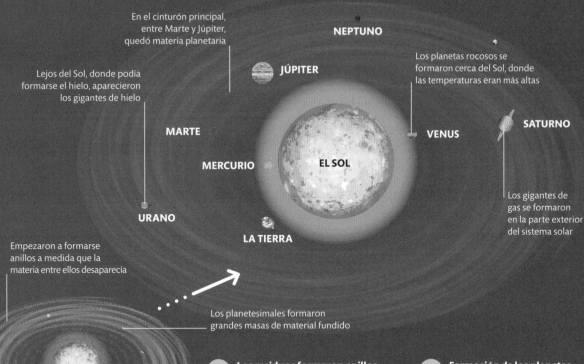

En el cinturón principal, entre Marte y Júpiter, quedó materia planetaria

Lejos del Sol, donde podía formarse el hielo, aparecieron los gigantes de hielo

Los planetas rocosos se formaron cerca del Sol, donde las temperaturas eran más altas

NEPTUNO

JÚPITER

MARTE

MERCURIO

EL SOL

VENUS

SATURNO

Los gigantes de gas se formaron en la parte exterior del sistema solar

URANO

LA TIERRA

Empezaron a formarse anillos a medida que la materia entre ellos desaparecía

Los planetesimales formaron grandes masas de material fundido

4 **Los residuos formaron anillos**
Planetesimales de 1 km de diámetro, de roca, metal y hielo, volaban a alta velocidad, chocando unos con otros. La energía producida por las colisiones fundía la roca y el metal hasta que se formaron grandes masas de materia fundida.

5 **Formación de los planetas**
Los objetos de mayor tamaño siguieron creciendo y la gravedad los fue redondeando, haciéndolos esféricos, y se formaron así los planetas. El material sobrante formó los asteroides y los cuerpos menores a medida que el sistema solar se estabilizaba.

Migración planetaria

Hicieron falta millones de años para que el sistema solar adoptase su configuración actual. Los planetas recién formados migraron a medida que interactuaban unos con otros y con los residuos resultantes de su formación. Este proceso también vació el cinturón de asteroides y el cinturón de Kuiper, más allá de Neptuno (ver pp. 82-83), al esparcir los restos por todas partes.

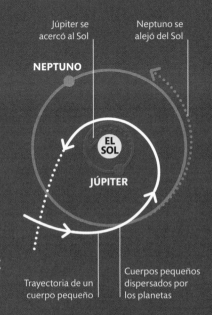

Júpiter se acercó al Sol

Neptuno se alejó del Sol

NEPTUNO

EL SOL

JÚPITER

Órbitas alteradas
Según los modelos de la migración planetaria, Júpiter se trasladó al interior y Saturno, Urano y Neptuno –con la energía de la dispersión de los cuerpos más pequeños– se alejaron. Neptuno y Urano incluso cambiaron de posición.

Trayectoria de un cuerpo pequeño

Cuerpos pequeños dispersados por los planetas

DISCOS PROTOPLANETARIOS

Un nuevo sistema solar se forma a partir de discos de polvo llamados discos protoplanetarios, que giran en torno a las recién formadas estrellas.

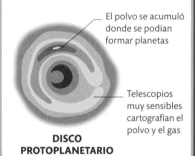

El polvo se acumuló donde se podían formar planetas

Telescopios muy sensibles cartografían el polvo y el gas

DISCO PROTOPLANETARIO

El Sol

El Sol es un enorme horno nuclear en el centro de nuestro sistema solar. Proporciona la fuerza gravitatoria que une los cuerpos del sistema solar y su energía baña los planetas con luz y calor.

Dentro del Sol

La energía solar comienza su odisea en el fondo del núcleo solar. La gravedad eleva las temperaturas a casi 16 millones de grados centígrados y la presión es 100 000 millones de veces superior a la presión atmosférica de la Tierra. Estas condiciones permiten que tenga lugar la fusión nuclear, que convierte cada segundo 620 millones de toneladas de hidrógeno en helio y energía (ver p. 90). Esta energía viaja a través de las zonas radiativas y convectivas hasta alcanzar la superficie visible.

Los elementos del Sol

Los astrónomos se valen de la espectroscopia para identificar los elementos químicos del Sol (ver pp. 26-27). Los átomos de estos elementos pueden identificarse porque absorben o emiten luz de ciertos colores. El Sol está tan caliente que algunos de sus átomos se transforman en plasma, que tiene carga eléctrica, lo que provoca el estado plasmático del Sol.

Oxígeno, carbono, nitrógeno, silicio, magnesio, neón, hierro y azufre son los elementos más abundantes en la porción restante

HELIO 24 %

HIDRÓGENO 75 %

Elementos constitutivos
La masa total del Sol está formada por 67 elementos. La mayoría es hidrógeno y helio, los dos elementos más ligeros del universo.

La radiación se dispersa lentamente hacia fuera a través de la zona radiativa

La zona radiativa es tan densa que la radiación encuentra un obstáculo cada 1 mm

Estructura interna
La energía tarda hasta 1 millón de años en viajar desde el caliente y denso núcleo, a través de las zonas radiativas y convectivas, hasta la superficie. La fotosfera es visible desde la Tierra, pero está cubierta por dos capas de atmósfera, la corona y la cromosfera.

CENTRO

El núcleo ocupa más o menos una cuarta parte del interior del Sol y es 8 veces más denso que el oro

LA **RADIACIÓN** TARDA **1 MILLÓN DE AÑOS** EN VIAJAR DEL **NÚCLEO** A LA **SUPERFICIE SOLAR**

PROTUBERANCIA

Tras un bucle de magnetismo, asciende materia caliente y forma una protuberancia

La luz atraviesa la zona convectiva en solo unas semanas

ZONA RADIATIVA

ZONA CONVECTIVA

FOTOSFERA

CROMOSFERA

CORONA

Burbujas de gas caliente se expanden, ascienden a la superficie, se enfrían y se hunden de nuevo

Una vez la luz escapa a la fotosfera, llega a la Tierra en poco más de 8 minutos

La cromosfera tiene una temperatura de unos 200 000 °C

La corona, la atmósfera exterior del Sol, es visible durante los eclipses solares

¿QUÉ TAMAÑO TIENE EL SOL?

El Sol tiene un diámetro de 1,4 millones de kilómetros y en su interior cabrían más de 1 millón de Tierras. La mayoría de las estrellas son más pequeñas que el Sol.

Capas exteriores

La superficie visible del Sol, la fotosfera, es también la primera capa de su atmósfera. De la fotosfera surgen erupciones en forma de protuberancias y descargas de energía llamadas fulguraciones que llegan hasta la cromosfera y la corona. La corona está a más de 1 millón de grados centígrados, una temperatura mucho más elevada que en las capas inferiores. Esta disparidad en las temperaturas es uno de los misterios solares más extraños. Los astrónomos todavía buscan el mecanismo que inyecta energía en la corona, y las fulguraciones por sí mismas no son suficientes.

ECLIPSES SOLARES

La tenue corona del Sol se ve mejor durante un eclipse total. Durante estos espectaculares eventos –que tienen lugar más o menos cada 18 meses– la Luna bloquea el resplandor del Sol. En ese momento, la sombra de la Luna (o umbra) engulle una porción de la Tierra.

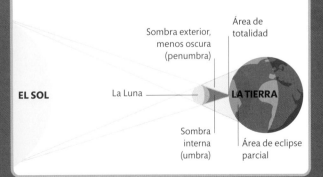

EL SOL

La Luna

Sombra exterior, menos oscura (penumbra)

Área de totalidad

LA TIERRA

Sombra interna (umbra)

Área de eclipse parcial

El ciclo solar

Generaciones de astrónomos han observado cómo la actividad solar aumenta y decrece en un patrón regular: el ciclo solar. La actividad del Sol se ha estudiado con un gran detalle desde la invención de los telescopios solares en los años noventa.

Manchas solares

El rasgo más conspicuo del ciclo solar son las manchas solares. Parecen profundos moratones en la superficie del Sol, pero en realidad son regiones más frías de la fotosfera, a unos 3500 °C. A medida que el Sol rota, en su interior se extienden campos magnéticos, lo que hace que tubos de magnetismo se abran paso a través de la fotosfera y produzcan en la superficie hendiduras en forma de cuenco. Las manchas solares solo duran unas semanas y aparecen en distintas zonas a lo largo del ciclo.

CINTAS GIGANTES

Cintas transportadoras gigantes de plasma bullen en el interior de la zona convectiva del Sol. Arrastran campos magnéticos hacia la superficie y transfieren material desde el ecuador hacia los polos a velocidades de unos 50 km/h. Esto hace que las manchas solares aparezcan más cerca del ecuador durante el ciclo solar.

Zona convectiva

Plasma moviéndose hacia el ecuador

Zona radiativa

Las cintas se mueven hacia los polos

NÚCLEO

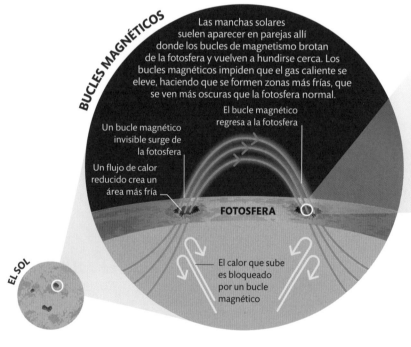

BUCLES MAGNÉTICOS

Las manchas solares suelen aparecer en parejas allí donde los bucles de magnetismo brotan de la fotosfera y vuelven a hundirse cerca. Los bucles magnéticos impiden que el gas caliente se eleve, haciendo que se formen zonas más frías, que se ven más oscuras que la fotosfera normal.

El bucle magnético regresa a la fotosfera

Un bucle magnético invisible surge de la fotosfera

Un flujo de calor reducido crea un área más fría

FOTOSFERA

El calor que sube es bloqueado por un bucle magnético

EL SOL

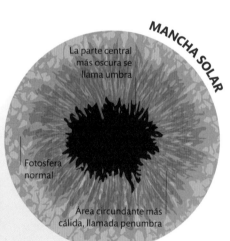

MANCHA SOLAR

La parte central más oscura se llama umbra

Fotosfera normal

Área circundante más cálida, llamada penumbra

LA **MANCHA SOLAR MÁS GRANDE** REGISTRADA ERA **30** VECES MÁS ANCHA QUE LA **TIERRA**

¿QUIÉN DESCUBRIÓ EL CICLO SOLAR?

El ciclo solar, también llamado ciclo de Schwabe, lo descubrió en 1843 Samuel Heinrich Schwabe, astrónomo aficionado alemán que realizó observaciones diarias a lo largo de 17 años.

Máximo y mínimo solar

Las manchas solares no son el único tipo de actividad solar. Unas gigantescas erupciones llamadas eyecciones de masa coronal estallan en la corona y rápidas descargas de energía magnética almacenada producen fulguraciones solares. Esto es más frecuente en el máximo solar y tiene importantes consecuencias para la Tierra. Esta actividad solar genera espectaculares auroras en los polos terrestres (ver p. 31) y puede producir cortes de luz, fallos en satélites y apagones de radio.

Formas de mariposa

Un famoso diagrama llamado diagrama de mariposa –por su semejanza con el insecto volador– describe el movimiento de la mancha solar en el curso de un ciclo solar. Las manchas solares aparecen de forma gradual cerca del ecuador a medida que se aproxima el máximo solar. Al comparar múltiples ciclos en un gráfico, podemos ver las variaciones de actividad a lo largo de los ciclos.

Ciclo de 11 años

La duración del ciclo solar es de 11 años, pero en los últimos 400 años ha variado. Los ciclos recientes han sido bastante tranquilos, con un número inusualmente alto de días sin manchas.

AÑO 1

Los ciclos comienzan con manchas solares a lo largo de las latitudes medias

AÑO 4

Las manchas solares aumentan y aparecen cerca del ecuador

AÑO 7

AÑO 10

Un nuevo ciclo comienza a medida que las manchas del ecuador desaparecen

AÑO 12

CLAVE
— Ciclo previo
— Ciclo actual
— Siguiente ciclo

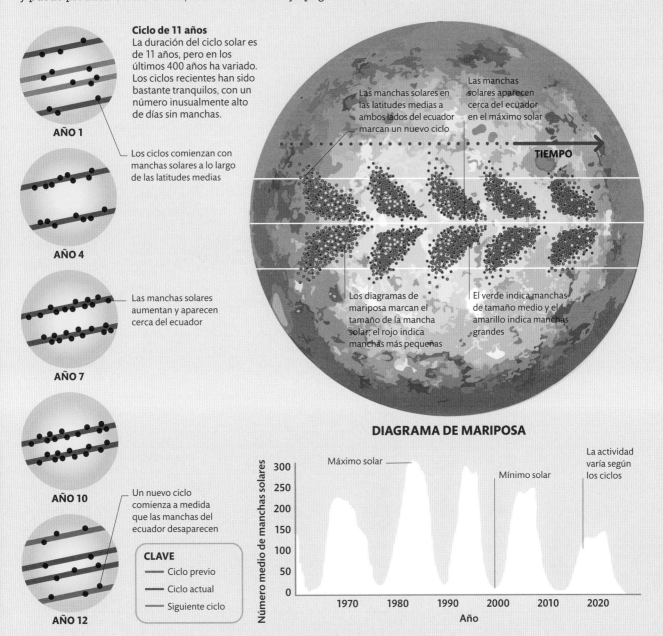

Las manchas solares en las latitudes medias a ambos lados del ecuador marcan un nuevo ciclo

Las manchas solares aparecen cerca del ecuador en el máximo solar

TIEMPO

Los diagramas de mariposa marcan el tamaño de la mancha solar; el rojo indica manchas más pequeñas

El verde indica manchas de tamaño medio y el amarillo indica manchas grandes

DIAGRAMA DE MARIPOSA

Máximo solar

Mínimo solar

La actividad varía según los ciclos

Número medio de manchas solares
300
250
200
150
100
50
0

1970 1980 1990 2000 2010 2020

Año

La Tierra

La Tierra, llamada el planeta azul debido al inmenso océano que cubre el 71 por ciento de su superficie, es un santuario de vida en el espacio. Es el único lugar del universo que sabemos que alberga seres vivos.

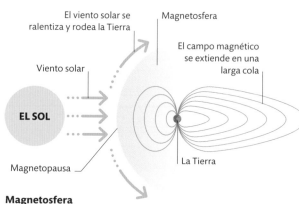

El viento solar se ralentiza y rodea la Tierra

Magnetosfera

El campo magnético se extiende en una larga cola

Viento solar

EL SOL

La Tierra

Magnetopausa

Adecuado para la vida

Para que la vida continúe sobre la Tierra, debe estar protegida de los estragos del espacio. El principal peligro es la radiación solar, que puede dañar las células vivas. Sin embargo, la Tierra está envuelta en un campo magnético que surge del núcleo rotatorio de hierro de la Tierra y proporciona un escudo protector. Ayuda a repeler las partículas de alta energía provenientes del Sol y de las estrellas que explotan en el resto de la galaxia.

Capas internas

El núcleo de la Tierra ha estado caliente desde que el planeta se formó y continúa calentándose debido a la desintegración de elementos radiactivos como el uranio. La temperatura en el centro de la Tierra es de unos 6000 °C, parecida a la de la superficie del Sol. Material fundido en el núcleo exterior se mueve e impulsa el campo magnético. La actividad visible en la superficie, como los volcanes y los terremotos, está gobernada por el material incandescente del manto que asciende a través del manto superior –en gran parte sólido– y emerge en la corteza.

Magnetosfera

La magnetosfera es una región en la que un campo magnético rodea la Tierra. Partículas con carga eléctrica del viento solar se ralentizan en la superficie de la magnetosfera, algo llamado magnetopausa. Las partículas son rechazadas y esparcidas en una larga cola con la longitud de unos 500 planetas Tierra.

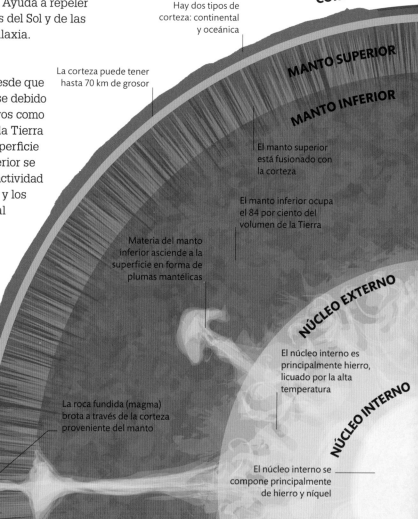

Hay dos tipos de corteza: continental y oceánica

CORTEZA

MANTO SUPERIOR

MANTO INFERIOR

La corteza puede tener hasta 70 km de grosor

El manto superior está fusionado con la corteza

El manto inferior ocupa el 84 por ciento del volumen de la Tierra

Materia del manto inferior asciende a la superficie en forma de plumas mantélicas

NÚCLEO EXTERNO

El núcleo interno es principalmente hierro, licuado por la alta temperatura

NÚCLEO INTERNO

La roca fundida (magma) brota a través de la corteza proveniente del manto

El núcleo interno se compone principalmente de hierro y níquel

LA **CORTEZA TERRESTRE,** EN PROPORCIÓN TIENE EL **GROSOR** DE LA **PIEL DE UNA MANZANA**

Calentando el planeta

La mayoría del calor que asciende hasta la superficie de la Tierra es transportado por convección, el mismo proceso que tiene lugar en la zona convectiva del Sol (ver pp. 40-41).

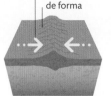

Superficie y atmósfera

La corteza terrestre es muy fina y cambia continuamente. Está fundida con el manto superior y partida en pedazos llamados placas tectónicas, que se mueven sobre las partes más profundas del manto inferior. Cuando las placas convergen o divergen, se forman montañas o grietas. Por encima, una atmósfera compuesta principalmente de nitrógeno (78 por ciento) y oxígeno (21 por ciento) se extiende hasta más de 600 km.

Las placas se alejan
La roca fundida sube

Las placas no chocan ni se alejan

Las placas chocan lentamente

La superficie terrestre cambia de forma

Frontera divergente
Dos placas tectónicas se separan y del manto emerge roca fundida para llenar el hueco. La roca, al enfriarse, forma una nueva porción de corteza.

Borde transformante
Las placas tectónicas se deslizan unas junto a otras, creando grietas denominadas fallas. La mayoría de las fallas están en el fondo del océano.

Borde convergente
Las placas chocan entre sí, provocando terremotos, actividad volcánica y deformaciones en la corteza. El Himalaya se formó de este modo.

La corteza es más gruesa en los continentes que bajo los océanos

Los gases de la atmósfera atrapan el calor y ayudan a sostener la vida

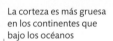
ATMÓSFERA

¿DE DÓNDE PROVIENE EL AGUA DE LA TIERRA?

Los astrónomos creen que el agua llegó en los cometas o asteroides que bombardeaban la primitiva Tierra. Estas colisiones dejaron en el planeta materia que contenía moléculas de agua.

El material rocoso ligero ascendió y formó los continentes

El agua líquida cubrió la Tierra al enfriarse esta

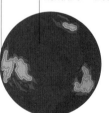

OCÉANO EN FORMACIÓN

¿DÓNDE COMENZÓ LA VIDA EN LA TIERRA?

Se cree que la vida en la Tierra comenzó hace 4,3 millones de años, cuando el planeta tenía solo 500 millones de años. Antes de eso, el planeta estaba demasiado caliente y no tenía agua líquida.

Los continentes y los océanos todavía cambian de forma a medida que las placas tectónicas se mueven

Atmósfera protectora
El ozono, una forma de oxígeno en la atmósfera, protege la vida de la radiación ultravioleta. La atmósfera también desintegra asteroides y cometas antes de que impacten contra la superficie (ver pp. 28-29).

La Luna

El satélite natural de la Tierra, la Luna, es el cuerpo celeste más cercano a nosotros y el objeto más familiar del cielo nocturno. Es todo un espectáculo verla a través de unos prismáticos o un telescopio.

¿Cómo se formó la Luna?

La idea principal para explicar la formación de la Luna es la hipótesis del impacto gigante. Según esta, durante los primeros 100 millones de años de la Tierra, un planeta de tamaño similar al de Marte impactó con ella. Tras el impacto, la mayoría de los elementos pesados de ambos planetas, como el hierro y el níquel, se quedaron en la Tierra y formaron su pesado núcleo, mientras que el material rocoso más ligero se esparció por la órbita. Gradualmente, la gravedad aglutinó parte de estos restos y se formó la Luna.

La gravedad empuja a Tea hacia la Tierra, aún en formación

TEA

TIERRA PRIMITIVA

La Tierra tenía una fuerte gravedad mientras se formaba

1 **Trayectoria de colisión**
Otro planeta –Tea– se acerca a la joven Tierra desde el exterior del sistema solar a 14 000 km/h.

Características de la superficie

La superficie lunar está dominada por brillantes áreas de tierras altas y manchas oscuras o mares. Los mares son llanuras de lava producidas por el antiguo volcanismo de la Luna en las que se ven cráteres producidos por los impactos de cometas y asteroides. Las tierras altas montañosas se formaron al enfriarse y solidificarse el océano de lava, hace unos 4500 millones de años. Estas características pueden verse mejor cuando la luna está solo parcialmente iluminada y las sombras dan un acusado relieve a la superficie.

El mar de las Lluvias está hecho de roca basáltica de grano fino

Los montes Apeninos son una cadena de montañas de 600 km

MAR DE LAS LLUVIAS

OCÉANO DE LAS TORMENTAS

MONTES APENINOS

El océano de las Tormentas tiene más de 2900 km de diámetro

CRÁTER COPÉRNICO

El cráter Copérnico es fácilmente visible con unos prismáticos

TIERRAS ALTAS DEL SUR

El cráter Tycho es el impacto más visible y también el más joven, pues se produjo hace 110 millones de años

CRÁTER TYCHO

¿CUÁNTOS ASTRONAUTAS HAN PISADO LA LUNA?

Hasta ahora, un total de 12 astronautas han caminado sobre la Luna. Todos ellos viajaron en misiones de la NASA y pisaron el satélite entre 1969 y 1972.

Tea colisiona con la Tierra

El impacto lanza material rocoso al espacio en forma de vapor caliente

Un anillo de restos se estabiliza en torno a la Tierra

La órbita de la Luna sigue la trayectoria del anillo de restos

LA LUNA

Los restos forman la Luna

2 **Momento del impacto**
Tea colisiona con la Tierra en un ángulo de 45°, fundiendo roca y metal y mezclando materiales de ambos mundos.

3 **Se forma un anillo**
Material ligero sale despedido hacia el espacio, pero buena parte no puede escapar a la gravedad de la Tierra y se convierte en un anillo de restos.

4 **La Luna en órbita**
La gravedad aglutina el material del anillo y forma la Luna, que al principio estaba fundida y que finalmente se enfrió para convertirse en el satélite actual.

LA **LUNA SE ALEJA** DE LA TIERRA **3,8 CM CADA AÑO**

El mar de la Tranquilidad es donde Neil Armstrong pisó la Luna en 1969 por primera vez

La cara oculta, menos afectada por el calor de la Tierra durante la formación de esta, tiene menos llanuras volcánicas

MAR DE LA TRANQUILIDAD

Las tierras altas del sur están cubiertas de cráteres erosionados

¿La cara oscura de la Luna?
A pesar de lo que suele pensarse, no hay una «cara oscura» permanente en la Luna. La parte de atrás, llamada la cara oculta, aunque no es visible desde la Tierra, a menudo está iluminada.

ECLIPSES LUNARES

Los eclipses lunares se producen cuando la Luna entra en la sombra de la Tierra. Son visibles en cualquier lugar de la Tierra en el que haya salido la Luna y normalmente ocurren dos veces al año. Durante un eclipse lunar total, la luz indirecta del Sol, distorsionada por la atmósfera terrestre, vuelve la Luna de un particular color rojo. Los eclipses lunares parciales también son posibles cuando la Luna atraviesa la sombra exterior de la Tierra, menos oscura.

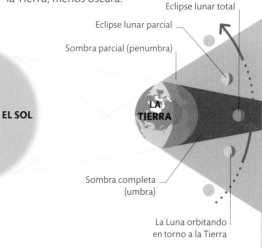

Eclipse lunar total

Eclipse lunar parcial

Sombra parcial (penumbra)

EL SOL

LA TIERRA

Sombra completa (umbra)

La Luna orbitando en torno a la Tierra

La Tierra y la Luna

La Luna es el objeto más grande en el cielo nocturno de la Tierra. Su gravedad ralentiza la rotación de la Tierra y mueve el agua de nuestros océanos, con las mareas. La vida en la Tierra ha evolucionado para adaptarse a la luz lunar, a las mareas y al ciclo lunar. La Luna es el único planeta que ha pisado el hombre.

Fases de la Luna

La apariencia cambiante de la Luna es uno de los rasgos más llamativos del cielo nocturno, y sus formas cambiantes se han documentado desde hace milenios. A pesar de su aparente luminosidad, la Luna no genera luz propia, sino que su superficie refleja la luz del Sol. Al igual que la Tierra, en todo momento tiene un lado iluminado y otro a oscuras, pero la porción visible desde la Tierra cambia a medida que la Luna recorre su órbita. El ciclo lunar dura 29,5 días, un poco más que los 27,3 días que tarda la Luna en orbitar la Tierra. Esto es así porque la Tierra también se mueve durante ese tiempo y la Luna tarda algo más de 2 días en volver a alinearse con el Sol.

EL SOL

LUZ SOLAR

La Luna es visible durante el día a medida que un ciclo se acerca a la luna llena

TERCER CUARTO

La luna mengua cuando su área visible decrece

**6:00 AM
HORA DE TRÁNSITO POR EL MERIDIANO**

CUARTO MENGUANTE

9:00 AM

LUNA LLENA

MEDIODÍA

Toda la luz solar da en la cara oculta de la Luna

LA LUNA

Una mitad de la Tierra está siempre iluminada por el Sol

LA TIERRA

CUARTO CRECIENTE

3:00 PM

La luna está creciendo cuando el área visible se incrementa

PRIMER CUARTO

6:00 PM

La línea del terminador separa la luz y la oscuridad

¿ROTA LA LUNA?

La Luna rota en sentido contrario al de las agujas del reloj y tarda lo mismo en girar sobre su propio eje que en rodear la Tierra. Por eso la misma cara es siempre visible desde la Tierra.

La Luna y el Sol

Cuando la Luna está directamente frente al Sol, vemos toda su parte más cercana, lo que constituye una luna llena. Cuando la Luna se mueve entre la Tierra y el Sol, toda la luz recae sobre la cara oculta, por lo que vemos una luna nueva. La hora en que la Luna alcanza su punto más alto en el cielo (tránsito del meridiano) cambia de forma gradual a lo largo del ciclo de las fases.

La vista desde la Tierra
La cara iluminada de la Luna se hace visible (crece) a medida que se acerca la luna llena, y después se encoge (mengua) hacia el final del ciclo. Cada ciclo tiene dos fases crecientes, dos cuartos y dos fases gibosas. A veces el área no iluminada por el Sol puede ser visible debido a la luz reflejada por la Tierra.

LUNA NUEVA

CUARTO CRECIENTE

PRIMER CUARTO

GIBOSA CRECIENTE

LUNA LLENA

GIBOSA MENGUANTE
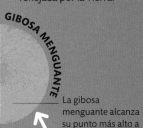

LUNA LLENA

La gibosa menguante alcanza su punto más alto a las 3:00 AM

MEDIANOCHE

La luna llena sale al atardecer y se pone al amanecer

GIBOSA CRECIENTE

La gibosa menguante alcanza su punto más alto a las 9:00 PM

TERCER CUARTO

CUARTO MENGUANTE

Las mareas

La Tierra experimenta dos mareas altas y dos mareas bajas al día. La fuerza gravitacional de la Luna hace que los océanos se abomben, lo que crea mareas altas. Cuando la marea desciende, la rotación de la Tierra está haciendo que el abombamiento de la marea se aleje de la orilla.

La fuerza de las mareas
Los niveles del mar ascienden cuando la Luna se encuentra sobre este, pues la gravedad lunar atrae el agua. En otras áreas de la Tierra, en cambio, el agua desciende, lo que produce las mareas bajas. Una segunda área de marea baja en el otro lado de la Tierra se debe a la fuerza centrífuga, que excede la atracción de la gravedad.

La fuerza centrífuga actúa en la dirección opuesta a la gravedad de la Luna

La gravedad de la Luna atrae el agua, haciendo que suban las mareas

Marea baja

Las mareas suben y bajan a medida que la Tierra rota

La gravedad del Sol atrae tanto la Luna como la Tierra

ÓRBITA DE LA LUNA

LA LUNA

EL SOL

LA TIERRA

Rotación de la Luna

Marea alta

Cuando la Luna y el Sol están alineados, las mareas en la Tierra son mayores

LA GRAVEDAD DE LA LUNA **ALARGA EL DÍA** DE LA TIERRA **MEDIA HORA** CADA **100 MILLONES DE AÑOS**

VIAJE A LA LUNA

Seis naves tripuladas hicieron un recorrido de 3 días hasta la Luna entre 1969 y 1972. A 70000 km de la Luna, la nave alcanzaba el punto de gravedad neutra, a partir del cual la gravedad de la Luna atraía a la nave a su órbita.

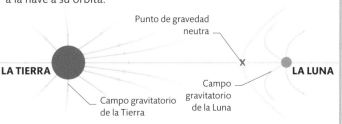

Punto de gravedad neutra

LA TIERRA

LA LUNA

Campo gravitatorio de la Tierra

Campo gravitatorio de la Luna

Mercurio

Mercurio, el planeta más próximo al Sol, tarda solo 88 días en completar una órbita y tiene la órbita más elíptica de todos los planetas. Mercurio es también el planeta más pequeño del sistema solar, con un radio de 2400 km, poco más de un tercio de la Tierra.

¿TIENE LUNAS MERCURIO?

No, la débil gravedad de Mercurio y su proximidad al Sol hacen que cualquier material potencialmente lunar sea atraído por el Sol.

La cuenca está rodeada de altas montañas

Huecos dentro de los cráteres excavados por los vientos solares

Las llanuras volcánicas se formaron al inundarse de lava la cuenca primitiva

Mercurio tiene una superficie seca y rocosa

Manchas de material de potentes impactos rodean los cráteres

Las llanuras volcánicas cubren el 40 por ciento de la superficie de Mercurio

El cráter de impacto Munch se formó hace 3900 millones de años, mucho después de la cuenca Caloris

CUENCA CALORIS

La superficie de Mercurio

Su superficie está marcada por incontables cráteres, la mayoría causados por el impacto de meteoroides y con más de 4000 millones de años. No han sufrido cambios porque Mercurio es demasiado pequeño como para tener una atmósfera significativa. A consecuencia de esto, su superficie se parece mucho a la de la Luna. En algunos lugares, las llanuras están cruzadas por pliegues causados por la contracción progresiva que sufre el planeta.

Los cráteres contienen material del suelo originario de la cuenca

La cuenca Caloris

Mercurio tiene una de las mayores cuencas de impacto del sistema solar. La cuenca Caloris, con unos 1500 km de diámetro, tiene 1,5 veces la anchura de Francia y está rodeada de un anillo montañoso de 2 km de altitud.

SUS CRÁTERES RECIBEN NOMBRES DE ARTISTAS COMO DISNEY, BEETHOVEN Y VAN GOGH

Atmósfera y temperatura

Mercurio no puede retener la gran cantidad de calor que recibe del Sol. Durante el día, la temperatura se eleva a 400 °C. Sin embargo, al no tener una gruesa atmósfera que atrape esa energía, en el lado nocturno las temperaturas descienden hasta los -180 °C. Esto da a Mercurio la mayor variación de temperatura entre día y noche de cualquier otro planeta del sistema solar.

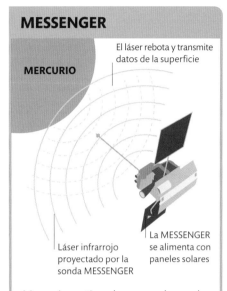

MESSENGER

MERCURIO

El láser rebota y transmite datos de la superficie

Láser infrarrojo proyectado por la sonda MESSENGER

La MESSENGER se alimenta con paneles solares

Mapa de temperaturas
Un mapa de la variación de temperatura en la superficie de Mercurio muestra el área más caliente (en rojo) directamente bajo el Sol. Este mapa se basa en observaciones realizadas con el telescopio Very Large Array (VLA), en Nuevo México, Estados Unidos.

Mercurio no tiene lunas, por lo que la sonda MESSENGER, de la NASA, fue el primer objeto que orbitó el planeta. La MESSENGER entró en su órbita en 2011 y cartografió el 99 por ciento de la superficie recogiendo datos topográficos con señales láser infrarrojas antes de estrellarse deliberadamente contra el planeta en 2015.

CLAVE

400 °C   -180°C

Dentro de Mercurio

Mercurio es denso y se compone de aproximadamente un 70 por ciento de metal y un 30 por ciento de roca. Solo la Tierra tiene una densidad mayor. Un núcleo de hierro (que podría estar parcialmente fundido) ocupa más de la mitad del planeta y está rodeado por un manto de 600 km. El grosor de su corteza, de 30 km, es parecido al de la Tierra.

Datos de la misión espacial
Los datos de las misiones espaciales, como la Mariner 10 y la MESSENGER, han dado a los astrónomos información sobre las capas internas de Mercurio. La MESSENGER también encontró evidencia de agua helada en los polos de Mercurio.

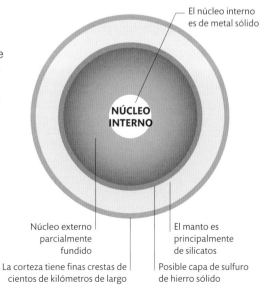

El núcleo interno es de metal sólido

NÚCLEO INTERNO

Núcleo externo parcialmente fundido

El manto es principalmente de silicatos

La corteza tiene finas crestas de cientos de kilómetros de largo

Posible capa de sulfuro de hierro sólido

Venus

Es el segundo planeta más cercano al Sol y se le suele llamar el gemelo de la Tierra. Es solo un poco más pequeño y tiene características familiares, como montañas y volcanes. Sin embargo, Venus también tiene algunas estructuras únicas.

Características de la superficie

El volcán gigante Maat Mons se eleva 8 km sobre la superficie de Venus. Ningún otro planeta tiene más volcanes, lo que significa que la superficie venusina está cubierta de antiguas corrientes de lava y de intensa actividad volcánica. Unas características elevaciones volcánicas parecidas a tortitas están esparcidas en agrupamientos por todo el planeta, así como profundos cráteres producidos por impactos de grandes meteoritos. También abundan unas estructuras circulares u ovales de cientos de kilómetros de diámetro llamadas coronas, causadas por el magma caliente al ascender a la corteza.

¿POR QUÉ VENUS BRILLA TANTO?

Venus brilla mucho desde la Tierra porque su atmósfera está llena de densas nubes de ácido sulfúrico. La luz del Sol se refleja en esas nubes haciéndolas brillar.

UN **DÍA EN VENUS**, EL TIEMPO ENTRE UN AMANECER Y EL SIGUIENTE, DURA **117 DÍAS TERRESTRES**

Canal formado por un flujo de lava

MAAT MONS

Los flujos de lava se extienden cientos de kilómetros desde la base del Maat Mons

Flujos de antigua lava marcan la superficie

Las coronas tienen hasta 1100 km de ancho y 2 km de altitud

ANTIGUO FLUJO DE LAVA

Por toda la superficie hay grandes cráteres de hasta 275 km de ancho

Las coronas pueden ser abultadas o tener dentro forma de cuenca

Volcanismo reciente

Se cree que la superficie de Venus tiene menos de 500 millones de años, lo que significa que debe de haber habido volcanismo activo en época relativamente reciente. Venus tiene una densa atmósfera de alta presión que suprime la explosividad de las erupciones volcánicas. Al no haber viento ni lluvia, las características volcánicas pueden parecer frescas durante mucho tiempo.

CORONA

CRÁTER DE IMPACTO

TRÁNSITOS DE VENUS

Venus pasa entre la Tierra y el Sol en un raro evento llamado tránsito. En un período de 8 años tienen lugar dos tránsitos, pero después tiene que pasar más de un siglo antes del siguiente par de tránsitos. Los próximos serán en 2117 y en 2125. El tiempo que tarda Venus en cruzar el Sol se usó para calcular la distancia entre el Sol y la Tierra. La luz del Sol se oscurece levemente durante los tránsitos y los astrónomos buscan eventos similares para encontrar planetas del tamaño de la Tierra en la órbita de estrellas cercanas.

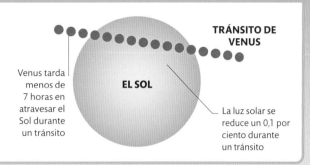

TRÁNSITO DE VENUS

EL SOL

Venus tarda menos de 7 horas en atravesar el Sol durante un tránsito

La luz solar se reduce un 0,1 por ciento durante un tránsito

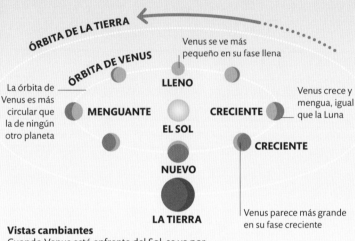

ÓRBITA DE LA TIERRA

ÓRBITA DE VENUS

ÓRBITA DE VENUS

Venus se ve más pequeño en su fase llena

La órbita de Venus es más circular que la de ningún otro planeta

LLENO

MENGUANTE

EL SOL

CRECIENTE

Venus crece y mengua, igual que la Luna

CRECIENTE

NUEVO

LA TIERRA

Venus parece más grande en su fase creciente

Vistas cambiantes

Cuando Venus está enfrente del Sol, se ve por completo iluminado desde la Tierra. Cuando está más cerca de la Tierra, la mayoría de la luz solar recae sobre la parte más alejada de Venus, por lo que solo vemos el planeta en forma de un fino creciente.

Fases de Venus

Galileo Galilei descubrió en 1610 que Venus, como la Luna, tiene fases, y demostró así que todos los planetas –incluida la Tierra– giran alrededor del Sol. A medida que Venus orbita en torno al Sol, su iluminación desde la Tierra varía. Los crecientes de Venus parecen más grandes y brillantes al acercarse a la Tierra. Después, cuando Venus pasa detrás del Sol, un hemisferio entero se vuelve visible. El ciclo dura 2,5 años venusinos (584 días terrestres).

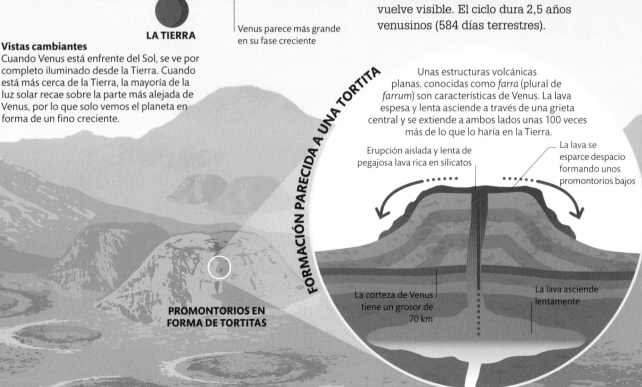

PROMONTORIOS EN FORMA DE TORTITAS

FORMACIÓN PARECIDA A UNA TORTITA

Unas estructuras volcánicas planas, conocidas como *farra* (plural de *farrum*) son características de Venus. La lava espesa y lenta asciende a través de una grieta central y se extiende a ambos lados unas 100 veces más de lo que lo haría en la Tierra.

Erupción aislada y lenta de pegajosa lava rica en silicatos

La lava se esparce despacio formando unos promontorios bajos

La corteza de Venus tiene un grosor de 70 km

La lava asciende lentamente

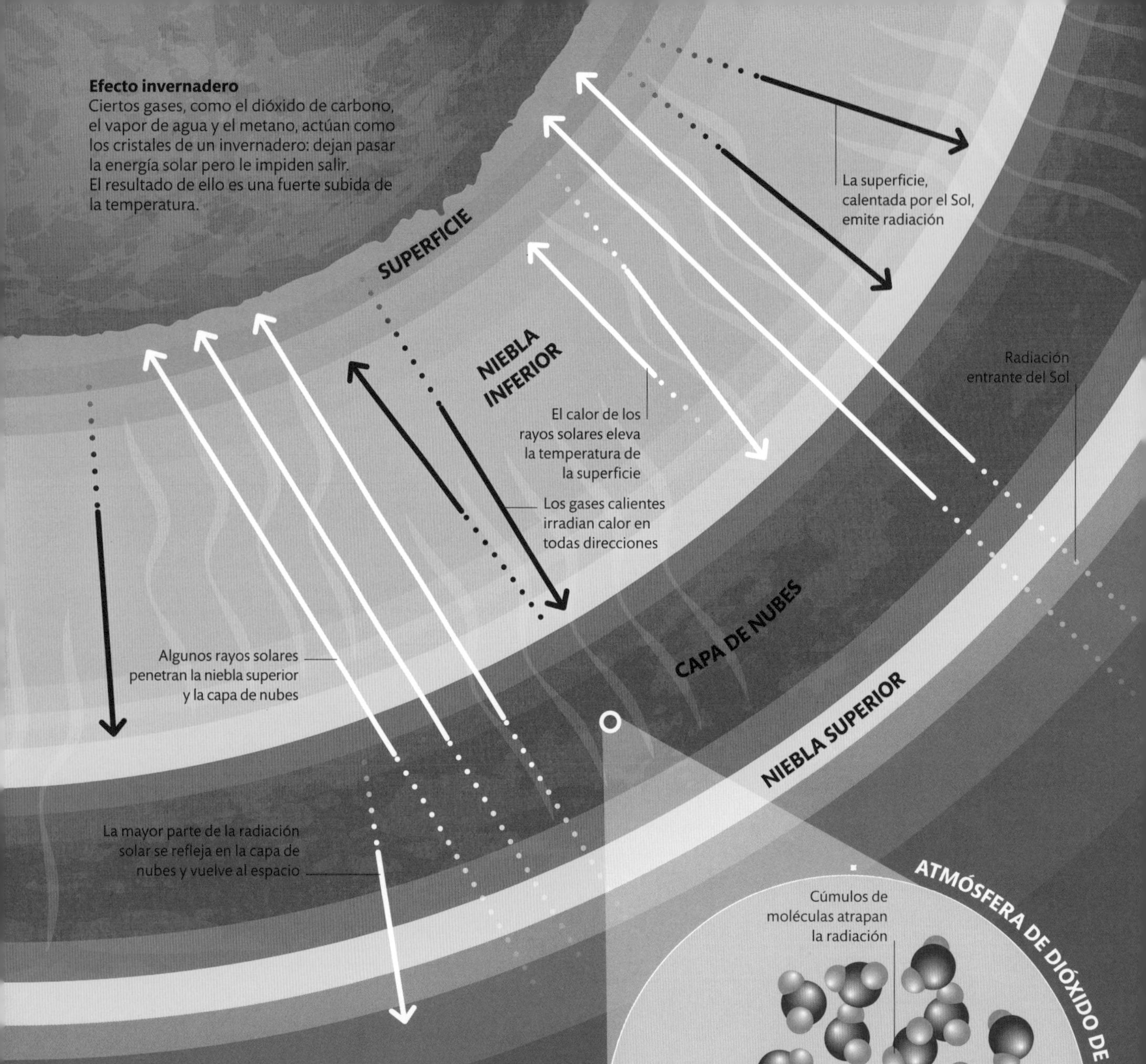

Efecto invernadero
Ciertos gases, como el dióxido de carbono,
el vapor de agua y el metano, actúan como
los cristales de un invernadero: dejan pasar
la energía solar pero le impiden salir.
El resultado de ello es una fuerte subida de
la temperatura.

SUPERFICIE

NIEBLA INFERIOR

La superficie,
calentada por el Sol,
emite radiación

Radiación
entrante del Sol

El calor de los
rayos solares eleva
la temperatura de
la superficie

Los gases calientes
irradian calor en
todas direcciones

CAPA DE NUBES

NIEBLA SUPERIOR

Algunos rayos solares
penetran la niebla superior
y la capa de nubes

La mayor parte de la radiación
solar se refleja en la capa de
nubes y vuelve al espacio

ATMÓSFERA DE DIÓXIDO DE CARBONO

Cúmulos de
moléculas atrapan
la radiación

Efecto invernadero sin control
El dióxido de carbono y el vapor de agua
causan un fuerte efecto invernadero. El dióxido
de carbono y el vapor de agua liberados por
la actividad volcánica se acumularon en la
atmósfera de Venus, que se calentó más y más.
A medida que el agua se descomponía o
escapaba, se formaba más dióxido de carbono,
calentando aún más el planeta. Una vez este
proceso hubo comenzado, ya no pudo detenerse
y se convirtió en un efecto sin control.

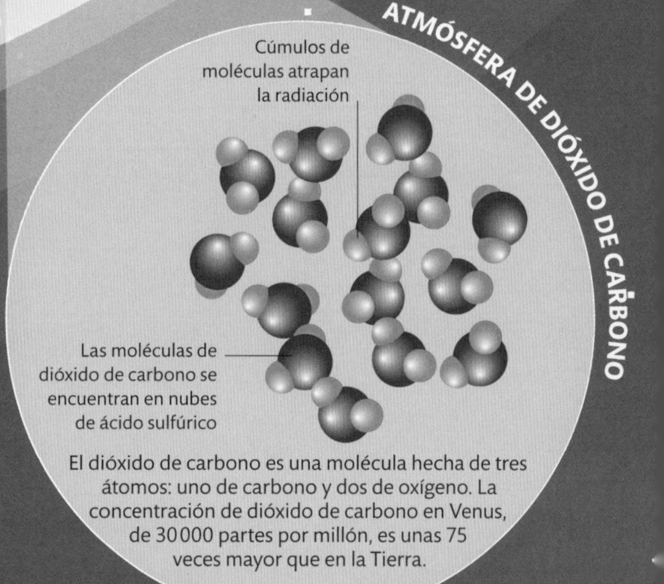

Las moléculas de
dióxido de carbono se
encuentran en nubes
de ácido sulfúrico

El dióxido de carbono es una molécula hecha de tres
átomos: uno de carbono y dos de oxígeno. La
concentración de dióxido de carbono en Venus,
de 30 000 partes por millón, es unas 75
veces mayor que en la Tierra.

Planeta invernadero

Nuestro vecino planetario más cercano, Venus, es el planeta más caliente del sistema solar y un sofocante mundo invernadero con un clima extremo.

Superrotación

Una de las rarezas de Venus es que el tiempo que tarda en rotar en relación con las estrellas es mayor que su año de 225 días. Además, rota en dirección opuesta a los otros planetas. Una rotación completa tarda 243 días terrestres, aunque el día solar en Venus es más corto, pues dura 117 días terrestres. A pesar de la lenta rotación de Venus, vientos de alta velocidad recorren la región ecuatorial en solo 4 días. Esta superrotación es debida en parte a variaciones en la presión atmosférica causadas por el calor del Sol, pero las causas aún no se comprenden del todo.

ESTAR DE PIE EN VENUS SERÍA COMO TENER **15 ELEFANTES** SOBRE LOS HOMBROS

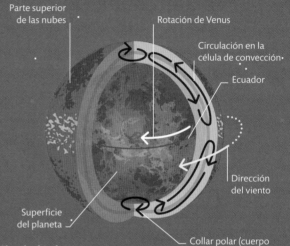

Parte superior de las nubes

Rotación de Venus

Circulación en la célula de convección

Ecuador

Dirección del viento

Superficie del planeta

Collar polar (cuerpo de gas más frío)

Circulación interna

El gas caliente asciende en el ecuador y fluye hacia los polos, donde se enfría y desciende para calentarse nuevamente. Estas cintas transportadoras de gas que circulan por todo Venus reciben el nombre de células de convección.

¿HAY VIDA EN VENUS?

Podría haber vida en Venus, aunque actualmente no hay evidencia de ello. Algunos científicos sostienen que la vida podría persistir en las regiones más frías de la atmósfera superior.

¿TENÍA AGUA VENUS?

Es posible que Venus no fuera siempre un entorno tan hostil. Hace miles de millones de años, el planeta era quizá más parecido a la Tierra. El mapeado infrarrojo revela regiones de menor altitud que pudieron haber contenido océanos poco profundos.

Las áreas más calientes muestran bajas altitudes de posibles océanos

Las zonas altas, algo menos calientes, podrían haber sido antiguos continentes

HEMISFERIO SUR

Estructura y composición

Exceptuando los océanos, la superficie de Marte presenta muchas similitudes con la superficie de la Tierra. En Marte pueden verse altas cadenas montañosas, casquetes polares, gigantescos volcanes y valles largos y profundos. Muy por debajo de la superficie, hay un núcleo de unos 2100 km de radio compuesto de hierro y níquel, aunque también un poco de azufre. Bajo la corteza se han encontrado zonas magnetizadas que indican que Marte tenía antes un campo magnético, aunque, sin un núcleo fundido, se disolvió.

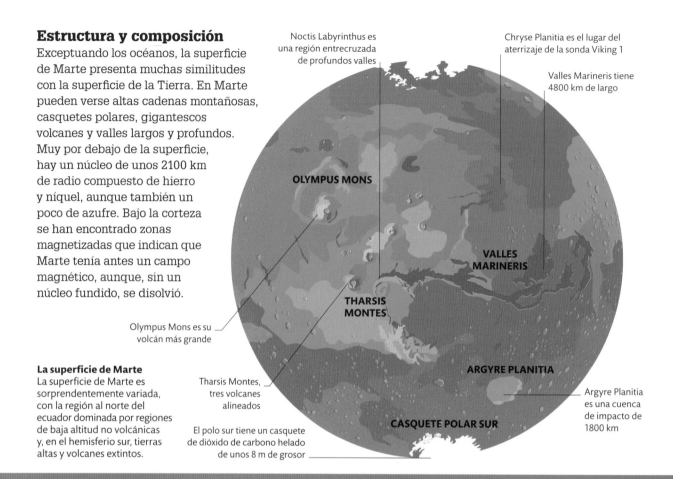

Noctis Labyrinthus es una región entrecruzada de profundos valles

Chryse Planitia es el lugar del aterrizaje de la sonda Viking 1

Valles Marineris tiene 4800 km de largo

OLYMPUS MONS

VALLES MARINERIS

THARSIS MONTES

Olympus Mons es su volcán más grande

ARGYRE PLANITIA

Argyre Planitia es una cuenca de impacto de 1800 km

Tharsis Montes, tres volcanes alineados

CASQUETE POLAR SUR

El polo sur tiene un casquete de dióxido de carbono helado de unos 8 m de grosor

La superficie de Marte
La superficie de Marte es sorprendentemente variada, con la región al norte del ecuador dominada por regiones de baja altitud no volcánicas y, en el hemisferio sur, tierras altas y volcanes extintos.

Marte

Ningún planeta ha captado tanto la imaginación humana como Marte, el cuarto más cercano al Sol. El Planeta Rojo sigue atrayendo audaces misiones robóticas para explorar su desértica superficie.

Estructura interna
Alrededor del denso núcleo de Marte hay un manto grueso y rocoso, una corteza y una tenue atmósfera de dióxido de carbono, nitrógeno y argón. Marte todavía es sísmicamente activo y tiene centenares de «martemotos» cada año.

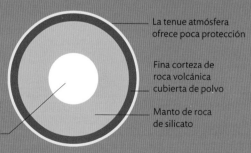

La tenue atmósfera ofrece poca protección

Fina corteza de roca volcánica cubierta de polvo

Manto de roca de silicato

El denso núcleo podría ser en parte líquido

LAS LUNAS DE MARTE

Marte tiene dos lunas mucho más pequeñas que los satélites mayores de otros planetas. Las lunas podrían haberse formado con material lanzado a la órbita de Marte por impactos o ser asteroides del cinturón principal, que está cerca.

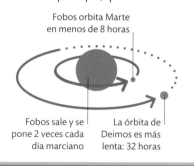

Fobos orbita Marte en menos de 8 horas

Fobos sale y se pone 2 veces cada día marciano

La órbita de Deimos es más lenta: 32 horas

EL **COLOR ROJO** DE MARTE SE DEBE AL **ÓXIDO DE HIERRO**

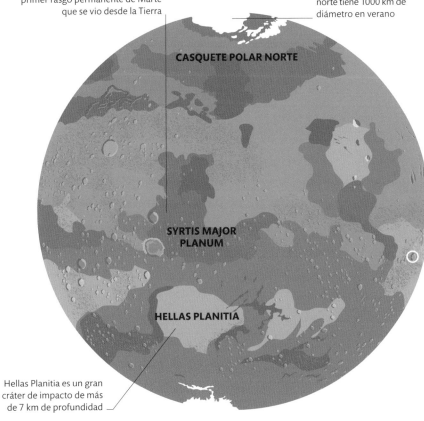

Syrtis Major Planum, un bajo volcán en escudo, es tan prominente que fue el primer rasgo permanente de Marte que se vio desde la Tierra

El casquete polar norte tiene 1000 km de diámetro en verano

CASQUETE POLAR NORTE

SYRTIS MAJOR PLANUM

HELLAS PLANITIA

Hellas Planitia es un gran cráter de impacto de más de 7 km de profundidad

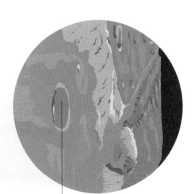

El cráter Gusev contenía antes agua o hielo de agua de un canal cercano

Lugar de aterrizaje del Spirit
En 2004, el róver Spirit, de la NASA, se posó en el lecho de un antiguo lago llamado cráter Gusev. Pasó 1944 días explorando el área hasta que se quedó atascado en la arena.

La búsqueda de vida

De los planetas del sistema solar, Marte es el que tiene más probabilidades de haber albergado vida en el pasado. Se cree que el Planeta Rojo había sido más húmedo, con océanos y lagos esparcidos por su superficie y antiguos ríos a través del terreno marciano. Como todo ser vivo de la Tierra necesita agua para vivir, la presencia de esta en Marte sugiere que pudo haberse desarrollado la vida cuando el clima era más favorable. Los científicos buscan signos de actividad biológica y también se preguntan si podría existir vida en el futuro de Marte.

La Mars Odyssey tiene el récord del servicio continuo más largo en la órbita de Marte

ExoMars está estudiando el metano en busca de vida

1971 Mars 2
1971 Mars 3
1971 Mariner 9
1975 Viking 1
1975 Viking 2
1996 Mars Global Surveyor
2001 Mars Odyssey
2003 Mars Express
2005 Mars Reconnaissance Orbiter
2013 Mars Orbiter Mission
2013 MAVEN
2016 ExoMars Trace Gas Orbiter

Orbitadores con éxito
Alrededor de Marte han orbitado con éxito más naves que en ningún otro planeta. Se han ocupado de cartografiar en detalle el planeta y comunicarse con róveres y con otras sondas en la superficie.

Hielo y volcanes marcianos

Dos de los rasgos más llamativos de Marte son sus casquetes polares y sus volcanes. Ambos contienen muchos secretos del pasado de Marte y han sido muy estudiados por los científicos.

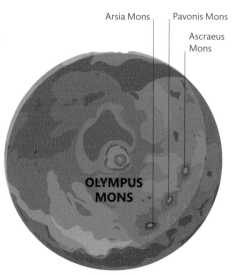

Arsia Mons Pavonis Mons Ascraeus Mons

OLYMPUS MONS

ABULTAMIENTO DE THARSIS DESDE ARRIBA

Volcanes

Una región de Marte es sinónimo de «volcanes»: el abultamiento de Tharsis. Cruzado sobre el ecuador marciano al oeste de Valles Marineris, el abultamiento de Tharsis es un altiplano volcánico formado por el afloramiento de más de 1 trillón de toneladas de material del interior de Marte. Es tan grande que debió de afectar a la inclinación del eje de rotación de Marte. Sobre el abultamiento o cerca de él hay cuatro grandes volcanes, entre ellos el colosal Olympus Mons, todos más altos que el Everest.

Olympus Mons

La cumbre más alta de Marte es también el volcán más alto del sistema solar. Olympus Mons es tan amplio que cubre un área de 300 000 km², más o menos como Italia. También es relativamente poco abrupto, con una inclinación media de solo 5°.

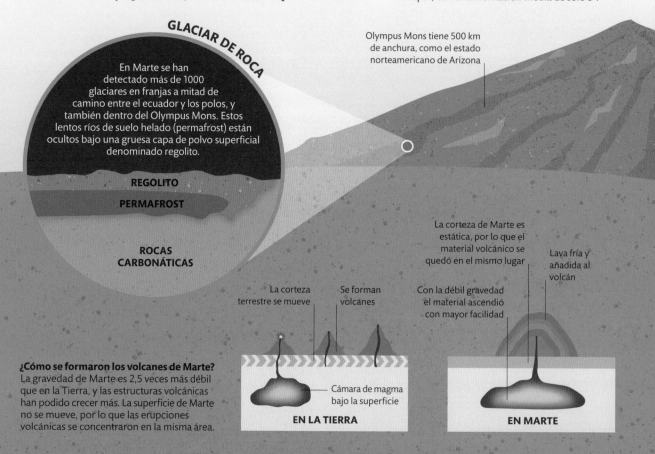

GLACIAR DE ROCA

En Marte se han detectado más de 1000 glaciares en franjas a mitad de camino entre el ecuador y los polos, y también dentro del Olympus Mons. Estos lentos ríos de suelo helado (permafrost) están ocultos bajo una gruesa capa de polvo superficial denominado regolito.

REGOLITO

PERMAFROST

ROCAS CARBONÁTICAS

Olympus Mons tiene 500 km de anchura, como el estado norteamericano de Arizona

La corteza de Marte es estática, por lo que el material volcánico se quedó en el mismo lugar

Lava fría y añadida al volcán

Con la débil gravedad el material ascendió con mayor facilidad

La corteza terrestre se mueve

Se forman volcanes

Cámara de magma bajo la superficie

EN LA TIERRA

EN MARTE

¿Cómo se formaron los volcanes de Marte?

La gravedad de Marte es 2,5 veces más débil que en la Tierra, y las estructuras volcánicas han podido crecer más. La superficie de Marte no se mueve, por lo que las erupciones volcánicas se concentraron en la misma área.

EL SISTEMA SOLAR
Hielo y volcanes marcianos
58 / 59

Agua y hielo

Marte está rematado por arriba y por abajo por dos grandes casquetes polares que se dilatan y se encogen con las estaciones y que tienen unos 3 km de grosor. Si todo ese hielo se fundiese, el líquido inundaría Marte con un mar de 5 m de profundidad. Los casquetes polares contienen agua y dióxido de carbono congelado que se transforma en gas al subir la temperatura. Esta liberación periódica de gas produce vientos que llevan el polvo por todo el planeta. También se ha detectado hielo bajo la superficie lejos de los polos, puesto en evidencia por las ruedas de los róveres.

Altas concentraciones de hielo de dióxido de carbono

El dióxido de carbono retrocede cuando Marte se calienta

COMIENZOS DE PRIMAVERA

FINALES DE PRIMAVERA

PROFUNDIDAD DEL HIELO (MEDIDA POR PRESIÓN)

- $0 \ g/cm^2$
- $10 \ g/cm^2$
- $20 \ g/cm^2$
- $30 \ g/cm^2$
- $40 \ g/cm^2$
- $50 \ g/cm^2$
- $60 \ g/cm^2$
- $70 \ g/cm^2$

EL **AGUA** DE TODO EL **HIELO DE MARTE** PODRÍA **CUBRIR** EL PLANETA CON **OCÉANOS** DE **35 M** DE PROFUNDIDAD

OLYMPUS MONS

El monte Everest tiene solo un tercio de la altura del Olympus Mons

MONTE EVEREST

¿ESTÁN ACTIVOS LOS VOLCANES DE MARTE?

La mayoría de los científicos piensan que no, pero algunos creen que están durmientes. El agua líquida hallada muy por debajo de la superficie puede haber sido fundida por las cámaras de magma.

VALLES MARINERIS

Valles Marineris 4000 km

Estados Unidos de costa a costa 4500 km

ESTADOS UNIDOS

Gran Cañón 446 km

VALLES MARINERIS

Valles Marineris 8 km

Gran Cañón 1,6 km

El gigantesco e intrincado sistema de Valles Marineris, de más de 4000 km de largo y 8 km de profundidad, ocupa una cuarta parte del ecuador de Marte. Esta inmensa grieta volcánica en la corteza se formó hace 3500 millones de años al enfriarse el planeta. Recibe su nombre por la sonda Mariner 9, que lo detectó al orbitar en torno a Marte a principios de los años setenta.

Asteroides

Hay muchas más cosas en el sistema solar
además del Sol, los planetas y sus lunas.
Hay pequeños cúmulos de roca y metal
llamados asteroides esparcidos entre las
órbitas de los planetas en torno al Sol.

Los asteroides y el sistema solar primitivo

Los asteroides aparecen en el cielo
como puntos de luz parecidos a
estrellas, pero son objetos rocosos
y metálicos que orbitan en torno al
Sol. Son los ladrillos sobrantes de
la construcción del sistema solar y
son más antiguos que los planetas.
Esto hace que sean valiosas fuentes
para conocer la formación del
sistema solar. Los meteoritos que
llegan a la Tierra son sobre todo
fragmentos de asteroides. Al
analizar sus impurezas radiactivas,
los científicos pueden calcular su
edad y, a su vez, la del sistema solar.

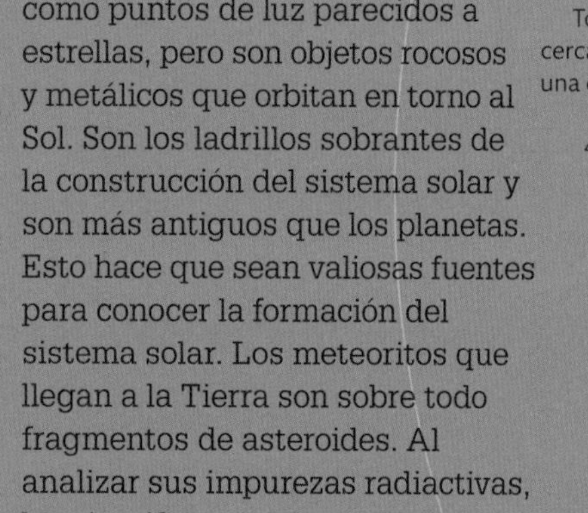

Eros, el primer asteroide cercano a
la Tierra que se descubrió, tiene una
breve órbita de menos de 2 años

Itokawa orbita muy cerca
de la Tierra cada 2 años

Gaspra fue el primer
asteroide visitado
por una nave

MARTE

Toutatis, un asteroide
cercano a la Tierra, tiene
una órbita inusualmente
alargada que tarda
4 años en completar

MERCURIO

EL SOL

VENUS   LA TIERRA

Capa exterior de
material de silicato

Capa de hierro y
níquel mezclados
con silicatos

Denso núcleo de
hierro y níquel

**GRAN ESTRUCTURA
ASTEROIDAL**

Ceres fue estudiado desde
su órbita por la sonda Dawn

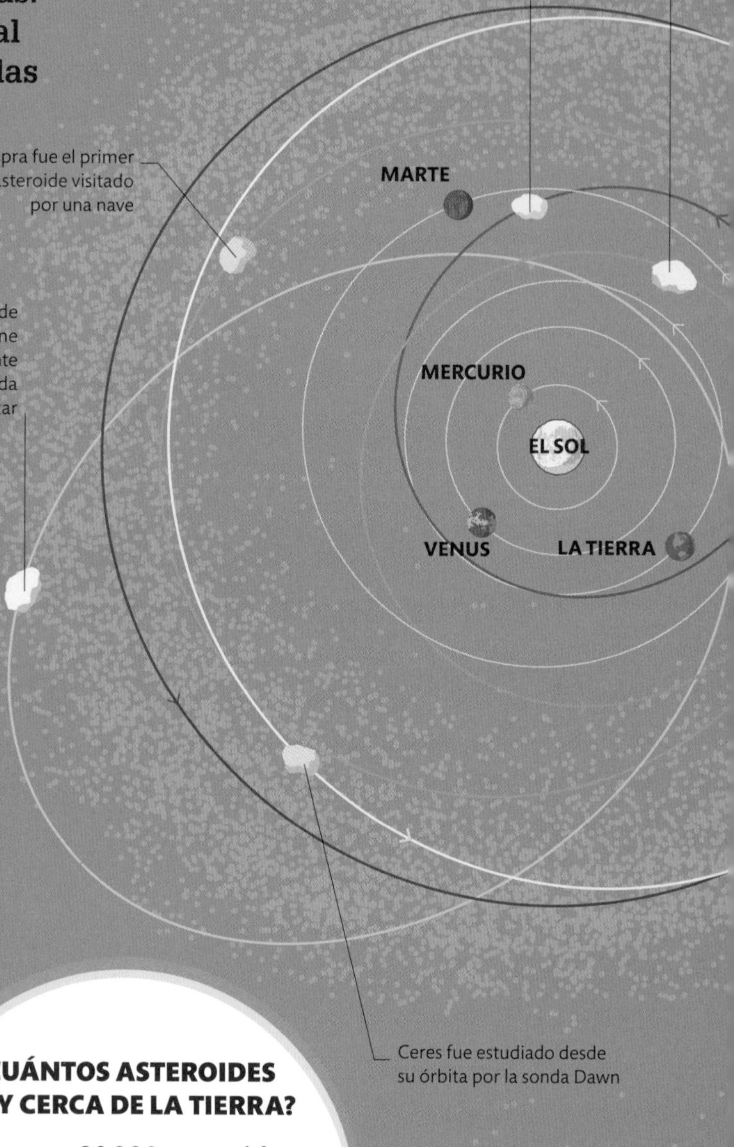

¿CUÁNTOS ASTEROIDES HAY CERCA DE LA TIERRA?

Hay unos 20 000 asteroides
conocidos en la vecindad de
nuestro planeta. Los científicos
están desarrollando modos de
detener cualquier colisión
potencialmente peligrosa
para la Tierra.

ASTEROIDES TROYANOS

¿Qué hay en un asteroide?

Los asteroides, formados por silicatos, níquel
y hierro, son pequeños cuerpos en órbita. El
asteroide más grande, Ceres, mide casi 950 km
de diámetro y está también clasificado como
un planeta enano.

Asteroides en el sistema solar

El 90 por ciento de los asteroides están en el cinturón principal, también llamado cinturón de asteroides, que se halla entre las órbitas de Marte y Júpiter. Cúmulos de asteroides más pequeños, llamados asteroides troyanos, siguen la trayectoria de Júpiter en torno al Sol, atrapados por la gravedad del planeta gigante. Muchos asteroides, llamados asteroides cercanos a la Tierra, también orbitan cerca de nuestro planeta. Algunos se cruzan con la órbita de la Tierra y podrían colisionar con ella.

CINTURÓN PRINCIPAL

JÚPITER

La órbita de Ida, el primer asteroide del que se descubrió que tiene una luna, se cruza en el camino de Ceres

TIPOS DE ASTEROIDES

Tipos de asteroides

Hay tres tipos principales de asteroides, agrupados según sus características.

Si Silicio	**Fe** Hierro	**Mg** Magnesio

Tipo S
Este tipo moderadamente brillante se compone de rocas de silicatos y metales, sin apenas agua.

C Carbono	**P** Fósforo	**N** Nitrógeno

Tipo C
Muy oscuro, es de rocas y de minerales arcillosos, con alto contenido en carbono y apenas metales.

Fe Hierro	**Ni** Níquel

Tipo M
Un tipo moderadamente brillante con mucho metal; de roca y de agua con minerales.

Eventos de extinción masiva

Los asteroides que chocan con la Tierra pueden causar muerte y destrucción. Hace 66 millones de años un asteroide del tamaño de una ciudad pequeña, el asteroide de Chicxulub, impactó contra la costa de México en Chicxulub, y provocó un evento apocalíptico que barrió a los dinosaurios del planeta. Eventos similares ocurren aproximadamente una vez cada 100 millones de años.

Tamaño de los asteroides

El asteroide que aceleró el fin de los dinosaurios era más ancho que la altura del Everest, pero pequeño comparado con los asteroides más grandes, que pueden llegar a 500 km de diámetro.

8,9 km — **MONTE EVEREST**

10 km — **ASTEROIDE DE CHICXULUB**

530 km — **VESTA (ASTEROIDE)**

LA MASA DE TODOS LOS ASTEROIDES JUNTOS ES SOLO EL **3 POR CIENTO** DE LA **MASA DE LA LUNA**

AGARRAR UN ASTEROIDE

En lugar de esperar a que los meteoritos lleven muestras de asteroides a la Tierra, la Agencia Japonesa de Exploración Aeroespacial (JAXA) envió la sonda Hayabusa, que en 2005 se posó en el asteroide Itokawa. Recogió 1500 partículas de polvo para mejorar nuestro entendimiento de la formación de los asteroides y regresó a la Tierra, aterrizando en el desierto australiano.

Una antena se comunica con la Tierra

La sonda está impulsada por paneles solares

El cuerno de muestras recoge material

Cómo se formó Vesta

Los asteroides, o planetas enanos, son las sobras de la formación de los planetas. Los planetas empezaron a crecer cuando la gravedad unió fragmentos de material formando masas llamadas planetesimales. No todas las piezas se unieron a los planetas en formación, y entre Marte y Júpiter quedó un cinturón de este material. Algunos de los trozos más grandes, como Vesta, se calentaron lo suficiente como para fundirse y redondearse con su gravedad. Los más pequeños conservaron su forma.

Los cuerpos pequeños se unieron debido a la gravedad

Núcleo de roca y metal fundidos

Manto hecho de silicatos

TROZOS DE ROCA Y METAL

PLANETESIMAL

El magma del interior llega a la superficie

1 **Agregación de cuerpos pequeños**
La gravedad hizo que trozos de roca y metal colisionasen y se uniesen. El material formó un planetesimal y la energía de los impactos provocó que este se fundiese.

2 **Los elementos pesados se hunden**
Se forma una masa de roca fundida y metal. Los elementos más pesados –como el hierro y el níquel– se hundieron hacia el núcleo y el magma fluyó a la superficie.

Explorar asteroides

Para saber más sobre los asteroides del cinturón principal, los científicos los estudian con instrumentos como el Telescopio Espacial Hubble y envían sondas, como la sonda Dawn de la NASA, que hacen observaciones y vuelven a la Tierra con material.

Dawn despegó en 2007

Cráteres en forma de muñeco de nieve creados por colisiones con otros asteroides

LA TIERRA
La gravedad de la Tierra aceleró la velocidad de la sonda Dawn

MARTE
Dawn hizo observaciones de Marte al sobrevolarlo

VESTA

Asteroides diferentes

Ceres y Vesta son vecinos en el cinturón principal, pero no son iguales. Vesta es el más pequeño de los dos y mide 570 km, mientras que Ceres mide 950 km. Vesta está, además, más cerca del Sol y es denso y rocoso, como los planetas terrestres. De hecho, se cree que la Tierra se formó a partir de la colisión de cuerpos parecidos a Vesta. La mayor distancia de Vesta al Sol hace que esté lo bastante frío como para retener hielo de agua, lo que hace que su estructura sea parecida a la de las lunas heladas del sistema solar exterior.

La sonda Dawn alcanzó una velocidad máxima de 41 000 km/h

Ceres y Vesta

Hay 1 millón de asteroides en el cinturón principal (ver pp. 60-61), pero dos de ellos tienen entre ambos el 40 por ciento de toda su masa combinada: Ceres, también clasificado como un planeta enano, y Vesta.

¿PODRÍA HABER VIDA EN CERES?

Ceres es un buen lugar para buscar signos potenciales de vida. Tiene agua y se cree que su núcleo es caliente. Pero si se encuentran signos de vida, lo más probable es que tuviera lugar en el pasado.

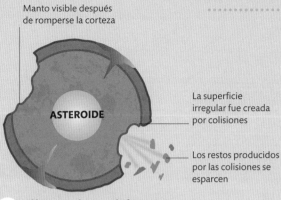

Manto visible después de romperse la corteza

ASTEROIDE

La superficie irregular fue creada por colisiones

Los restos producidos por las colisiones se esparcen

3 **El impacto desprende fragmentos**
Colisiones posteriores eliminaron trozos de la superficie, haciéndolos más irregulares. Impactos particularmente grandes expusieron capas más profundas.

MANCHAS BLANCAS EN CERES

Al acercarse a Ceres en 2015, la sonda Dawn, de la NASA, vio puntos brillantes en el suelo del cráter Occator. Parecen depósitos de sal muy reflectante, aparecidos tal vez después de evaporarse el agua. Los astrónomos creen que hay un depósito profundo de agua salada dentro de Ceres que periódicamente sale a la superficie.

Hay puntos blancos en la superficie

CERES

La misión de la NASA Dawn

La misión Dawn estudió Ceres y Vesta para revelar pistas sobre el comienzo del sistema solar. Los instrumentos de la sonda estaban diseñados para averiguar la composición del asteroide y ayudar a explicar los caminos evolutivos que los hicieron tan diferentes. La misión también demostró la potencia de un motor de iones (ver pp. 192-93).

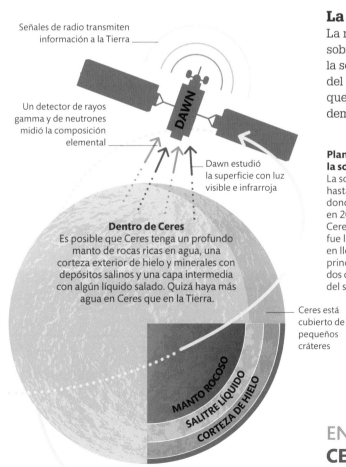

Señales de radio transmiten información a la Tierra

Un detector de rayos gamma y de neutrones midió la composición elemental

Dawn estudió la superficie con luz visible e infrarroja

Dentro de Ceres
Es posible que Ceres tenga un profundo manto de rocas ricas en agua, una corteza exterior de hielo y minerales con depósitos salinos y una capa intermedia con algún líquido salado. Quizá haya más agua en Ceres que en la Tierra.

Ceres está cubierto de pequeños cráteres

MANTO ROCOSO
SALITRE LÍQUIDO
CORTEZA DE HIELO

CERES

Plan de vuelo de la sonda Dawn
La sonda Dawn viajó hasta Marte, desde donde fue a Vesta en 2011 y después a Ceres en 2015. Así, fue la primera nave en llegar al cinturón principal y orbitar dos cuerpos diferentes del sistema solar.

Dawn lanzada desde la Tierra en septiembre de 2007

JÚPITER

Dawn despega de Vesta

CINTURÓN PRINCIPAL

EL SOL

LA TIERRA

Marte dio impulso a Dawn

MARTE

VESTA

CERES

Comenzó a orbitar en torno a Ceres en febrero de 2015

La misión terminó en julio de 2015

En julio de 2011, Dawn entró en la órbita de Vesta, donde estuvo más de 1 año

EN EL CRÁTER **RHEASILVIA**, EN **CERES**, ESTÁ LA **MONTAÑA MÁS ALTA** DEL **SISTEMA SOLAR**

Júpiter

Júpiter es tan grande que el resto de los planetas del sistema solar cabrían en su interior. Este gigante gaseoso, de una fuerte gravedad, domina todo lo que lo rodea.

Capas internas

Júpiter tiene un radio de unos 70 millones de kilómetros y su enorme tamaño ejerce una presión extrema en las capas internas del planeta por el peso del material sobre ellas. El planeta se compone principalmente de hidrógeno y helio. En la capa exterior, estos elementos están en forma gaseosa, pero en el interior, los gases se comprimen gradualmente y se van convirtiendo en líquido. A unos 20 000 km de la superficie, se convierten en un líquido con carga eléctrica llamado hidrógeno metálico. Esta capa forma el océano de mayor tamaño del sistema solar. Más abajo hay seguramente un núcleo caliente con una temperatura en torno a los 50 000 °C.

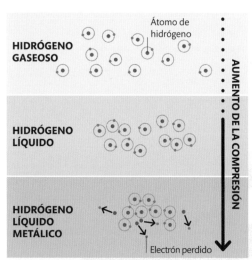

HIDRÓGENO GASEOSO

Átomo de hidrógeno

HIDRÓGENO LÍQUIDO

HIDRÓGENO LÍQUIDO METÁLICO

AUMENTO DE LA COMPRESIÓN

Electrón perdido

Capas comprimidas

A medida que la presión aumenta, los átomos de hidrógeno se comprimen, se convierten en líquido y finalmente pierden electrones. Esto hace que el líquido adquiera carga eléctrica y se vuelva metálico, lo que significa que puede conducir corrientes eléctricas y generar campos magnéticos.

Óvalos aurorales

La energía eléctrica en sus polos causa óvalos aurorales de 1000 km de diámetro. En ellos aparecen manchas brillantes donde la magnetosfera de Júpiter atrae partículas con carga de las lunas cercanas.

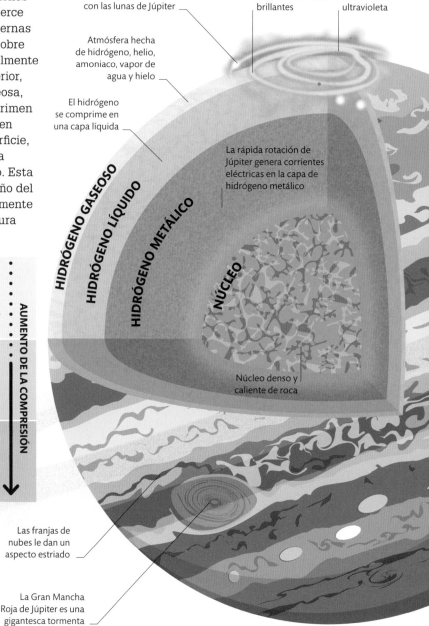

Las manchas más brillantes son creadas por las interacciones con las lunas de Júpiter

Las partículas con carga de los vientos solares crean arcos brillantes

Las auroras polares brillan con una luz ultravioleta

Atmósfera hecha de hidrógeno, helio, amoniaco, vapor de agua y hielo

El hidrógeno se comprime en una capa líquida

La rápida rotación de Júpiter genera corrientes eléctricas en la capa de hidrógeno metálico

HIDRÓGENO GASEOSO

HIDRÓGENO LÍQUIDO

HIDRÓGENO METÁLICO

NÚCLEO

Núcleo denso y caliente de roca

Las franjas de nubes le dan un aspecto estriado

La Gran Mancha Roja de Júpiter es una gigantesca tormenta

¿TIENE ANILLOS JÚPITER?

Como los otros tres planetas gigantes, Júpiter tiene anillos. Se componen de polvo y cuesta verlos desde la Tierra. Los descubrió en 1979 la sonda Voyager 1.

JUPÍTERES CALIENTES

Se han descubierto muchos exoplanetas del tamaño de Júpiter orbitando otras estrellas. Estos «jupíteres calientes» (ver pp. 102-03) orbitan sus estrellas en menos de 10 días. Se cree que se formaron lejos de ellas y migraron atraídos por la gravedad de una estrella más pequeña que gira en torno a la principal.

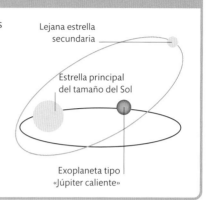

Lejana estrella secundaria

Estrella principal del tamaño del Sol

Exoplaneta tipo «Júpiter caliente»

Júpiter está rodeado por cuatro anillos

Los anillos se componen de partículas de polvo pequeñas y oscuras

ANILLOS

Planeta gigante

Júpiter es tan grande que la Tierra cabría más de 1000 veces en su interior. Está abultado por el ecuador y achatado por los polos debido a su rápida rotación.

JÚPITER TIENE EL DÍA MÁS CORTO DEL SISTEMA SOLAR: 9 HORAS Y 56 MINUTOS

Magnetosfera

El campo magnético de Júpiter es tan grande que se extiende hasta 3 millones de kilómetros hacia el Sol y la magnetocola que arrastra por detrás tiene más de 1000 millones de kilómetros de largo y llega más allá de la órbita de Saturno. El colosal tamaño de esta magnetosfera es el resultado de las enormes corrientes convectivas que se generan en su océano subterráneo de hidrógeno metálico.

El campo magnético rodea la parte que se orienta hacia el Sol

Las partículas con carga se orientan hacia los polos magnéticos

Su campo magnético arrastra el viento solar lejos de Júpiter

JÚPITER

Poderoso campo magnético

El campo magnético de Júpiter es 54 veces más poderoso que el de la Tierra. Atrapa partículas con carga eléctrica y las acelera hasta velocidades increíblemente altas.

Nubes hechas en gran parte de amoniaco helado

Las partículas con carga quedan atrapadas cerca del planeta

El viento solar es rechazado en la magnetopausa

La magnetocola se extiende a un lado alejándose del Sol

La gran Mancha Roja

La gigantesca tormenta oval del hemisferio sur de Júpiter, la Gran Mancha Roja, es su rasgo más característico. Es un colosal anticiclón y la tormenta más grande del sistema solar. Se ha observado al menos desde la década de 1830 y en este tiempo su tamaño ha disminuida a la mitad, aunque no se sabe por qué. Ahora tiene más o menos el tamaño de la Tierra y en 2040 podría haberse vuelto circular.

Tormentas en Júpiter

Las tormentas ovales blancas son uno de los tipos más comunes de tormentas en Júpiter. En diciembre de 2019, la sonda de la NASA Juno observó dos óvalos fundirse a lo largo de varios días.

Cerca del polo norte, una gran mancha fría está relacionada con las auroras polares de Júpiter

Fila de puntos blancos conocida como Collar de Perlas

ATMÓSFERA CALENTADA

Descarga de energía

La Gran Mancha Roja consiste en nubes rotatorias con remolinos en los bordes. La región sobre la mancha está más caliente que ninguna otra parte de la atmósfera de Júpiter. Se cree que esto se debe a que la tormenta comprime y calienta gases. La energía en forma de calor se transfiere después hacia arriba.

Los gases más fríos de la atmósfera descienden

La energía ascendente calienta la atmósfera por arriba

Gases calientes suben de la tormenta

TRANSFERENCIA DE ENERGÍA

La mancha cambia constantemente, pues el material entra y sale

Los gases se entrelazan por la rotación del planeta

¿SON FUERTES LOS VIENTOS EN JÚPITER?

Los vientos de superficie en Júpiter pueden soplar a más de 600 km/h. Se cree que están impulsados por la convección del interior caliente del planeta.

GRAN MANCHA ROJA

Los remolinos chocan en la base de la tormenta, transfiriendo energía

Los remolinos se unen, añadiendo energía a la tormenta

Al no haber una superficie sólida, hay menos fricción que frene las tormentas

El clima de Júpiter

Ningún otro planeta tiene un clima como el de Júpiter. Su atmósfera está llena de colosales tormentas y de rayos, en ambos casos mucho más potentes que cualesquiera de los que puedan experimentarse en la Tierra.

Capas de nubes

La superficie visible de Júpiter está estriada de nubes naranjas, rojas, marrones y blancas. Los ciclones se acumulan en los polos, y las corrientes y remolinos giran en torno al planeta, algunos en dirección contraria a su rotación y con una duración de siglos. Las capas superiores de las nubes están llenas de amoniaco helado en zonas paralelas al ecuador. Allí donde no hay nubes, quedan expuestos estratos profundos de la atmósfera de Júpiter, lo que resulta en franjas más oscuras llamadas cinturones.

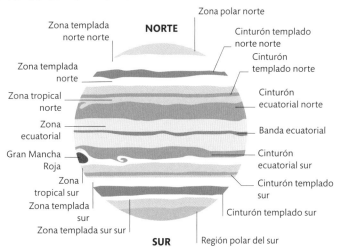

Zona polar norte
Zona templada norte norte
NORTE
Cinturón templado norte norte
Zona templada norte
Cinturón templado norte
Zona tropical norte
Cinturón ecuatorial norte
Zona ecuatorial
Banda ecuatorial
Gran Mancha Roja
Cinturón ecuatorial sur
Zona tropical sur
Cinturón templado sur
Zona templada sur
Cinturón templado sur
Zona templada sur sur
SUR
Región polar del sur

Zonas y cinturones
El clima de Júpiter está impulsado por la convección, con gas caliente que asciende dentro de las zonas blancas y gas más frío que desciende en los cinturones, más oscuros.

 LOS **RAYOS CAEN** EN LA **ATMÓSFERA DE JÚPITER** HASTA **4 VECES POR SEGUNDO**

LOS RAYOS DE JÚPITER

Los rayos en Júpiter los vio por vez primera en 1979 la sonda Voyager 1. Estos chispazos aparecen cerca de los polos del planeta y son más potentes que los rayos de la Tierra. El vapor de agua asciende desde el interior de Júpiter y forma gotitas en la atmósfera. En las capas altas, donde hace más frío, las gotitas se congelan. Cuando colisionan en las capas de nubes, se forman cargas eléctricas y se produce un rayo.

Los rayos se descargan dentro de una capa de nubes

Las partículas de hielo y las gotitas se separan

CAPA DE HIDRÓGENO LÍQUIDO

CAPA DE HIDRÓGENO METÁLICO

El vapor de agua asciende desde el interior

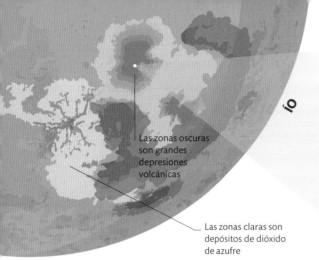

Las zonas oscuras son grandes depresiones volcánicas

Las zonas claras son depósitos de dióxido de azufre

Ío

Superficie de Ío
La superficie de Ío cambia constantemente a medida que las plumas volcánicas escupen material y crean lagos de lava, montañas y volcanes que pueden tener hasta 250 km de ancho.

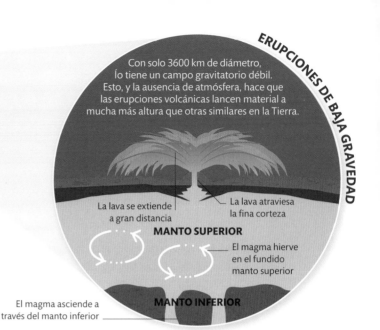

Con solo 3600 km de diámetro, Ío tiene un campo gravitatorio débil. Esto, y la ausencia de atmósfera, hace que las erupciones volcánicas lancen material a mucha más altura que otras similares en la Tierra.

La lava se extiende a gran distancia

La lava atraviesa la fina corteza

MANTO SUPERIOR

El magma hierve en el fundido manto superior

El magma asciende a través del manto inferior

MANTO INFERIOR

Ío y Europa

Júpiter tiene 79 lunas, dos de ellas, diferentes entre sí, están entre las más interesantes del sistema solar. Tanto Ío como Europa se formaron por la inmensa fuerza gravitatoria de Júpiter.

Satélites galileanos

Ío y Europa son dos de las cuatro lunas más grandes de Júpiter, llamadas satélites galileanos. Ío está a solo 420 000 km de Júpiter, y tarda 1,5 días en completar su ajustada órbita. Al hacerlo, experimenta tremendas mareas que lo convierten en el lugar más volcánicamente activo del sistema solar. Europa está más lejos, y tarda 3,5 días en dar la vuelta a Júpiter. Tiene menos calentamiento por mareas, pero el suficiente para que haya un océano de agua bajo su corteza de hielo.

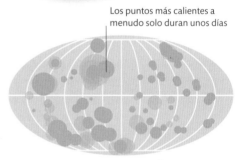

Los puntos más calientes a menudo solo duran unos días

ERUPCIONES EN ÍO

Mapa volcánico
En un mapa, los puntos calientes volcánicos de Ío parecen estar situados al azar, pero están más separados en el ecuador de la luna. La actividad tectónica debe de estar separando estas áreas.

CALENTAMIENTO POR MAREAS

Como Ío recorre una órbita elíptica, su distancia a Júpiter varía, y con ella, las mareas causadas por la gravedad de Júpiter, que comprimen y estiran Ío sin cesar. Esta transmisión de energía calienta su interior. El calentamiento por mareas afecta a todos los satélites galileanos.

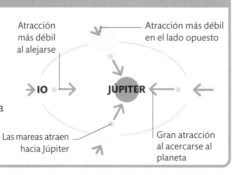

Atracción más débil al alejarse

Atracción más débil en el lado opuesto

IO

JÚPITER

Las mareas atraen hacia Júpiter

Gran atracción al acercarse al planeta

¿CUÁNTO ESTIRA JÚPITER A ÍO?

La gravedad de Júpiter y la órbita elíptica de Ío hacen que la superficie de la luna se abombe. Su sólida superficie se estira 100 m cada 1,5 días.

EUROPA ES EL CUERPO SÓLIDO CON LA **SUPERFICIE MÁS LISA DEL SISTEMA SOLAR**

Actividad en Europa

Se han visto erupciones de agua líquida y de vapor de agua en la superficie de Europa. Se cree que el agua del océano bajo la superficie, calentada por las fuerzas de las mareas provocadas por Júpiter, asciende hasta la corteza y sale a través de la superficie.

A menudo aparecen crestas cerca de las grietas y de las líneas de la superficie

La corteza de hielo se rompe en las líneas

Un penacho de agua y vapor erupciona en la superficie

CORTEZA DE HIELO SÓLIDO

El agua brota a través de la corteza de hielo a la superficie

Se ha descubierto que la corteza se mueve a ambos lados de las líneas

En la capa de hielo aparecen grietas a medida que el océano líquido se mueve debajo

CAPA DE HIELO CALIENTE

El agua líquida calentada emerge a través de la capa de hielo a la superficie

El océano líquido podría tener 100 km de profundidad

OCÉANO DE AGUA LÍQUIDA

Las franjas más anchas de las líneas tienen 20 km de ancho

La superficie helada de Europa es altamente reflectante

Europa

La sólida corteza de hielo de Europa está estriada con «líneas» y hay un gran debate acerca del grosor de la capa de hielo. Debajo de este, un océano contiene más agua que todos los océanos, mares, lagos y ríos de la Tierra juntos, lo que ha llevado a pensar que es un lugar para explorar en busca de signos de vida. Bajo el océano hay una capa de roca sobre un núcleo metálico.

Las manchas oscuras podrían ser sales y compuestos de azufre

La superficie de Europa

Se cree que las rayas oscuras en la superficie de Europa, llamadas líneas, están causadas por el movimiento del agua bajo el hielo. Cerca de los polos terrestres se observan rasgos parecidos.

EUROPA

LÍNEAS

Ganímedes y Calisto

Los satélites galileanos exteriores, Ganímedes y Calisto, son más grandes y menos activos que Europa e Ío, y presentan las marcas de miles de millones de años de impactos de alta energía.

Ganímedes

Ganímedes, con 5300 km de diámetro, es la mayor luna del sistema solar y es más grande que Mercurio (pero menos pesada). Tiene una tenue atmósfera principalmente compuesta de oxígeno y es el único satélite conocido con su propio campo magnético, lo que indica que posee un núcleo de hierro y capas internas diferenciadas. Ganímedes completa una órbita a Júpiter en una semana y siempre presenta la misma cara al planeta. Su superficie alterna regiones oscuras cubiertas de cráteres y zonas claras con crestas que podría haber producido la actividad tectónica.

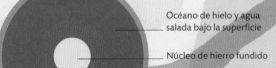

Océano de hielo y agua salada bajo la superficie

Núcleo de hierro fundido

Manto de roca de silicato

Corteza de hielo

Dentro de Ganímedes
Ganímedes tiene un núcleo de hierro líquido con una temperatura superior a los 1500 °C. Esto calienta una capa de silicatos rocosos y un océano subterráneo que contiene más agua que la Tierra. La superficie está formada por una dura cáscara de hielo.

JÚPITER

Calisto

Calisto —solo un poco más pequeño que Mercurio— tiene la superficie con más cráteres del sistema solar. Los impactos son muy antiguos y nítidos, lo que sugiere que su superficie no ha sido alterada por la actividad tectónica o volcánica durante 4000 millones de años. Es también el único satélite galileano que no sufre calentamiento por mareas. A 1,9 millones de kilómetros de Júpiter, es su luna importante más lejana y la menos afectada por la magnetosfera del planeta gigante.

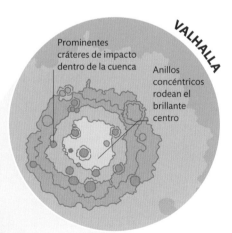

VALHALLA

Prominentes cráteres de impacto dentro de la cuenca

Anillos concéntricos rodean el brillante centro

Cráter de múltiples anillos
Calisto tiene la cuenca de impacto de múltiples anillos más grande del sistema solar, llamada Valhalla. Tiene unos 3800 km de diámetro.

CALISTO TIENE LA MAYOR DENSIDAD DE CRÁTERES DEL SISTEMA SOLAR

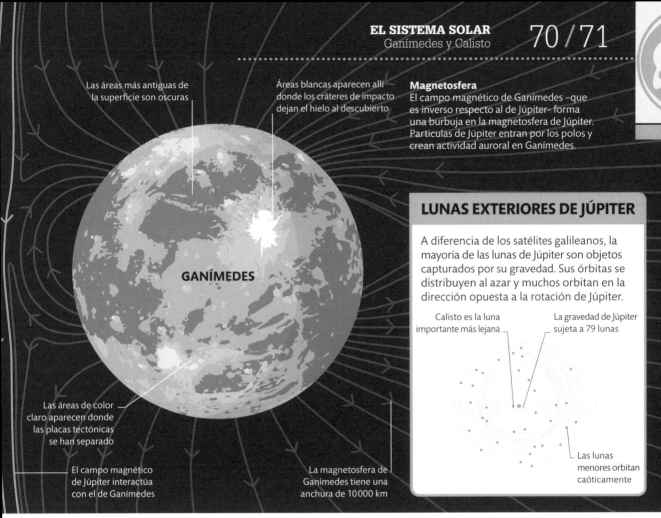

Las áreas más antiguas de la superficie son oscuras

Áreas blancas aparecen allí donde los cráteres de impacto dejan el hielo al descubierto

Magnetosfera
El campo magnético de Ganímedes –que es inverso respecto al de Júpiter– forma una burbuja en la magnetosfera de Júpiter. Partículas de Júpiter entran por los polos y crean actividad auroral en Ganímedes.

GANÍMEDES

Las áreas de color claro aparecen donde las placas tectónicas se han separado

El campo magnético de Júpiter interactúa con el de Ganímedes

La magnetosfera de Ganímedes tiene una anchura de 10000 km

LUNAS EXTERIORES DE JÚPITER

A diferencia de los satélites galileanos, la mayoría de las lunas de Júpiter son objetos capturados por su gravedad. Sus órbitas se distribuyen al azar y muchos orbitan en la dirección opuesta a la rotación de Júpiter.

Calisto es la luna importante más lejana

La gravedad de Júpiter sujeta a 79 lunas

Las lunas menores orbitan caóticamente

Típica formación de cráteres
Muchos de los cráteres del sistema solar se crean por grandes impactos, cuya fuerza funde tanto el proyectil como el sitio del impacto. Tras el primer impacto, el material fundido se eleva y se solidifica en medio del cráter y a menudo se expulsan fragmentos que se esparcen junto al borde del cráter. Las cadenas de pequeños cráteres son resultado de impactos de cometas destrozados por las fuerzas de marea de la luna.

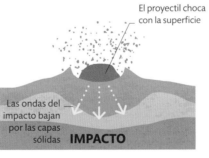

El proyectil choca con la superficie

Las ondas del impacto bajan por las capas sólidas **IMPACTO**

Los fragmentos se diseminan por el borde de la cuenca

La roca fracturada se asienta en la cuenca **SE FORMA UN CRÁTER**

Formación de Valhalla
Esta característica estructura de anillos concéntricos se formó cuando un impacto atravesó completamente la capa exterior de Calisto, exponiendo material blando que quizá era un océano. Este material inferior fluyó hacia el centro del cráter, llenando el espacio dejado por el impacto. Al moverse el material blando, el material en torno al borde del cráter se derrumbó, formando los anillos.

El proyectil choca con la superficie

Las ondas de choque llegan a la capa blanda **IMPACTO**

Al moverse el material de abajo, el borde se derrumba

Capa blanda inferior expuesta

SE FORMAN ANILLOS

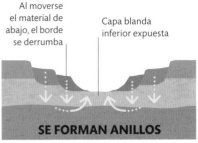

LAS NUBES DE SATURNO

ESTRATOSFERA

TROPOSFERA

NUBES DE HIELO DE AMONIACO

NUBES DE HIDROSULFURO DE AMONIO

NUBES DE HIELO DE AGUA

Una niebla de cristales de amoniaco se forma a unos –190°C

Blancas nubes de hielo de amoniaco se forman a temperaturas inferiores a los –110 °C

Nubes de hidrosulfuro de amonio se forman a temperaturas inferiores a los –40 °C

Capas de nubes
La atmósfera de Saturno se compone de hidrógeno, helio y restos de amoniaco, metano y vapor de agua. Las bajas temperaturas crean capas de nubes de hielo cuando los gases se congelan.

Nubes de hielo y vapor de agua se forman a 0 °C o menos

¿A QUÉ DISTANCIA DEL SOL ESTÁ SATURNO?

Saturno orbita a una distancia media del Sol de 1400 millones de kilómetros. La luz solar tarda 80 minutos en llegar a Saturno, 10 veces más que a la Tierra.

Saturno

Saturno es el sexto planeta del sistema solar y el segundo más grande. Es famoso sobre todo por su sistema de anillos.

El planeta anillado

Saturno es un gigante gaseoso, principalmente de hidrógeno y helio, lo que significa que, a diferencia de la Tierra y de los demás planetas rocosos, no tiene verdadera superficie. Con un radio de 58 000 km, es 9 veces más ancho que la Tierra. Aunque es famoso por sus anillos, que principalmente son de hielo, Saturno no es el único planeta con anillos del sistema solar. De hecho, los cuatro planetas gigantes los tienen, pero los de Saturno son los más claramente visibles.

Dentro de Saturno

Los científicos creen que en lo profundo de Saturno, bajo kilómetros de atmósfera gaseosa, hay una capa de hidrógeno molecular. Bajo esta, el hidrógeno está a tal presión que las moléculas se descomponen en átomos y se convierten en un líquido conductor llamado hidrógeno metálico. En el centro del planeta hay un denso núcleo con una temperatura de hasta 10 000 °C que podría ser sólido o líquido.

Los vientos azotan la atmósfera, empujando las nubes en grupos

Vórtice hexagonal
Cerca del polo norte de Saturno hay una formación de nubes, o vórtice, en forma de hexágono, cada uno de cuyos lados mide unos 14 500 km. Se cree que está causado por una compleja turbulencia en la atmósfera.

TURBULENCIA DEL POLO NORTE

Nubes giratorias del vórtice

El sistema de anillos alcanza hasta 282 000 km del planeta

Los anillos de Saturno podrían ser fragmentos helados de una luna destruida en una colisión

El líquido comienza a hacerse metálico

Núcleo caliente y denso hecho de roca y metal

NÚCLEO ROCOSO

HIDRÓGENO METÁLICO

HIDRÓGENO MOLECULAR

La capa de líquido metálico es la fuente del campo magnético de Saturno

Capa líquida de hidrógeno y helio a presión

La troposfera es la superficie visible de Saturno

LA **DENSIDAD DE SATURNO** ES TAN BAJA QUE PODRÍA **FLOTAR EN AGUA**

Jápeto

Hiperión

Rea

Titán, la luna más grande de Saturno, tiene un ciclo de clima

Helena

Calipso

Díone

Télesto

Tetis

Pandora

Jano

Encélado tiene un océano interno de agua

Mimas

Epimeteo

Prometeo

Atlas

Pán

Capas internas
Las capas internas de Saturno son de un 75 por ciento de hidrógeno y un 25 por ciento de helio. Cambian gradualmente a medida que la presión aumenta hacia el núcleo.

Lunas de Saturno
Hay más de 60 lunas orbitando Saturno. Algunas de las pequeñas lunas interiores que orbitan dentro del sistema de anillos tienen el efecto de crear huecos en la estructura de anillos y cambiarla.

Los anillos interiores

Los anillos de Saturno se identifican con letras que se asignaron en el orden en que se descubrieron. Los más brillantes son los anillos A y B, separados por la división de Cassini. Desde el anillo B hacia dentro se encuentran los anillos más pálidos, el C y el D, que contienen partículas de hielo más pequeñas.

LOS ANILLOS PODRÍAN HABERSE FORMADO HACE SOLO **10-100 MILLONES DE AÑOS** DESPUÉS DE COMENZAR LA **VIDA EN LA TIERRA**

Los anillos tienen una compleja estructura de brechas y bandas

El pequeño tamaño de las partículas del anillo E lo hacen casi invisible

El anillo G está hecho de partículas muy finas

El anillo F es el más activo, pues cambia de forma cada pocas horas

ANILLO E

ANILLO D

ANILLO C

ANILLO B

ANILLO A

ANILLO F

ANILLO G

Brecha de Maxwell: con una fina banda interior

Brecha de Colombo: está en el anillo C interior

El anillo B es el más grande, el más brillante y el de mayor masa

Brecha de Encke: hueco de 325 km en el anillo A

5 M DE PROFUNDIDAD

5-10 M DE PROFUNDIDAD

10-30 M DE PROFUNDIDAD

El anillo más interior es extremadamente tenue

El tenue y oscuro anillo C tiene 175 000 km de ancho

La atracción de la luna Mias causa la división de Cassini

El anillo F es el más exterior de los anillos grandes y brillantes

Los anillos exteriores

Más allá de los nítidos anillos D y G, hay una serie de anillos muy amplios que llegan hasta la órbita de la luna Febe. El anillo E es levemente visible, pero el anillo más exterior, llamado anillo Febe porque llega hasta esta luna, está hecho de partículas tan pequeñas que es casi invisible.

SATURNO

MIMAS

ENCÉLADO

TETIS

DIANA

REA

Tenues anillos exteriores

HASTA FEBE

DISTANCIA AL ANILLO MÁS EXTERIOR

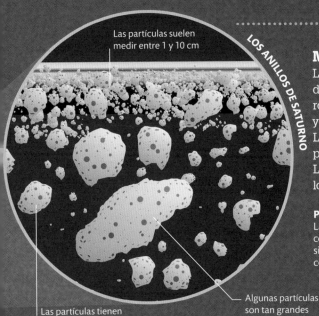

Las partículas suelen medir entre 1 y 10 cm

LOS ANILLOS DE SATURNO

Las partículas tienen forma irregular

Algunas partículas son tan grandes como montañas

Material de los anillos

Los anillos de Saturno están casi por entero hechos de agua helada, con algunos fragmentos de polvo y roca de los cometas que pasan cerca, de asteroides y del impacto de meteoritos en las lunas de Saturno. Los pedazos de hielo varían en tamaño, desde partículas de polvo a un diámetro de kilómetros. Las áreas más densas están en los anillos A y B, los primeros en descubrirse.

Partículas de hielo

Las partículas son más de un 99,9 por ciento de hielo de agua, con restos de componentes de materiales rocosos que incluyen silicatos y tolinas, compuestos orgánicos creados por los rayos cósmicos al interactuar con hidrocarburos como el metano.

Los anillos de Saturno

Aunque parecen sólidos, se componen de innumerables fragmentos de hielo de agua casi pura que orbitan el planeta.

¿DE QUÉ COLOR SON LOS ANILLOS?

Parecen blanquecinos porque se componen casi por entero de agua helada. Pero la sonda Cassini, de la NASA, permitió ver tonalidades pálidas de rosa, gris y marrón, debidas a las impurezas.

El sistema de anillos

Los fragmentos helados que forman los icónicos anillos de Saturno podrían ser restos de una luna que se destruyó o de la propia formación del planeta. A lo largo del tiempo, se fueron cubriendo de capas de polvo y comenzaron a orbitar el planeta. Los anillos de Saturno tienen un grosor típico de 10-20 m, pero pueden alcanzar un grosor de hasta 1 km. Los anillos interiores llegan hasta los 175 000 km de saturno y están separados por huecos causados por la atracción gravitacional de las lunas. El hueco más grande es la división de Cassini, de 4700 km de ancho.

CÓMO SE FORMARON LOS ANILLOS

La formación de los anillos sigue siendo un misterio. Una idea popular es que una luna se acercó demasiado al planeta y se destruyó al cruzar el límite de Roche, tras el cual las fuerzas de marea del planeta la habrían destrozado. Según otra teoría, los fragmentos de los anillos se desprendieron de una gran luna y después el núcleo rocoso del satélite se precipitó en Saturno.

Saturno

El núcleo cae a Saturno

El manto helado empieza a desprenderse de la luna

Límite de Roche

El satélite se acerca al límite de Roche

Satélites del tamaño de Titán

Manto helado

Núcleo rocoso

Desintegración de una luna

Dentro de Titán

La información de la sonda Cassini, de la NASA, indica que Titán está compuesto por cinco capas. En el centro tiene un núcleo de roca de silicato de unos 4000 km de diámetro, rodeado por un caparazón de hielo VI, un tipo de hielo de agua que se forma a altas presiones. Más arriba hay una capa de agua líquida salada, seguida de una capa de hielo de agua. La capa más externa, la superficie de Titán, se compone de hidrocarburos (compuestos orgánicos de hidrógeno y carbono) acumulados en forma de arena o líquidos. Una atmósfera densa y de alta presión se extiende hasta 600 km por encima de la superficie hacia el espacio.

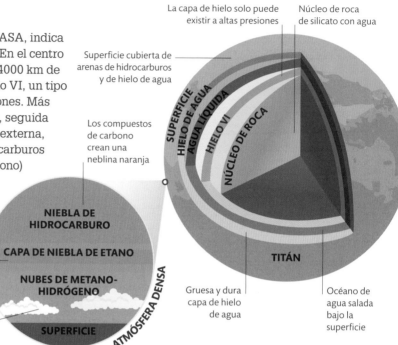

La capa de hielo solo puede existir a altas presiones

Núcleo de roca de silicato con agua

Superficie cubierta de arenas de hidrocarburos y de hielo de agua

Los compuestos de carbono crean una neblina naranja

SUPERFICIE
HIELO DE AGUA
AGUA LÍQUIDA
HIELO VI
NÚCLEO DE ROCA

TITÁN

Gruesa y dura capa de hielo de agua

Océano de agua salada bajo la superficie

NIEBLA DE HIDROCARBURO

CAPA DE NIEBLA DE ETANO

Neblina de etano formada por la radiación solar

NUBES DE METANO-HIDRÓGENO

Las moléculas de metano e hidrógeno forman nubes bajas

SUPERFICIE

ATMÓSFERA DENSA

Elementos atmosféricos

Su atmósfera se compone de un 95 por ciento de nitrógeno y un 5 por ciento de metano, con pequeñas cantidades de compuestos orgánicos ricos en hidrógeno y carbono.

Clima de Titán

La superficie de Titán es uno de los lugares del sistema solar más parecidos a la Tierra, pero es mucho más fría. Las temperaturas se encuentran en torno a los -180 °C, pues la superficie recibe un 1 por ciento de la luz que llega a la Tierra. Durante el ciclo del clima de Titán, hidrocarburos como el metano y el etano se enfrían hasta hacerse líquidos y forman lluvia, ríos y mares. El ciclo comienza con la acumulación de metano y nitrógeno en la densa atmósfera.

Los compuestos orgánicos forman nubes

Los compuestos se condensan en gotas y caen al suelo

PRECIPITACIÓN

El metano entra en la atmósfera a través de los volcanes o de grietas en la superficie

¿CUÁNTO MÁS GRANDE ES TITÁN QUE LA LUNA DE LA TIERRA?

El diámetro de Titán es un 50 por ciento más grande que el de la Luna, que mide 5150 km. Con su núcleo de silicatos, es también un 80 por ciento más pesado.

1 Se forman compuestos orgánicos
El metano asciende desde debajo de la corteza hasta la superficie. A grandes altitudes, la luz ultravioleta del Sol descompone las moléculas de metano y nitrógeno. Los átomos se recombinan para formar compuestos orgánicos de hidrógeno y carbono.

2 Lluvia de compuestos orgánicos
Parte de los compuestos orgánicos se acumula en las nubes y después cae al suelo en forma de lluvia. La baja gravedad y la densa atmósfera de Titán hacen que la lluvia caiga a unos 6 km/h, unas 6 veces más despacio que en la Tierra.

Titán

Titán, la luna más grande de Saturno y la más grande del sistema solar después de Ganímedes, tiene nubes y lluvia y está cubierta de lagos. Titán es el único cuerpo del sistema solar con un ciclo similar al de la Tierra. En el caso de Titán, sin embargo, la lluvia es de metano.

TITÁN TIENE **5150 KM** DE ANCHO, Y ES **MÁS GRANDE** QUE **MERCURIO**

DESCUBRIR LOS LAGOS DE TITÁN

Con su radar, la sonda Cassini, de la NASA, estudió la superficie y los lagos de metano y etano líquido. La forma en que la radiación infrarroja se absorbía o se reflejaba también ayudó a identificar el líquido.

Casi el 14 por ciento es terreno elevado

La mayoría de los lagos y mares están en el polo norte

Las redes de valles forman un terreno laberíntico

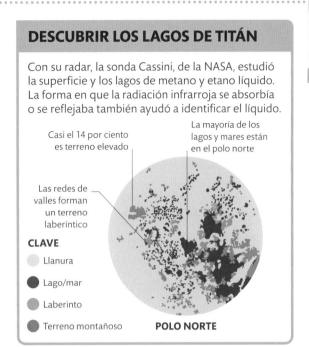

CLAVE

- ⬤ Llanura
- ⬤ Lago/mar
- ⬤ Laberinto
- ⬤ Terreno montañoso

POLO NORTE

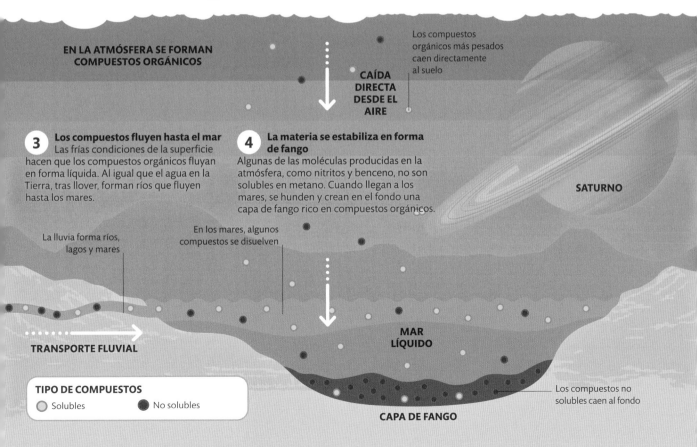

EN LA ATMÓSFERA SE FORMAN COMPUESTOS ORGÁNICOS

Los compuestos orgánicos más pesados caen directamente al suelo

CAÍDA DIRECTA DESDE EL AIRE

3 **Los compuestos fluyen hasta el mar**
Las frías condiciones de la superficie hacen que los compuestos orgánicos fluyan en forma líquida. Al igual que el agua en la Tierra, tras llover, forman ríos que fluyen hasta los mares.

4 **La materia se estabiliza en forma de fango**
Algunas de las moléculas producidas en la atmósfera, como nitritos y benceno, no son solubles en metano. Cuando llegan a los mares, se hunden y crean en el fondo una capa de fango rico en compuestos orgánicos.

SATURNO

La lluvia forma ríos, lagos y mares

En los mares, algunos compuestos se disuelven

TRANSPORTE FLUVIAL

MAR LÍQUIDO

Los compuestos no solubles caen al fondo

TIPO DE COMPUESTOS
- ⬤ Solubles
- ⬤ No solubles

CAPA DE FANGO

Gigantes de hielo

Los gigantes de hielo, Urano y Neptuno, se hallan en el sistema solar exterior. Estos grandes planetas están principalmente compuestos de agua, amoniaco y metano.

Urano

Urano, el séptimo planeta del sistema solar, orbita lentamente a una distancia de unos 2900 millones de kilómetros, pero rota rápidamente y solo tarda 17 horas en girar sobre su propio eje. Con 51 000 km de diámetro, Urano tiene 4 veces el de la Tierra. Tiene 27 lunas y 13 anillos apenas visibles. A diferencia de otros planetas, Urano rota de este a oeste, posiblemente como resultado de una colisión con un objeto del tamaño de la Tierra.

URANO

Hidrógeno: 82,5 por ciento

Metano y otros gases residuales: 2,3 por ciento

Helio: 15,2 por ciento

Composición atmosférica

La atmósfera de Urano se compone de hidrógeno y helio, con una pequeña cantidad de metano y restos de agua y amoniaco. La atmósfera de Neptuno tiene una composición casi idéntica.

ANILLOS

Los dos anillos exteriores son anchos y tenues

Anillos compuestos de partículas oscuras de hielo y roca

Los anillos interiores son nueve estrechos y dos de polvo

Dentro de Urano

Bajo su profunda atmósfera, casi toda la masa de Urano consiste en un manto líquido de agua, amoniaco y metano, llamados hielos porque en el sistema solar se encuentran normalmente congelados. Este océano rodea un pequeño núcleo rocoso. Aunque la atmósfera de Urano es fría, su núcleo podría alcanzar casi los 5000 °C.

La atmósfera superior forma la superficie visible de Urano

ATMÓSFERA SUPERIOR

ATMÓSFERA INFERIOR

MANTO

El manto se compone de hielos de agua, amoniaco y metano

El manto es un líquido denso y caliente debido a las altas temperaturas

Fuertes vientos circulan en la atmósfera inferior

El núcleo de Urano es sobre todo roca

NÚCLEO

¿POR QUÉ SON AZULES LOS GIGANTES DE HIELO?

El metano de la atmósfera de ambos planetas absorbe la luz solar roja, por lo que la luz que se refleja es azul. El color más oscuro de Neptuno sugiere que en su atmósfera hay un elemento desconocido.

Franjas más claras de nubes de amoniaco

Neptuno

Neptuno es el planeta más exterior del sistema solar y está a 4500 millones de kilómetros del Sol. Aunque también es azul, es de un tono más oscuro que Urano y sus nubes y su mancha oscura son signos de que posee una atmósfera activa. Los movimientos de las nubes en la superficie visible demuestran que Neptuno tiene los vientos más fuertes del sistema solar. Neptuno es algo más pequeño que Urano, tiene 14 lunas conocidas y al menos cinco anillos.

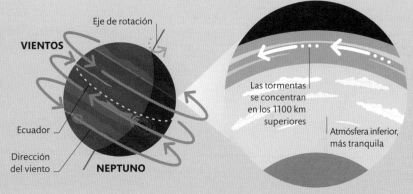

Atmósfera compuesta principalmente de hidrógeno y helio

ATMÓSFERA SUPERIOR

ATMÓSFERA INFERIOR

MANTO

ANILLOS

NÚCLEO

Núcleo interno rocoso

El manto está hecho de amoniaco, metano y agua

MANCHA OSCURA

Grandes tormentas aparecen y desaparecen con frecuencia en la superficie visible

Neptuno tiene cinco anillos oscuros y polvorientos

Dentro de Neptuno

Al igual que Urano, el interior de Neptuno está compuesto por un núcleo de roca y hielo, seguido de un manto de hielo de agua, amoniaco y metano. También podría haber un océano de agua supercaliente bajo las nubes de Neptuno.

LA **PRESIÓN** EN SU INTERIOR PODRÍA FORMAR UN **OCÉANO DE DIAMANTES**

Vientos supersónicos

Los fuertes vientos de Neptuno dan vueltas al planeta a 1,5 veces la velocidad del sonido. Los estudios muestran que estos vientos de alta velocidad están contenidos en la atmósfera superior.

Eje de rotación

VIENTOS

Ecuador

Dirección del viento

NEPTUNO

Las tormentas se concentran en los 1100 km superiores

Atmósfera inferior, más tranquila

La luz ultravioleta del Sol, al interactuar con la atmósfera, le da una apariencia neblinosa

LAS ATÍPICAS ESTACIONES DE URANO

El ecuador de Urano está casi en ángulo recto con su plano orbital, con una inclinación de casi 98°, posiblemente a causa de una colisión con un gran objeto poco después de formarse el planeta. Por ello, tiene las estaciones más extremas de todo el sistema solar. Un cuarto de la órbita de Urano, 21 años, transcurre con un polo encarando el Sol y el otro en la oscuridad.

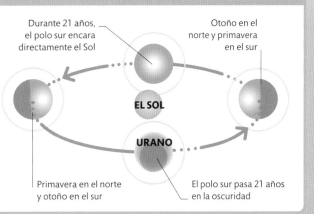

Durante 21 años, el polo sur encara directamente el Sol

Otoño en el norte y primavera en el sur

EL SOL

URANO

Primavera en el norte y otoño en el sur

El polo sur pasa 21 años en la oscuridad

Plutón

Clasificado inicialmente como planeta, pasó a ser planeta enano al descubrirse cuerpos similares en el sistema solar. Este frío planeta enano tiene un complejo terreno con montañas y llanuras de hielo.

Características de la superficie

Plutón es uno de los planetas enanos más grandes, pero tiene un diámetro de solo 2300 km, unos dos tercios del tamaño de la Luna terrestre. Orbita el Sol a una distancia media de 5900 millones de kilómetros, de ahí las bajas temperaturas de su superficie. Esta está cubierta de montañas, valles y llanuras de hielo, la más distintiva de las cuales es la Sputnik Planitia. Esta llanura, de 1000 km de anchura, se formó cuando un objeto del cinturón de Kuiper impactó contra Plutón.

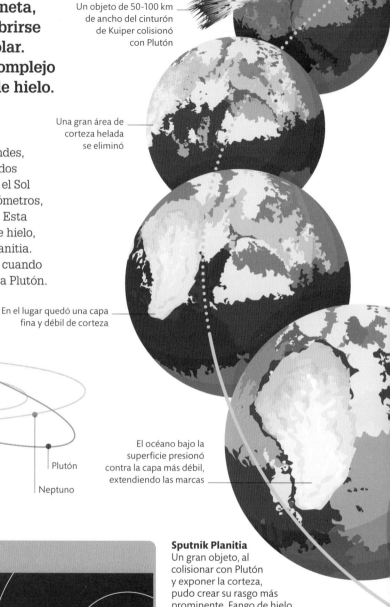

Un objeto de 50-100 km de ancho del cinturón de Kuiper colisionó con Plutón

Una gran área de corteza helada se eliminó

En el lugar quedó una capa fina y débil de corteza

El océano bajo la superficie presionó contra la capa más débil, extendiendo las marcas

Órbita elíptica
Plutón tiene una órbita inclinada y elíptica, por lo que su distancia al Sol varía considerablemente. Su órbita de 248 años lo lleva a una distancia máxima de 7400 millones de kilómetros del Sol y mínima de 4400 millones.

Saturno

El Sol

Urano

Júpiter

Plutón

Neptuno

LAS LUNAS DE PLUTÓN

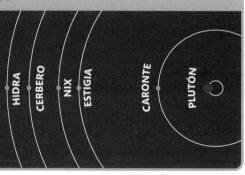

Plutón está orbitado por cinco lunas, formadas por una colisión entre Plutón y un cuerpo de tamaño similar. La luna más grande, Caronte, tiene aproximadamente la mitad del tamaño de Plutón y es tan parecida que a menudo se los considera un sistema planetario doble.

HIDRA
CERBERO
NIX
ESTIGIA
CARONTE
PLUTÓN

Sputnik Planitia
Un gran objeto, al colisionar con Plutón y exponer la corteza, pudo crear su rasgo más prominente. Fango de hielo de un océano bajo la superficie y nitrógeno congelado formaron después llanuras, depresiones y colinas.

SU ÓRBITA, ACERCA A PLUTÓN MÁS AL SOL QUE NEPTUNO

Borde de la cuenca Sputnik Planitia

Hielo flotante en el borde de la cuenca

En la cuenca se crearon llanuras de nitrógeno congelado

Hielo parecido a fango en el suelo de la cuenca

Corteza de hielo

Corteza de metano y nitrógeno helados

El manto, probablemente, es un océano de agua helada bajo la superficie

Océano de agua helada

Núcleo masivo de roca de silicato

Núcleo rocoso

Estructura interna
La corteza de Plutón está formada por una capa de hielo de al menos 4 km de grosor. Esta capa cubre posiblemente un océano líquido y un gran núcleo rocoso que constituye el 60 por ciento de la masa de Plutón.

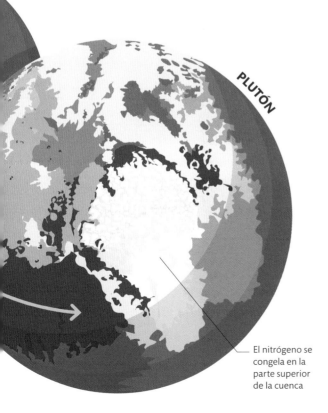

PLUTÓN

El nitrógeno se congela en la parte superior de la cuenca

¿QUÉ EDAD TIENE PLUTÓN?

Como la mayoría de los objetos del cinturón de Kuiper, se formó al comienzo del sistema solar, hace unos 4500 millones de años. La colisión que formó la Sputnik Planitia tuvo lugar hace 4000 millones de años.

Los volcanes de Plutón

Al sur de la Sputnik Planitia hay dos grandes y extrañas montañas. La más grande, Piccard Mons, tiene 7 km de altitud y 225 km de ancho. Se cree que son criovolcanes. En lugar de expulsar roca fundida, los criovolcanes expulsan a la atmósfera líquidos o vapores de sustancias químicas como agua, amoniaco y metano. Aparecen en lugares donde la temperatura circundante es extremadamente fría.

Una nube de vapor y líquido erupciona a través de la superficie

El material expulsado comienza a congelarse de nuevo

Los materiales fundidos ascienden a través de la superficie helada

El material helado se acumula en la superficie, formando una montaña

Las sustancias congeladas en el océano se derriten

CORTEZA DE HIELO

OCÉANO LÍQUIDO

NÚCLEO ROCOSO

Cómo funcionan los criovolcanes
Sustancias heladas bajo la superficie se calientan con la radiactividad o las fuerzas de marea, se funden y erupcionan a la superficie, donde rápidamente se congelan.

El núcleo rocoso podría calentarse

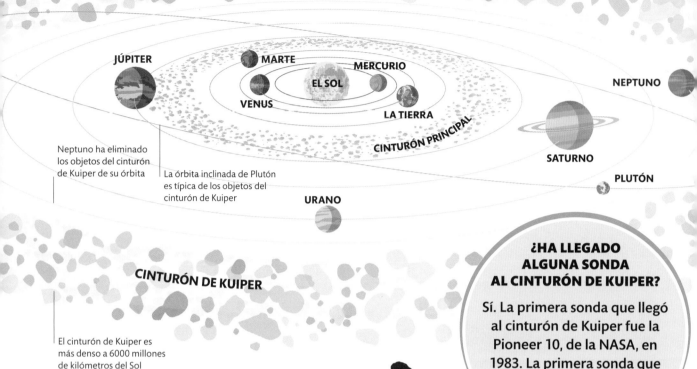

JÚPITER

MARTE

MERCURIO

EL SOL

VENUS

LA TIERRA

NEPTUNO

CINTURÓN PRINCIPAL

SATURNO

PLUTÓN

Neptuno ha eliminado los objetos del cinturón de Kuiper de su órbita

La órbita inclinada de Plutón es típica de los objetos del cinturón de Kuiper

URANO

CINTURÓN DE KUIPER

El cinturón de Kuiper es más denso a 6000 millones de kilómetros del Sol

2000 NÚMERO APROXIMADO DE KBO DESCUBIERTOS

¿HA LLEGADO ALGUNA SONDA AL CINTURÓN DE KUIPER?

Sí. La primera sonda que llegó al cinturón de Kuiper fue la Pioneer 10, de la NASA, en 1983. La primera sonda que exploró un KBO fue la New Horizons, en 2015.

Cinturón de Kuiper

En la parte exterior del sistema solar, más allá de la órbita de Neptuno, hay un anillo en forma de dónut compuesto de objetos helados y llamado cinturón de Kuiper.

Cómo se formó el cinturón de Kuiper

Los planetas del sistema solar se formaron cuando el gas, el polvo y las rocas se unieron por la gravedad. Más allá de los planetas, quedó un disco de residuos. Con el tiempo, Saturno, Urano y Neptuno migraron al exterior del sistema solar. Neptuno, al orbitar cerca del disco de residuos, alteró las órbitas de los objetos de este. La gravedad de Neptuno diseminó muchos de ellos lejos del Sol, empujándolos a la nube de Oort (pp. 84-85) o fuera del mismo sistema solar. Al final, solo quedó una pequeña parte de los objetos originales. Aun así, se cree que todavía hay muchos millones de pequeños objetos helados en la región del cinturón de Kuiper.

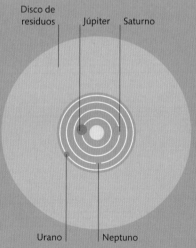

Disco de residuos   Júpiter   Saturno

Urano   Neptuno

1 **Anillo compacto de fragmentos**
Se cree que los objetos del cinturón de Kuiper, junto con Neptuno y Urano, se formaron más cerca del Sol de lo que están ahora. Posiblemente proceden de un disco de restos protoplanetarios cercano a los planetas.

Objetos del cinturón de Kuiper (KBO)

Hay potencialmente millones de objetos helados flotando en el cinturón de Kuiper. En general son blancos, pero su color puede cambiar al rojo debido a la radiación solar.

Los objetos helados del cinturón de Kuiper tienen una temperatura de unos –220°C

El cinturón de hielo

El cinturón de Kuiper, que llega desde la órbita de Neptuno, a unos 4500 millones de kilómetros del Sol, hasta 8000 millones de kilómetros, es parecido al cinturón principal (ver pp. 60-61) pero mucho más grande. Al estar tan lejos del Sol, es un lugar frío y oscuro. Es el hogar de cientos de miles de objetos helados hechos sobre todo de hielo de amoniaco, agua y metano. Algunos tienen lunas y entre ellos hay objetos grandes clasificados como planetas enanos. El cinturón de Kuiper es también el área en la que se originan algunos cometas (ver pp. 84-85).

PLANETAS ENANOS

Cuatro de los objetos más grandes más allá de Neptuno son planetas enanos. Los planetas enanos orbitan el Sol y se han hecho redondos debido a la fuerza de su propia gravedad, pero no son lo bastante grandes como para eliminar otros objetos de sus órbitas.

Plutón
Plutón, con 2400 km de diámetro, es el planeta enano más grande.

Eris
Eris es algo más pequeño que Plutón, pero su masa es mayor.

Makemake
Makemake tiene dos tercios del tamaño de Plutón y posee una pequeña luna.

Haumea
Haumea tiene forma de huevo, dos lunas y un sistema de anillos.

Ceres
Ceres, en el cinturón principal, es el único planeta enano cuya órbita no está más allá de Neptuno.

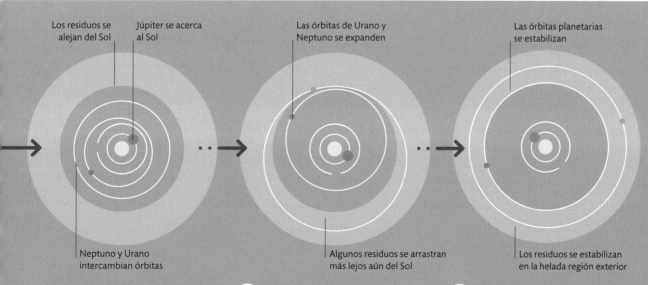

Los residuos se alejan del Sol

Júpiter se acerca al Sol

Las órbitas de Urano y Neptuno se expanden

Las órbitas planetarias se estabilizan

Neptuno y Urano intercambian órbitas

Algunos residuos se arrastran más lejos aún del Sol

Los residuos se estabilizan en la helada región exterior

2   Las órbitas de los planetas cambian
Según una teoría llamada modelo de Niza, Saturno, Urano y Neptuno se habrían alejado del Sol, mientras que Júpiter se habría acercado. Urano y Neptuno habrían intercambiado sus posiciones.

3   Planetas y residuos interactúan
A medida que Urano y Neptuno se alejaban del Sol, se cree que arrastraron con ellos parte de los residuos que los rodeaban. Esto llevó estos residuos a la región más fría del sistema solar exterior.

4   El cinturón de Kuiper se estabiliza
Con el tiempo, la órbita de los planetas y los objetos helados se hizo estable, creando el cinturón de Kuiper como es hoy. Pero algunos objetos aún se alteran ocasionalmente si sus órbitas los acercan demasiado a Neptuno.

Cometas

Hechos de polvo y hielo sobrante de la formación de los planetas, los cometas nacen como cuerpos helados en el extremo del sistema solar. En este estado, pueden tener hasta decenas de kilómetros de diámetro. Cuando reciben un impacto que los saca de su órbita regular, son lanzados a órbitas que los acercan al Sol. Al acercarse a este, se transforman en cometas.

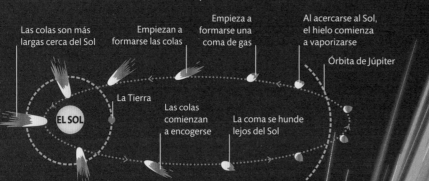

Las colas son más largas cerca del Sol

Empiezan a formarse las colas

Empieza a formarse una coma de gas

Al acercarse al Sol, el hielo comienza a vaporizarse

Órbita de Júpiter

La Tierra

EL SOL

Las colas comienzan a encogerse

La coma se hunde lejos del Sol

La vida de un cometa

Cuando un cometa se acerca al Sol, el hielo de su superficie se vaporiza, creando una atmósfera llamada coma y dos colas. La coma se hunde cuando la órbita lleva al cometa lo suficientemente lejos del Sol y las colas se desvanecen.

La cola de polvo se curva por el movimiento del cometa a lo largo de su órbita

COLA DE PLASMA

COLA DE POLVO

PARTÍCULAS IONIZADAS

Partículas de alta velocidad en el viento solar interactúan con partículas ionizadas, o plasmas, en la coma del cometa. Esto crea una cola de plasma (cola de gas o de iones).

A menudo las colas son muy brillantes

El gas que escapa del núcleo lleva polvo

Partículas de polvo y roca incrustadas en los núcleos

El núcleo del cometa suele tener varios kilómetros de diámetro

NÚCLEO

Las ondas magnéticas del viento solar empujan iones a la coma y forman una cola de plasma

Radiación solar

Gas congelado y hielo de agua

La coma (atmósfera) rodea el núcleo

Viento solar

La estructura de un cometa

El núcleo se compone de hielo de agua y gas congelado, con polvo y roca incrustados. La presión de la radiación procedente del Sol y el viento solar empujan el polvo y el plasma hacia fuera, creando dos colas visibles.

PLANETAS INTERESTELARES

Más allá de la nube de Oort, es posible que haya objetos del tamaño de planetas, llamados planetas interestelares, que no orbitan ninguna estrella. Podrían haberse formado a partir de material que orbitaba una estrella y que fue expulsado, o quizá nunca orbitaron una estrella.

Planetas interestelares

Nube de Oort

Nube de Oort alrededor del sistema solar

Nube de Oort

Nube de Oort de otra estrella

¿CÓMO ES LA COMA DE UN COMETA?

Una coma –la atmósfera que rodea el núcleo de un cometa– puede tener un diámetro de miles de kilómetros. Las de algunos cometas pueden ser más grandes que la Tierra.

Las colas de los cometas pueden alcanzar cientos de miles de kilómetros

LA **NUBE DE OORT** PODRÍA CONTENER INCLUSO **BILLONES** DE OBJETOS

Los cometas y la nube de Oort

Los astrónomos creen que el sistema solar está rodeado por un enjambre de cuerpos helados más allá del cinturón de Kuiper. Es la nube de Oort y es el origen de los cometas de período largo, que a veces llegan al sistema solar interior.

La nube de Oort

Se cree que la nube de Oort comienza a entre 300 000 y 750 000 millones de kilómetros del Sol y termina a entre 1,5 y 15 billones de kilómetros del Sol. Esto significa que el borde más exterior podría encontrarse a medio camino entre el Sol y la estrella más cercana. En la nube de Oort, los objetos orbitan el Sol en trayectorias inclinadas en todos los ángulos, a diferencia del cinturón de Kuiper (ver pp. 82-83), donde la mayoría siguen órbitas cercanas al plano principal del sistema solar.

Región de origen de los núcleos de los cometas de período largo

Los cometas de período corto tardan menos de 200 años en orbitar el Sol

Los cometas de período largo pueden tardar miles de años en orbitar el Sol

Cinturón de Kuiper

Nube de Oort interior

LA NUBE DE OORT

Los cometas de la nube de Oort pueden venir de cualquier dirección

ESTRELLAS

TIPOS DE ESTRELLAS DE SECUENCIA PRINCIPAL

Tipo espectral	Color	Temperatura aprox. de superficie (Kelvin)	Masa media (El Sol = 1)	Radio medio (El Sol = 1)	Luminosidad media (El Sol = 1)
O	Azul	Más de 25 000 K	Más de 18	Más de 7,4	20 000-1 000 000
B	Azul-blanca	11 000-25 000 K	3,2-18	2,5-7,4	11 000-20 000
A	Blanca	7500-11 000 K	1,7-3,2	1,3-2,5	6-80
F	Amarilla-blanca	6000-7500 K	1,1-1,7	1,1-1,3	1,3-6
G	Amarilla	5000-6000 K	0,78-1,10	0,85-1,05	0,40-1,26
K	Naranja-roja	3500-5000 K	0,60-0,78	0,51-0,85	0,07-0,40
M	Roja	Menos de 3500 K	0,10-0,60	0,13-0,51	0,0008-0,072

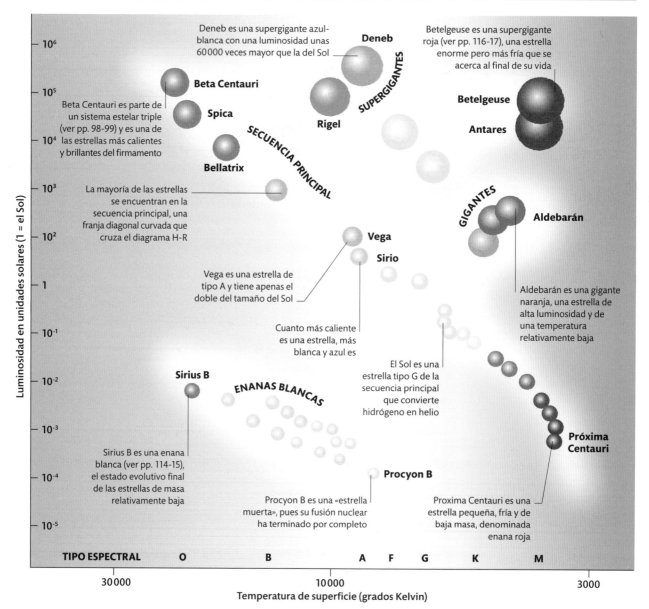

Deneb es una supergigante azul-blanca con una luminosidad unas 60 000 veces mayor que la del Sol

Betelgeuse es una supergigante roja (ver pp. 116-17), una estrella enorme pero más fría que se acerca al final de su vida

Beta Centauri es parte de un sistema estelar triple (ver pp. 98-99) y es una de las estrellas más calientes y brillantes del firmamento

La mayoría de las estrellas se encuentran en la secuencia principal, una franja diagonal curvada que cruza el diagrama H-R

Vega es una estrella de tipo A y tiene apenas el doble del tamaño del Sol

Cuanto más caliente es una estrella, más blanca y azul es

Aldebarán es una gigante naranja, una estrella de alta luminosidad y de una temperatura relativamente baja

El Sol es una estrella tipo G de la secuencia principal que convierte hidrógeno en helio

Sirius B es una enana blanca (ver pp. 114-15), el estado evolutivo final de las estrellas de masa relativamente baja

Procyon B es una «estrella muerta», pues su fusión nuclear ha terminado por completo

Proxima Centauri es una estrella pequeña, fría y de baja masa, denominada enana roja

Clasificar las estrellas

Las estrellas pueden clasificarse según el diagrama H-R (ver izquierda). Las que transforman hidrógeno en helio por fusión nuclear (ver p. 90) son estrellas de secuencia principal. Estas estrellas, en la mitad estable de su vida, están localizadas en una franja diagonal en mitad del diagrama H-R. Las estrellas de secuencia principal se clasifican en siete grupos según su espectro: O, B, A, F, G, K y M. Los colores de la luz de las estrellas están causados por los elementos químicos que contienen. Estos tipos espectrales van de las estrellas más calientes, tipo 0, a las más frías, tipo M. Solo las estrellas que se acercan al final de su vida, como las enanas blancas y las supergigantes, quedan fuera de la franja. Esas estrellas han agotado su suministro de hidrógeno y se han vuelto inestables.

El diagrama H-R

Este famoso diagrama recibe su nombre de los astrónomos Ejnar Hertzsprung y Henry Russell e ilustra la relación entre la temperatura de una estrella y su luminosidad. Las estrellas permanecen en la diagonal curvada de la secuencia principal la mayor parte de su vida. Las estrellas de masa baja son rojas y están abajo a la derecha. Las estrellas azules, arriba a la izquierda, tienen las mayores masas. Las gigantes y supergigantes, que han agotado su suministro de hidrógeno, están arriba a la derecha.

¿CUÁL ES LA ESTRELLA MÁS BRILLANTE DEL CIELO NOCTURNO?

Sirio, también conocida como la Estrella del Perro, en la constelación de Canis Major, es la más brillante, con una magnitud aparente de -1,47.

Tipos

Las estrellas están tan lejos que cuesta saber lo grandes –o lo brillantes– que son realmente. Los astrónomos las agrupan en categorías tras analizar sus espectros (ver pp. 26-27), que difieren según el tamaño y la temperatura de las estrellas.

Luminosidad y brillo

La luminosidad es la energía que emite una estrella cada segundo. El brillo de una estrella tal como la vemos se conoce como magnitud aparente y depende tanto de la luminosidad de la estrella como de su distancia a la Tierra. Se mide con una escala numérica en la que las estrellas más brillantes reciben números negativos o muy bajos (las estrellas más brillantes tienen valores de en torno a -1) y las estrellas menos brillantes reciben números más altos. La escala no es lineal: una estrella de magnitud 1 es 100 veces más brillante que una de magnitud 6.

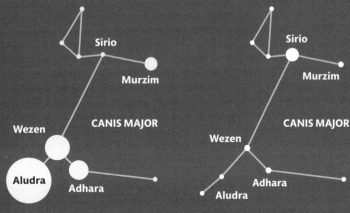

Luminosidad
El tamaño de los puntos blancos representa la verdadera luminosidad de las estrellas de Canis Major, pero las estrellas que irradian más luz pueden no ser las más brillantes del cielo nocturno de la Tierra si están muy lejos.

Magnitud aparente
En esta imagen, el tamaño indica el brillo aparente de las mismas estrellas de Canis Major. Es interesante notar que vemos Sirio mucho más brillante porque está más cerca, pero Aludra, que es 176 000 veces más brillante que el Sol, brilla poco porque está muy lejos.

LAS ESTRELLAS MÁS LUMINOSAS EMITEN MILES DE MILLONES DE VECES MÁS LUZ QUE LAS MENOS BRILLANTES

Dentro de las estrellas

Las estrellas brillan porque las reacciones nucleares las calientan a enormes temperaturas. En su interior, los núcleos de hidrógeno están tan apretados por la gravedad de la estrella que se fusionan para formar núcleos de helio, liberando energía en el proceso.

La fuente de energía de una estrella

Las estrellas se alimentan mediante fusión nuclear, principalmente a través de la conversión de hidrógeno en helio. Sabemos esto porque no hay otra forma de que algo tan masivo como una estrella pueda generar tanta energía a lo largo de su existencia. El proceso de fusión en las estrellas libera diminutas partículas llamadas neutrinos. En la Tierra podemos detectar los neutrinos que vienen del Sol. Los estudios de las vibraciones del Sol también revelan su estructura interna, de la misma forma que los terremotos revelan cómo es la Tierra por dentro.

¿SOMOS POLVO DE ESTRELLAS?

Casi todos los elementos del cuerpo humano se formaron en estrellas hace miles de millones de años. Las excepciones son el hidrógeno y el helio, que se crearon durante el Big Bang.

10 000

DE AÑOS TARDARÁ **EL SOL** EN **AGOTAR** SU **HIDRÓGENO**

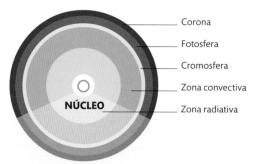

- Corona
- Fotosfera
- Cromosfera
- Zona convectiva
- Zona radiativa

NÚCLEO

CAPAS DE UNA ESTRELLA PARECIDA AL SOL

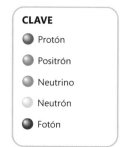

CLAVE
- Protón
- Positrón
- Neutrino
- Neutrón
- Fotón

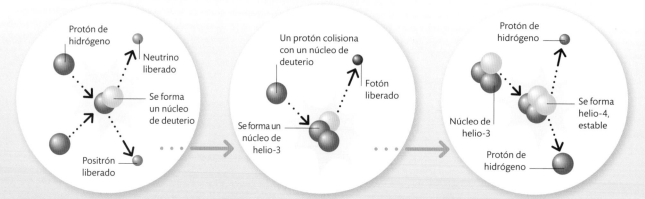

Protón de hidrógeno

Neutrino liberado

Se forma un núcleo de deuterio

Positrón liberado

Un protón colisiona con un núcleo de deuterio

Fotón liberado

Se forma un núcleo de helio-3

Protón de hidrógeno

Se forma helio-4, estable

Núcleo de helio-3

Protón de hidrógeno

1 Los protones se combinan
La fusión comienza cuando dos núcleos de hidrógeno (protones) se unen para formar un núcleo de deuterio. Como resultado, se liberan un positrón y un neutrino.

2 Se libera radiación
El núcleo de deuterio es alcanzado por otro protón, que se une a él y forma un núcleo de helio-3. Se libera gran cantidad de energía en forma de calor y de partículas llamadas fotones.

3 Se produce helio
El núcleo de helio-3 es bombardeado por otro, creando un núcleo de helio-4. Cuando estos se unen, emiten dos protones, los cuales pueden provocar más fusiones.

Transferencia de calor

En las estrellas el calor se mueve hacia arriba y hacia fuera por convección y radiación. La convección tiene lugar sobre todo cuando la radiación es demasiado lenta en sacar el calor del núcleo. En las estrellas de masa baja, el calor solo se transfiere por convección.

En las estrellas de masa media, como el Sol, la radiación domina en la región que rodea el núcleo, pero la convección tiene lugar en capas exteriores, más frías, que absorben la radiación. En las estrellas de alta masa, la fusión genera energía tan rápido que la convección domina en torno al núcleo.

La convección tiene lugar alrededor del núcleo

La radiación tiene lugar en capas cercanas al núcleo

UNAS 1,5 VECES LA MASA DEL SOL

La radiación tiene lugar en torno al núcleo

La convección ocurre en capas superiores

0,5-1,5 VECES LA MASA DEL SOL

Transferencia de calor solo por convección

MENOS DE 0,5 VECES LA MASA DEL SOL

CLAVE
Convección
Radiación

Formación de los elementos

La mayoría de los elementos naturales más ligeros, excepto el hidrógeno y el helio, fueron creados o bien mediante fusión nuclear en las estrellas a lo largo de su existencia o cuando estas explotaron transformándose en supernovas. Los elementos más pesados que el hierro no pueden formarse en el núcleo de una estrella porque los átomos de hierro no admiten la fusión. Algunos de los elementos más pesados se formaron en los núcleos de gigantes rojas moribundas, que no explotan. Se cree que el resto proviene de la explosión violenta de dos estrellas de neutrones al unirse.

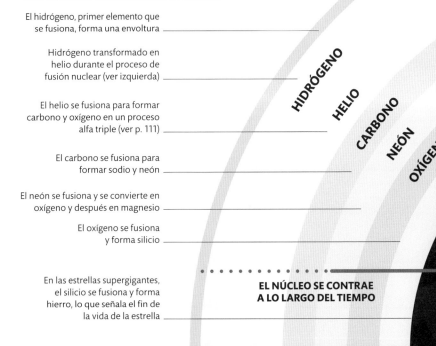

El hidrógeno, primer elemento que se fusiona, forma una envoltura

Hidrógeno transformado en helio durante el proceso de fusión nuclear (ver izquierda)

El helio se fusiona para formar carbono y oxígeno en un proceso alfa triple (ver p. 111)

El carbono se fusiona para formar sodio y neón

El neón se fusiona y se convierte en oxígeno y después en magnesio

El oxígeno se fusiona y forma silicio

En las estrellas supergigantes, el silicio se fusiona y forma hierro, lo que señala el fin de la vida de la estrella

HIDRÓGENO

HELIO

CARBONO

NEÓN

OXÍGENO

SILICIO

NÚCLEO DE NÍQUEL-HIERRO

EL NÚCLEO SE CONTRAE A LO LARGO DEL TIEMPO

Capas de cebolla
Este diagrama muestra las «capas de cebolla» del núcleo evolucionado de una estrella de gran masa justo antes de que explote en forma de supernova (ver pp. 118-19). Los átomos en cada capa se fusionan y crean los elementos de la capa inferior.

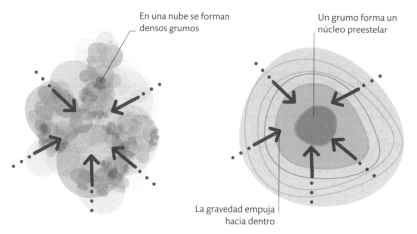

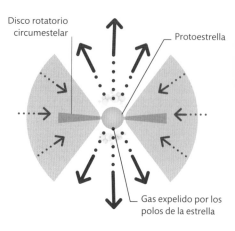

En una nube se forman densos grumos

Un grumo forma un núcleo preestelar

Disco rotatorio circumestelar

Protoestrella

La gravedad empuja hacia dentro

Gas expelido por los polos de la estrella

1 **Se forman densas regiones**
El proceso comienza cuando en una nube espacial se forman regiones más densas. Las moléculas se aprietan unas con otras, creando grumos. Cada uno de estos grumos se convertirá finalmente en una estrella.

2 **El núcleo se derrumba**
El núcleo de cada grumo es más denso que el exterior y se colapsa más rápidamente. Como resultado, rota cada vez más deprisa, como los patinadores sobre hielo que pliegan los brazos al girar sobre sí mismos.

3 **Se forma una protoestrella**
El núcleo preestelar forma una protoestrella y se rodea de un disco giratorio de gas y polvo. La nube se aplana y empieza a despejarse. Parte del gas es lanzado a chorros desde los polos de la protoestrella.

Cómo se forman

Las estrellas están continuamente formándose en las galaxias del universo. Nacen como protoestrellas en enormes nubes de gas y polvo, y evolucionan y se convierten en estrellas estables de secuencia principal. Al estudiar muchas estrellas en distintas etapas, los astrónomos determinan las fases que atraviesan.

Se forma una protoestrella

Las estrellas se forman en nubes de polvo y gas (ver pp. 94-95) tan densas que bloquean la luz. El nacimiento de la estrella comienza cuando la nube es alterada, posiblemente por ondas de choque de la explosión de una supernova (ver pp. 118-19), y una masa de gas y polvo comienza a apretarse bajo su propia gravedad.

TAMAÑOS Y NÚMEROS DE ESTRELLAS

Hay muchas más estrellas de masa baja que de masa alta. Esto es en parte porque nacen menos estrellas grandes, pero también porque estas tienen vidas más cortas, y no consumen combustible ni emiten luz durante mucho tiempo. Como muestra este gráfico, por cada estrella de más de 10 masas solares, hay unas 10 estrellas de 2-10 masas solares y 50 estrellas de 0,5-2 masas solares. Hay incluso más enanas rojas (ver pp. 88-89): 200 por cada estrella de más de 10 masas solares.

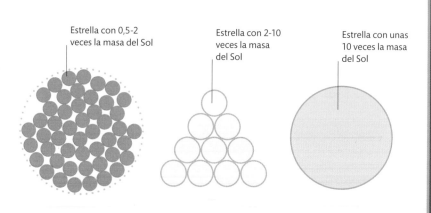

Estrella con 0,5-2 veces la masa del Sol

Estrella con 2-10 veces la masa del Sol

Estrella con unas 10 veces la masa del Sol

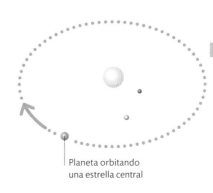

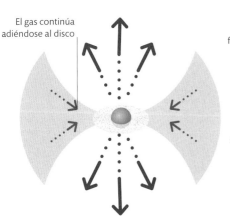

El gas continúa
adiéndose al disco

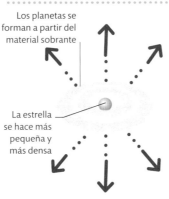

Los planetas se
forman a partir del
material sobrante

La estrella
se hace más
pequeña y
más densa

Planeta orbitando
una estrella central

4 **Estrella T Tauri**
Tras una etapa de hasta un millón de
años, la temperatura central de la protoestrella
alcanza los 6 000 000 °C. Entonces, comienza
la fusión de hidrógeno y la nueva estrella,
denominada T Tauri, empieza a brillar.

5 **Estrella de presecuencia principal**
Tras un período de hasta 10 millones
de años, la estrella T Tauri se encoge y se hace
más densa. El material del disco y la envoltura
sobrante fluyen hacia la estrella o se dispersan
en el espacio. En el disco se forman planetas.

6 **Se crea un sistema protoplanetario**
La estrella es ahora una estrella de
secuencia principal (ver pp. 88-89) y los
planetas que la orbitan están ya formados.
Un sistema planetario como este vive
típicamente unos 10 000 millones de años.

Las fuerzas de las estrellas

Una vez las estrellas de masa baja y media
han empezado a transformar hidrógeno
en helio mediante fusión, entran en la
secuencia principal (ver pp. 88-89). En esta
etapa, las fuerzas de su interior –presión
del gas del núcleo y fuerza de gravedad,
que se le opone– están en equilibrio. Las
estrellas de la secuencia principal pueden
brillar durante 10 000 millones de años.

Fuerzas en equilibrio
El equilibrio entre la presión hacia el exterior
y la gravedad hacia el interior en una estrella
se conoce como equilibrio hidrostático. Es el
equilibrio que hace que una estrella sea estable.

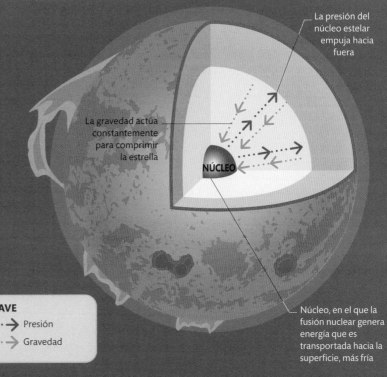

La presión del
núcleo estelar
empuja hacia
fuera

La gravedad actúa
constantemente
para comprimir
la estrella

NÚCLEO

Núcleo, en el que la
fusión nuclear genera
energía que es
transportada hacia la
superficie, más fría

CLAVE
····> Presión
····> Gravedad

PRIMERAS ESTRELLAS

Aparecieron unos 200
millones de años después del
Big Bang. Transcurrirían unos
1000 millones de años más
para que las galaxias
empezaran a
proliferar.

SE CREE QUE LAS
ESTRELLAS SE FORMAN
EN EL **UNIVERSO** A
UN RITMO DE UNOS
150 000 MILLONES AL AÑO

Nebulosas

Las nebulosas son nubes gigantes de polvo y gas en el espacio. Se forman cuando material disperso se aglutina por la atracción gravitatoria mutua. Las nebulosas más densas se convierten en criaderos de estrellas.

Nebulosas difusas

Los astrónomos detectaron por primera vez las nebulosas en la Antigüedad, como tenues masas en el cielo nocturno, aunque no tenían idea de qué eran. Se descubrieron más tras la invención del telescopio y, en 1781, el astrónomo francés Charles Messier incluyó varias nebulosas difusas en su famoso catálogo de objetos astronómicos. La mayoría de las nebulosas están clasificadas como «difusas» porque sus bordes son vagos. A su vez, las nebulosas difusas se dividen en nebulosas de «emisión», de «reflexión» y «oscuras», según cómo se ven desde la Tierra. Los otros tipos de nebulosas –nebulosas planetarias y restos de supernovas– están asociadas con estrellas que mueren y explotan.

Tipos de nebulosas difusas
Aquí se muestran las principales características de los tres tipos de nebulosas difusas y el modo en que interactúan con la luz estelar que llega a la Tierra.

UNA NEBULOSA DEL TAMAÑO DE LA TIERRA TENDRÍA UNA MASA TOTAL DE **UNOS POCOS KILOS**

1kg

CÚMULO ESTELAR

Los iones de la nebulosa reciben energía de la radiación ultravioleta de una estrella cercana

ESTRELLA

NEBULOSA DE REFLEXIÓN

NEBULOSA DE EMISIÓN

Agrupaciones de polvo más oscuras conocidas como pasillos se acumulan en la nube

Los granos de polvo de la nube son buenos reflectores de luz

Las nebulosas de emisión, que contienen estrellas calientes en el centro son típicos lugares de formación de estrellas

Las nebulosas de reflexión suelen ser azules, pues esta luz se dispersa más, como en el cielo de la Tierra

Luz viajando desde una nebulosa de emisión hacia la Tierra

LA TIERRA

Nebulosas de emisión
Emiten radiación debido al gas ionizado que contienen y, a veces, se las llama regiones H II porque están hechas principalmente de hidrógeno ionizado.

Nebulosas de reflexión
No emiten ninguna luz propia, pero brillan porque reflejan la luz de las estrellas cercanas, igual que las nubes de nuestro cielo.

Inmensos
tentáculos de
polvo cósmico

¿CUÁN GRANDE PUEDE SER UNA NEBULOSA?

La nebulosa de la Tarántula, situada a unos 170 000 años luz de la Tierra, en la Gran Nube de Magallanes, mide más de 1800 años luz.

Criaderos estelares

Muchas nebulosas son el lugar de nacimiento de las estrellas. La más famosa es la del Águila, donde las estrellas nacen en las inmensas nubes conocidas como «los pilares de la creación». Estas torres, que miden varios años luz, están formadas por materiales densos que han resistido la evaporación producida por la radiación de las jóvenes estrellas cercanas.

Pilares de la creación
Esta parte de la nebulosa del Águila de formas tan dramáticas contiene cientos de estrellas en formación en sus pilares.

Estrellas moribundas

Las nebulosas planetarias y los restos de supernovas son tipos de nebulosas, ambas creadas por la muerte de estrellas. Las nebulosas planetarias no tienen nada que ver con los planetas. Son solo una capa de gas expulsado por una estrella pequeña al acercarse al final de su vida. Esta capa después se ioniza por la radiación ultravioleta de la estrella, haciendo que la nebulosa brille. Un resto de supernova se forma cuando una estrella grande explota como supernova, enviando una gran nube ionizada de polvo y gas al espacio.

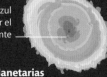

Resplandor azul causado por el helio caliente

Nebulosas planetarias
La nebulosa del Anillo, en la constelación de Lyra, es un residuo de las etapas finales del ciclo vital de una estrella de masa baja.

Las áreas naranja pálido indican el polvo frío dejado por la supernova

Restos de supernovas
La nebulosa del Cangrejo, en la constelación de Tauro, es el resto de una estrella que explotó en el año 1054.

Luz viaja de un cúmulo estelar a la Tierra

NEBULOSA OSCURA

La nebulosa oscura absorbe la luz emitida por un cúmulo estelar, impidiendo que llegue a la Tierra

Nebulosas oscuras o de absorción
Son nubes de polvo, igual que las nebulosas de reflexión; tan solo tienen un aspecto diferente porque bloquean la luz que tienen detrás.

IMÁGENES EN FALSO COLOR

Los objetos del espacio, como nebulosas y galaxias, a menudo emiten radiación que nuestros ojos no pueden detectar porque se encuentran fuera del espectro visible. Para tomar imágenes de estos objetos, los astrónomos usan software que asigna colores a las varias intensidades de radiación que resultan de las mediciones. Estas fotografías se llaman imágenes en falso color.

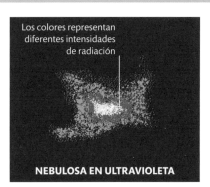

Los colores representan diferentes intensidades de radiación

NEBULOSA EN ULTRAVIOLETA

Cúmulos estelares

Algunas estrellas están en cúmulos. Los cúmulos abiertos son grupos de estrellas jóvenes formadas en la misma nube de gas y polvo. Los cúmulos globulares son bolas gigantes de antiguas estrellas.

Tipos de cúmulos

Los cúmulos abiertos suelen tener solo unas decenas de millones de años de antigüedad. Las estrellas suelen ser levemente azuladas porque contienen restos de la nube original. Los cúmulos globulares son casi tan antiguos como el universo, y ya no hay estrellas gigantes ni gas en ellos. Pueden incluir grupos de miles o millones de estrellas, unidas por la gravedad.

EL CÚMULO ESTELAR DE **LAS PLÉYADES** SE VE EN EL **DISCO CELESTE DE NEBRA** (1600 A.C.)

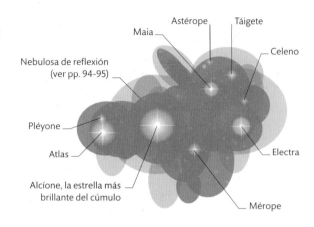

Astérope
Táigete
Maia
Celeno
Nebulosa de reflexión
(ver pp. 94-95)
Pléyone
Atlas
Electra
Alcíone, la estrella más
brillante del cúmulo
Mérope

Cúmulo abierto

Las Pléyades son un cúmulo abierto de unas 3000 estrellas que se puede ver a simple vista. Tiene menos de 100 millones de años y está dominada por nueve estrellas gigantes azules jóvenes y brillantes. Las estrellas más brillantes de las Pléyades reciben los nombres de siete hermanas de la mitología griega, además de los padres de estas, Atlas y Pléyone.

LA EDAD DE UN CÚMULO ESTELAR

Los astrónomos pueden determinar la edad de un cúmulo estelar a partir de su mezcla de estrellas de distinto tipo: a mayor antigüedad, más estrellas se han convertido en gigantes.

Gran nube molecular formada por partículas de gas y polvo interestelar

Las partes más densas de la nube comienzan a hundirse hacia dentro, empujadas por su propia gravedad

Cómo se desarrolla un cúmulo abierto

Las estrellas nacen en grandes nubes de gas molecular, por lo que inevitablemente se forman en cúmulos, que contienen la materia necesaria para crearlas. En los cúmulos hay estrellas de todo tipo, desde frías enanas rojas a inmensas gigantes azules. La mayoría de los cúmulos existen solo unos cientos de millones de años, pues las estrellas grandes mueren y muchas estrellas pequeñas son atraídas por otros campos gravitatorios.

1 Nacen estrellas
Estrellas muy jóvenes, llamadas protoestrellas, se forman allí donde densas concentraciones de gas se hunden debido a la gravedad en una nube molecular. Esto puede ser provocado por la onda expansiva de una supernova (ver pp. 118-19).

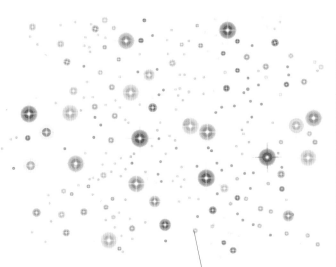

Cúmulo globular

Las estrellas del cúmulo globular de Omega Centauri tienen más de 10000 millones de años. Está a más de 16000 años luz, pero sus diez millones de estrellas brillan tanto que se pueden ver a simple vista y parecen una sola estrella.

De forma atípica para un cúmulo globular, Omega Centauri contiene estrellas de varias edades, la mayoría de las cuales son pequeñas amarillas y blancas

REZAGADAS AZULES

Los cúmulos globulares son en su mayoría tan antiguos que no deberían tener jóvenes estrellas azules, pero algunos las tienen. Se cree que las «rezagadas azules» se forman porque las estrellas están tan juntas en el centro del cúmulo que las viejas estrellas rojas comienzan a colisionar. Si esto ocurre, la colisión forma una nueva estrella azul.

Rezagada azul

Dos viejas estrellas rojas chocan y forman una joven estrella

Región de hidrógeno con carga eléctrica que brilla por la radiación ultravioleta procedente de calientes estrellas azules

Algunas se convierten en estrellas fugitivas, arrastradas por encuentros con otros cúmulos o nubes

Los cúmulos abiertos están compuestos por estrellas de todo el espectro en cuanto a masa, color y brillo

Las jóvenes estrellas se forman y comienzan a transformar hidrógeno en helio por fusión nuclear

Burbuja de gas liberada por poderosos vientos estelares procedentes de una nueva estrella

La mayoría de las estrellas son atraídas al centro del cúmulo por la gravedad

2 La nube se despeja
Las estrellas nuevas más brillantes son estrellas calientes, masivas y poco longevas del tipo O, B y A (ver pp. 88-89). Emiten fuertes vientos de partículas que despejan el gas circundante y crean una burbuja.

3 Joven cúmulo
Después de que los restos de gas se hayan expulsado, la gravedad aún mantiene vagamente unido el cúmulo. Algunas estrellas fugitivas son arrastradas por la gravedad de otros cúmulos y nubes de gas.

4 Cúmulo más antiguo
Las estrellas que se quedan en el cúmulo se desplazan. De forma gradual, todas ellas escapan y se dispersan en el espacio a lo largo de un período de varios cientos de millones de años.

1 Cómo palpita una cefeida

Algunas estrellas palpitan porque la energía irradiada es continuamente atrapada y liberada por el helio en una de las capas de la estrella. Esto ocurre porque los átomos de helio cambian entre dos estados con carga eléctrica diferentes.

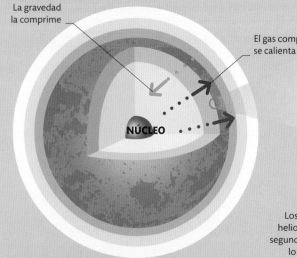

La gravedad la comprime

El gas comprimido se calienta

NÚCLEO

2 El helio se hace transparente

A medida que los átomos de helio se calientan, pierden uno de sus dos electrones. Esto hace que el gas sea más transparente a la radiación, permitiendo que escape la energía.

ÁTOMOS DE HELIO

Helio ionizado individualmente: helio con carga eléctrica que ha perdido uno de sus dos electrones

Electrón

Núcleo de helio

La radiación pasa a través

Los átomos de helio pierden su segundo electrón, lo cual atrapa energía irradiada

La presión aumenta

El electrón se mueve libremente

3 El helio se hace opaco

Los átomos de helio pierden su electrón restante y el gas se hace más opaco. Esto significa que la energía que se traslada desde el núcleo de la estrella queda atrapada debido a la presión dentro de la estrella, por lo que la estrella se hincha.

Estrellas variables

Una estrella variable es una estrella cuyo brillo cambia en una escala temporal que va de fracciones de segundo a años. En el caso de las estrellas variables extrínsecas, la variación es una ilusión causada por la rotación de la estrella o por otra estrella o planeta que pasa por delante. En el caso de las estrellas variables intrínsecas, como las cefeidas (imagen de abajo), el cambio es debido a los cambios físicos en la propia estrella.

CLAVE

····▸ Presión ····▸ Gravedad ····▸ Radiación

Variables cefeidas

Las cefeidas son un tipo de estrellas variables que muestran una relación entre su período (el tiempo que tardan en brillar, apagarse y brillar de nuevo) y su luminosidad (ver p. 89). Cuanto más brillante es una cefeida, mayor es su período, por lo que al medir su período se determina lo brillante que es. Comparar el período con el brillo aparente de la estrella permite también averiguar su distancia a la Tierra.

UN **85 POR CIENTO** DE LAS ESTRELLAS FORMAN PARTE DE **SISTEMAS ESTELARES MÚLTIPLES**

Variable cefeida

Un período de 4,8 días significa una magnitud absoluta de -3,6

Luminosidad (magnitud absoluta)

Período (días)

Relación entre período y luminosidad
Si conocemos el período de una cefeida, podemos usar una tabla de períodos y luminosidades para determinar su magnitud absoluta. Después se calcula su distancia a la Tierra mediante una ecuación.

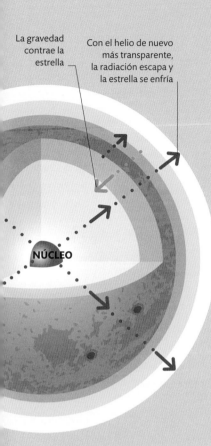

La gravedad contrae la estrella

Con el helio de nuevo más transparente, la radiación escapa y la estrella se enfría

NÚCLEO

4 **Se libera radiación**
A medida que la estrella se expande, el helio se enfría. Los átomos de helio vuelven a su estado ionizado individual, lo que permite que la radiación escape. La presión dentro de la estrella desciende y la gravedad atrae de nuevo la estrella hacia su centro, comprimiendo el gas.

¿CUÁNTAS ESTRELLAS PUEDE TENER UN SISTEMA?

Los sistemas estelares de AR Cassiopeiae y Nu Scorpii son los únicos ejemplos conocidos de sistemas estelares séptuples (de siete estrellas). Hay varios sistemas séxtuples.

Múltiples y variables

Puede parecer que todas las estrellas son solitarias, como nuestro Sol, pero más de la mitad de ellas son parejas llamadas estrellas binarias y dos tercios del resto, grupos aún más numerosos. Más de 150000 estrellas son estrellas variables, cuya luminosidad fluctúa.

Estrellas binarias

Las estrellas binarias son dos estrellas que orbitan un centro de masa común, llamado baricentro. La estrella más brillante de las dos se denomina primaria. Los grupos múltiples se componen de tres o más estrellas que giran unas en torno a otras. Algunas estrellas binarias están demasiado lejos para tener un efecto gravitacional una sobre la otra. Otras están tan cerca que una de las dos extrae masa de su compañera, a veces tanta que se convierte en un agujero negro (ver pp. 122-123).

Dobles ópticos
Dos estrellas que no están juntas, como las binarias, pero que se encuentran en la misma línea de visión desde la Tierra se denominan dobles ópticas. Aunque no lo parezca, estas estrellas están a menudo a grandes distancias una de otra.

ESTRELLA B
ESTRELLA A
LA TIERRA

Estrellas vistas al telescopio

DESDE EL ESPACIO

DESDE LA TIERRA

Estrella primaria | Estrella secundaria | Estrella secundaria eclipsada por la primaria | Estrella primaria eclipsada por la secundaria

BRILLO

Eclipse primario | Eclipse secundario | Eclipse primario

TIEMPO

Estrellas binarias eclipsantes
Se trata de dos estrellas cuyas órbitas están en línea vistas desde la Tierra, de forma que una de ellas pasa regularmente frente a la otra, haciendo que la luminosidad combinada descienda. Este repetido eclipse puede producir la ilusión de que la estrella se enciende y se apaga.

Entre las estrellas

El medio interestelar (ISM, por sus siglas en inglés) es el espacio de gas y polvo entre las estrellas. En el ISM hay distintas regiones, que se caracterizan por sus diferencias en cuanto a la temperatura, la densidad y la carga eléctrica.

En las nubes difusas más densas, conocidas como regiones HI, los átomos de hidrógeno que las constituyen son completamente neutros; las temperaturas en estas regiones van desde los -170 °C hasta los 730 °C

Gas interestelar

El 99 por ciento del ISM es gas, sobre todo hidrógeno. De media, cada centímetro cúbico de ISM está ocupado por un solo átomo (en contraste con los 30 trillones de moléculas por centímetro cúbico del aire que respiramos). Pero en la vastedad del espacio, esto es suficiente para formar nubes visibles. Hay nubes frías de hidrógeno neutro o nubes calientes de hidrógeno con carga eléctrica junto a estrellas jóvenes. El helio es el segundo elemento más común, pero hay muchos otros elementos en cantidades muy pequeñas.

1 Se forman nubes
Las nubes interestelares se forman a partir del gas y el polvo expulsados por gigantes rojas (ver pp. 110-11). Las nubes difusas son las menos densas y están dominadas por hidrógeno neutro o con carga eléctrica (ionizado).

2 Regiones densas
Las partículas de gas y polvo en las nubes difusas pueden aglutinarse por su atracción gravitacional.

REGIÓN HI

NUBE DIFUSA

MEDIO INTERESTELAR FRÍO

En las partes más frías del frío medio interestelar, las temperaturas llegan a los -260 °C

Algunas regiones del ISM se calientan hasta alcanzar temperaturas de hasta 10000 °C

GAS CORONAL INTERESTELAR

Muchas galaxias están rodeadas de un vasto y tenue halo o corona de caliente gas ionizado

6 Gigante roja
Una estrella vieja de masa media gasta todo su combustible y se colapsa, diseminando polvo y gas que forman nuevas nubes. De media, una tercera parte de la materia absorbida por las estrellas regresa al espacio interestelar.

GIGANTE ROJA

MEDIO INTERESTELAR CALIENTE

6 Supernova
Una estrella envejecida de gran masa se convierte en una supergigante, que se transformará en una supernova (ver pp. 118-19). Los restos de la explosión añaden material al ISM.

EL 15 POR CIENTO DE LA MATERIA VISIBLE EN LA VÍA LÁCTEA ES GAS Y POLVO INTERESTELAR

PLANETA ORBITANDO UNA ESTRELLA

5 Sistema protoplanetario
Cuando se forma una nueva estrella, el polvo se aglomera en un disco rotatorio en torno a una estrella y después forma grumos que más tarde serán planetas.

El protón y el electrón
giran en el mismo sentido

PROTÓN

ELECTRÓN

El electrón gira en
el sentido opuesto

Detectar nubes frías
Los átomos neutros de
hidrógeno (protones) en las
regiones HI pueden detectarse
cuando sus electrones
revierten de forma espontánea
el sentido de su rotación.

Ondas de 21 cm de longitud
emitidas al revertir los electrones
la dirección de su giro. Estas
ondas pueden detectarse
con radiotelescopios

Polvo interestelar
El polvo interestelar se compone de
pequeños granos que contienen silicatos
(compuestos de oxígeno y silicio),
carbono, hielo y compuestos de hierro.
Estos granos microscópicos de formas
irregulares tienen un diámetro de entre
0,01 y 0,1 micrómetros (millonésimas de
metro) y están más calientes que el gas
que los rodea. El polvo interestelar es
el 1 por ciento de la masa total del ISM.

**NUBE
MOLECULAR**

NÚCLEO PREESTELAR

3 **Se forman
grumos**
Las nubes moleculares
son mucho más
pequeñas y densas que
las nubes difusas. En su
interior, el hidrógeno
forma moléculas y el
polvo y el gas se
combinan para producir
grumos que forman
núcleos preestelares.

Estrella que emite
luz en longitudes
de onda azules
y rojas

El polvo no dispersa tanto
la luz roja, y más luz roja
llega al espectador

ESTRELLA

**NUBE
INTERESTELAR**

OBSERVADOR

Efecto enrojecedor
El polvo interestelar
dispersa mucho más la
luz azul que la luz roja,
y las estrellas a menudo
parecen rojizas.

Las partículas de polvo, de
tamaño parecido a la longitud
de onda de la luz azul, absorben
y dispersan esta más que la roja

4 **Formación de estrellas**
En algunos lugares, los
grumos acumulan material y
son tan grandes que crean la
presión interna necesaria
para formar estrellas.

En una nube en la que se forman
estrellas, llamada región H II, el
calor de las estrellas ioniza gran
parte del hidrógeno de la nube
y los electrones emiten luz

**REGIÓN
H II**

**NUEVA
ESTRELLA**

¿ESTÁ VACÍO EL ISM?

En algunas partes parece
que lo esté. La densidad de gas
coronal interestelar es más baja
que el vacío que se obtiene en
un laboratorio de la Tierra,
pero ningún lugar del
espacio está del
todo vacío.

El ciclo del ISM
Las estrellas se forman a partir del ISM.
Después, cuando mueren, gran parte de
su materia, entre ella nuevos elementos
creados dentro de las estrellas y en las
explosiones estelares, es expulsada al
ISM y el ciclo comienza de nuevo.

COMPUESTOS NOBLES

Antes se creía que algunos gases, llamados
gases nobles, no podían combinarse con
otros elementos. Pero las condiciones
extremas de la ISM, lo hacen posible. Se ha
detectado helio uniéndose con hidrógeno
y, a su vez, el argón puede combinarse con
hidrógeno para formar el compuesto argonio.

En el ISM puede formarse
argonio, al unirse un átomo
de argón y un protón

**NÚCLEO
DE ARGÓN**

Núcleo de
hidrógeno,
o protón

Exoplanetas

El Sol no es la única estrella con planetas en su órbita. En 1995 se descubrieron los primeros exoplanetas y, desde entonces, se han encontrado más de 4000. Con las misiones en marcha dedicadas a su búsqueda, el número total va aumentando.

Cómo se forman los planetas

Hay dos teorías sobre la formación de los planetas: una consiste en la formación de arriba abajo y la otra de abajo arriba. Según la teoría de abajo arriba, o teoría de acreción, los planetas se forman lentamente a partir de colisiones entre trozos de restos cada vez más grandes en el disco de gas y polvo que rodea una joven estrella. Según la teoría de arriba abajo, o de inestabilidad de disco, los planetas gigantes se forman cuando se forman grandes grumos de gas en el disco de material que rodea una joven estrella.

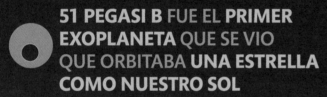

51 PEGASI B FUE EL **PRIMER EXOPLANETA** QUE SE VIO QUE ORBITABA **UNA ESTRELLA COMO NUESTRO SOL**

TEORÍA DE LA ACRECIÓN PLANETARIA

Disco protoplanetario de gas y polvo

Estrella central, de unos millones de años de edad

1 **Colisión de polvo**
Granos de polvo giratorios en un disco protoplanetario colisionan, formando grumos cada vez más grandes. Este proceso crea miniplanetas llamados planetesimales.

TEORÍA DE LA INESTABILIDAD DEL DISCO

Un disco protoplanetario de gas y polvo se forma en torno a la joven estrella

1 **Disco protoplanetario**
La gravedad comienza a aglutinar grumos sueltos de gas en las partes exteriores y más frías del disco protoplanetario.

Tipos de exoplaneta

Los exoplanetas se agrupan en distintas categorías. Algunas dependen de la masa del planeta en comparación con la Tierra, como las supertierras y las megatierras. Algunos de los exoplanetas más pequeños podrían estar cubiertos por océanos y se los llama mundos de agua. Otras categorías dependen de lo cerca que orbitan de su estrella. Los llamado «jupíteres» calientes y «neptunos calientes» son gigantes gaseosos en órbitas cercanas y rápidas en torno a sus estrellas. Las exotierras, como TOI 700d, descubierto en 2020, son quizá los planetas más interesantes debido a su potencial habitabilidad.

Júpiter caliente
Estos gigantes de gas tienen una masa similar a la de Júpiter, pero están más cerca de sus estrellas y son más calientes.

Planeta ctónico
Se trata del núcleo sólido de un gigante gaseoso. La atmósfera ha desaparecido debido a la proximidad con la estrella.

Megatierra
El término «megatierra» designa a un planeta rocoso con al menos 10 veces la masa de la Tierra.

Supertierra
Pueden tener hasta 10 veces la masa de la Tierra. La primera supertierra con agua en sus cielos se descubrió en 2019.

Planeta océano
Un planeta terrestre con un océano de agua sobre o bajo su superficie. El primero, GJ 1214B, se descubrió en 2012.

Exotierra
Planeta de un tamaño y masa como los de la Tierra, en la zona habitable de la órbita de su estrella.

Embriones planetarios
orbitando una estrella

Los planetas rocosos
empiezan a formarse

Las órbitas de
algunos planetas
se desestabilizan y
estos quedan libres

Un gigante
gaseoso
recolecta
cualquier gas

2 Se forman embriones planetarios
Los planetesimales crecen, forman
embriones de planetas y se mueven en
órbitas alrededor de la estrella central.

3 Se forman planetas rocosos
Cerca de la estrella, los elementos más
pesados se condensan y las colisiones dan
lugar a la creación de planetas rocosos.

4 Creación de los gigantes gaseosos
Más lejos, las temperaturas más frías
permiten que el hidrógeno y el helio se
condensen para formar gigantes gaseosos.

Se forma un grumo de gas

Se forma el núcleo de
un gigante gaseoso

Un grumo de
gas se despeja

El planeta despeja
un amplio hueco

2 Separación
Un grumo con el gas suficiente como
para formar un planeta gigante se enfría
rápidamente. Se encoge y se vuelve más denso.

3 Formación de un núcleo
Los granos de polvo son atraídos por
la gravedad. Caen hacia el centro y forman
el núcleo de un planeta gigante.

4 Barrendero planetario
El nuevo planeta barre el disco
y despeja el camino, y crece a medida
que recoge gas y polvo por el trayecto.

Detectar exoplanetas

Los exoplanetas son diminutos
comparados con su estrella madre
y a menudo están ocultos por el
brillo de esta, pues no emiten luz.
Pocos exoplanetas gigantes se han
fotografiado directamente. La
mayoría se detectan de forma
indirecta con métodos como la
fotometría de tránsito y la velocidad
radial. Menos de 100 planetas se
han descubierto con el proceso de
microlente gravitacional, en que se
aprovecha un alineamiento casual
de una estrella cercana con planetas
y con una estrella distante. Los
exoplanetas se ponen de manifiesto
al curvar un poco la luz de la estrella
distante, como una lente.

**Método de la
velocidad radial**
Cuando un planeta
grande orbita una
estrella, su atracción
gravitacional hace que
la estrella gire trazando
un pequeño círculo de
modo que la luz que
emite cambia de color.

La estrella gira
en pequeños
círculos

Cuando una estrella se mueve
hacia la Tierra, la longitud de
onda de su luz se acorta,
haciéndola parecer más azul.

Cuando una estrella se aleja de
la Tierra, sus ondas lumínicas se
acortan, haciéndola más roja.

MÉTODO DE LA VELOCIDAD RADIAL

**Método de la
fotometría de tránsito**
Al pasar un planeta frente
a la estrella que orbita,
aunque no podamos
verlo directamente,
la estrella se oscurece
levemente, lo cual
puede medirse.

Cantidad de luz

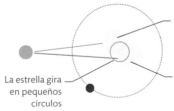

La intensidad de
la luz de una
estrella desciende
al pasar un planeta
por delante, lo
que crea una
especie de eclipse

La cantidad de luz
desciende cuando
el planeta cubre
parte de la estrella

MÉTODO DEL TRÁNSITO

CLAVE
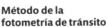
🔵 La Tierra   ⭕ Estrella con planeta potencial orbitándola   ⚫ Exoplaneta

Otras Tierras

Desde que se descubrió el primer exoplaneta, en 1995, se han estado buscando planetas parecidos a la Tierra. La búsqueda se centra en áreas de órbitas estelares conocidas como zonas habitables, en las que las condiciones para la vida son adecuadas. De momento se han descubierto más de 50 planetas.

La zona Ricitos de Oro

El agua es esencial para la vida, por lo que la zona habitable en torno a cada estrella es aquella en la que la temperatura permite mantener agua líquida en la superficie. Esta zona se conoce a veces como zona Ricitos de Oro, porque no es ni demasiado caliente ni demasiado fría, como el plato de gachas que prefiere Ricitos de Oro en el cuento. Si el planeta está demasiado caliente, el agua se evapora; si está demasiado frío, se congela.

¿PUEDE UN EXOPLANETA ORBITAR MÁS DE UNA ESTRELLA?

Se han descubierto más de 200 estrellas dobles con planetas. Kepler-64 fue el primer sistema estelar cuádruple descubierto con un planeta que orbita dos de las estrellas.

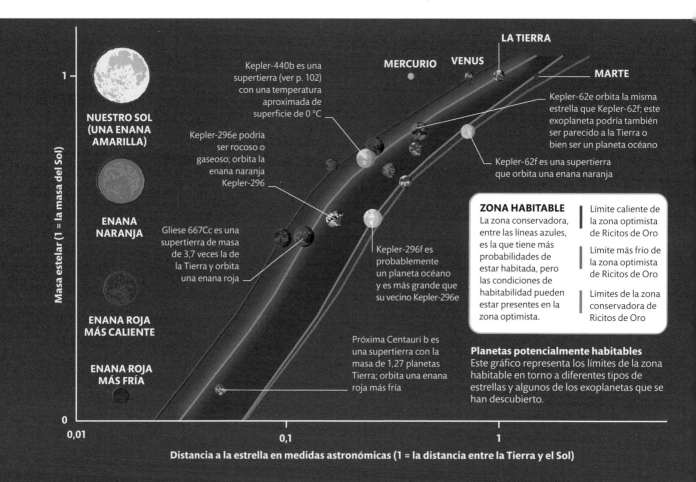

NUESTRO SOL (UNA ENANA AMARILLA)

ENANA NARANJA

ENANA ROJA MÁS CALIENTE

ENANA ROJA MÁS FRÍA

Masa estelar (1 = la masa del Sol)

Kepler-440b es una supertierra (ver p. 102) con una temperatura aproximada de superficie de 0 °C

Kepler-296e podría ser rocoso o gaseoso; orbita la enana naranja Kepler-296

Gliese 667Cc es una supertierra de masa de 3,7 veces la de la Tierra y orbita una enana roja

Kepler-296f es probablemente un planeta océano y es más grande que su vecino Kepler-296e

Próxima Centauri b es una supertierra con la masa de 1,27 planetas Tierra; orbita una enana roja más fría

MERCURIO   VENUS   LA TIERRA   MARTE

Kepler-62e orbita la misma estrella que Kepler-62f; este exoplaneta podría también ser parecido a la Tierra o bien ser un planeta océano

Kepler-62f es una supertierra que orbita una enana naranja

ZONA HABITABLE
La zona conservadora, entre las líneas azules, es la que tiene más probabilidades de estar habitada, pero las condiciones de habitabilidad pueden estar presentes en la zona optimista.

Límite caliente de la zona optimista de Ricitos de Oro

Límite más frío de la zona optimista de Ricitos de Oro

Límites de la zona conservadora de Ricitos de Oro

Planetas potencialmente habitables
Este gráfico representa los límites de la zona habitable en torno a diferentes tipos de estrellas y algunos de los exoplanetas que se han descubierto.

Distancia a la estrella en medidas astronómicas (1 = la distancia entre la Tierra y el Sol)

0,01   0,1   1

¿Qué hace que un planeta sea habitable?

Al buscar planetas potencialmente habitables, los astrónomos buscan sobre todo planetas rocosos, como la Tierra. Una vez se identifica un exoplaneta posible, la investigación se centra en determinar otros factores que puedan convertirlo en un candidato ideal para albergar vida, como una temperatura de superficie moderada y agua líquida en la superficie. El Satélite de Sondeo de Exoplanetas en Tránsito (ESSS, por sus siglas en inglés), de la NASA, lanzado en 2018, rastrea el cielo en busca de planetas en zonas habitables.

Temperatura
Debe ser moderada para que el agua sea líquida y las reacciones químicas no sean demasiado lentas para la vida.

Agua en superficie
El agua líquida en la superficie hace que la vida sea posible, pero también el agua subterránea puede contener vida.

Sol estable
La estrella más cercana debe permanecer estable y dar luz de forma ininterrumpida.

Elementos
Los bloques básicos de la vida, como el carbono, el oxígeno y el nitrógeno, deben estar presentes.

Giro e inclinación
Un eje inclinado evita las temperaturas extremas. Los planetas que no giran pueden estar muy calientes en la cara que da a su estrella.

Atmósfera
Una atmósfera permite que el planeta atrape calor, protege la superficie de radiación dañina y no permite que escapen los gases.

Núcleo fundido
Un núcleo fundido puede crear un campo magnético que protege la vida de la radiación proveniente del espacio exterior.

Masa suficiente
Sin la suficiente masa, un planeta no tendría la gravedad suficiente para retener el agua o la atmósfera.

Las áreas rojas indican agua que se ha perdido por el efecto invernadero

La áreas verdes señalan la zona habitable

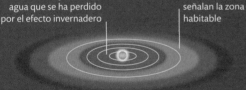

ESTRELLA MÁS CALIENTE

Zona habitable constante en una estrella estable

EL SISTEMA KEPLER-90 CONTIENE 8 EXOPLANETAS, TANTOS COMO LOS DE NUESTRO SISTEMA SOLAR

ESTRELLA PARECIDA AL SOL

En las áreas azules, el líquido de la superficie está congelado

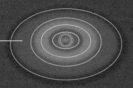

ESTRELLA MÁS FRÍA

Zonas cambiantes
La localización de la zona habitable de una estrella (en verde), comparada con áreas demasiado calientes (en rojo) y demasiado frías (en azul), depende de la luminosidad y el tamaño de una estrella. Los bordes de las zonas habitables cambian a medida que las estrellas envejecen.

EL PLANETA MÁS PARECIDO A LA TIERRA

El exoplaneta Kepler-1649c está a 300 años luz de la Tierra. La NASA lo ha descrito como el «más parecido a la Tierra en tamaño y en temperatura estimada» de entre los miles de exoplanetas descubiertos por el telescopio espacial Kepler. Se descubrió el 15 de abril de 2020.

La Tierra

Kepler-1649c

Los cuatro ingredientes
Se cree que hay cuatro ingredientes que hacen posible la vida: agua, energía, compuestos orgánicos y tiempo. Sin ellos, es difícil que la vida se mantenga.

AGUA

ENERGÍA

Reacciones químicas
Casi todos los procesos que componen la vida en la Tierra conllevan reacciones químicas, y la mayoría de ellas necesitan un líquido para descomponer sustancias y que estas puedan moverse e interactuar. El más abundante y mejor para este cometido es el agua.

CLORURO DE SODIO

Aporte de energía
Ninguna forma de vida puede sobrevivir sin energía. En la Tierra, la luz solar es el aporte de energía principal, pero en los primeros días de la Tierra, puede que los rayos provocados por erupciones volcánicas aportaran la chispa vital.

Moléculas complejas se condensan en un lado del matraz

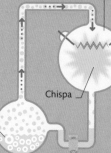

Chispa

1 **Sal disuelta**
Cuando el cloruro de sodio (sal) se disuelve, las moléculas de agua separan los iones de cloro y de sodio, rompiendo sus enlaces.

Estructura en forma de redes de la sal, que contiene iones de sodio, con carga positiva, y de cloro, con carga negativa

Agua, metano, amoniaco e hidrógeno en ebullición

Ion de cloro

Molécula de agua, hecha de dos átomos de hidrógeno unidos a uno de oxígeno

Ion de sodio

Moléculas recogidas

Experimento Miller-Urey
En 1952, un experimento simuló un relámpago para demostrar que pueden formarse moléculas orgánicas a partir de materiales inorgánicos.

2 **Se forma una solución**
Cuando los enlaces se han roto, los iones de cloro y de sodio quedan rodeados de moléculas de agua y forman una solución.

TIEMPO

Tiempo suficiente
El viaje desde los organismos unicelulares hasta la vida compleja requiere miles de millones de años.

Aminoácido glicina encontrado en un cometa por la sonda Rosetta en 2016 (ver pp. 194-95)

HIDRÓGENO

OXÍGENO

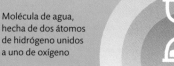

GLICINA

Compuestos del carbono
Los compuestos orgánicos son la base de la vida en la Tierra. Estas moléculas, como los aminoácidos, abundan en otras partes del universo y se han detectado en grandes cantidades en las nebulosas y en meteoritos que han impactado contra la Tierra.

NITRÓGENO

CARBONO

1 **Ingredientes inorgánicos**
Como en la Tierra, la mezcla de gases de la atmósfera dan los elementos principales para la vida: carbono, hidrógeno, oxígeno y nitrógeno.

2 **Moléculas orgánicas simples**
El carbono, el hidrógeno y otros elementos, con la suficiente carga energética, pueden combinarse para formar moléculas orgánicas (ciertos compuestos de carbono) necesarias para la vida, como los aminoácidos.

LA VIDA EN LA TIERRA PODRÍA HABER APARECIDO HACE 4300 MILLONES DE AÑOS

MOLÉCULAS ORGÁNICAS

¿Hay vida en el universo?

Puede que la vida en la Tierra sea algo único, pero la mayoría de los científicos piensa que es poco probable. El universo es tan grande que es posible que las condiciones que hicieron posible la vida en la Tierra existan en otros lugares.

Ingredientes de la vida

Los científicos que buscan vida en el espacio, los astrobiólogos, creen que hay cuatro ingredientes clave necesarios para que la vida comience: agua, moléculas orgánicas, energía y tiempo. El agua es esencial para la vida porque disuelve los nutrientes químicos, transporta las sustancias dentro de las células y permite que estas se deshagan de los residuos. También hacen falta los elementos químicos adecuados para que la vida sea posible. El carbono es el primero de ellos por su gran capacidad de establecer enlaces entre sí mismo y con otros elementos y formar las moléculas cruciales para la vida: las proteínas y los carbohidratos.

ENCÉLADO

Desde el descubrimiento de los extremófilos, los astrobiólogos han redoblado la búsqueda de signos de vida en lugares más extremos del sistema solar, como en Encélado, la luna de Saturno. En 2011 se encontraron fumarolas de vapor de agua que contenían sales, metano y moléculas orgánicas complejas surgiendo de su helada superficie desde los océanos de debajo.

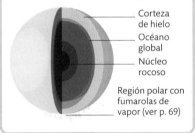

Corteza de hielo
Océano global
Núcleo rocoso
Región polar con fumarolas de vapor (ver p. 69)

Estado activo
En su estado activo, un tardígrado puede comer, crecer, moverse, luchar y reproducirse.

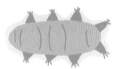

Anoxibiosis
Si el agua del entorno pierde el oxígeno, el tardígrado responde inflándose.

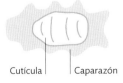

Cutícula | Caparazón
Enquistamiento
Para adaptarse a los entornos difíciles, se hace un caparazón y se retrae en una cutícula.

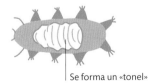

Se forma un «tonel»
Anhidrobiosis
En condiciones muy secas, se hace una bola seca («tonel») y sobrevive consumiendo proteínas especiales.

Extremófilos

En la Tierra se han descubierto microbios en lugares hostiles, como el agua hirviente de fuentes termales del fondo oceánico. Estos organismos extremófilos –formas de vida que viven en condiciones extremas– sugieren que la vida podría existir en una gran variedad de entornos. El tardígrado, un animal acuático microscópico, puede entrar en diferentes estados para adaptarse a su entorno. En uno de estos estados, la anhidrobiosis, el tardígrado para su metabolismo y se encoge. Puede incluso sobrevivir en las adversas condiciones del espacio exterior.

Las estrellas envejecen

La mayoría de las estrellas parecen invariables, pero a lo largo de miles de millones de años nacen, envejecen y mueren. En nuestra galaxia y en otras galaxias, veremos ejemplos de las distintas fases de su evolución.

La biografía de una estrella

Al entrar en la secuencia principal (ver pp. 88-89), una estrella empieza a transformar hidrógeno en helio en la fusión nuclear de su núcleo. Esto dura miles de millones de años, con la presión hacia fuera contrarrestando la presión de la gravedad. Cuando una estrella ha gastado todo su hidrógeno, entra en las fases finales de su vida. Lo que ocurre depende de su masa. Las estrellas de masa baja se encogen y se cree que se convierten en enanas negras; las de masa media se expanden hasta convertirse en gigantes rojas y después se colapsan en enanas blancas; las estrellas de masa alta se convierten en supergigantes y explotan como supernovas.

6 000 000 °C

ES LA **TEMPERATURA** APROXIMADA A LA QUE **COMIENZA** LA **FUSIÓN NUCLEAR** EN EL **NÚCLEO** DE UNA ESTRELLA

¿CUÁNTO TIEMPO PASA UNA ESTRELLA EN LA SECUENCIA PRINCIPAL?

Las estrellas pasan el 90 por ciento de su vida en la secuencia principal. Las etapas finales de su vida transcurren de forma relativamente rápida.

Estrella de la secuencia principal

Secuencia principal
Una estrella entra en la secuencia principal cuando comienza la fusión de hidrógeno que la hace brillar.

Las enanas rojas son estrellas de muy baja masa y las estrellas más pequeñas y frías de la secuencia principal

1 Estrella de masa baja
Cuanto menor es la masa de una estrella, más tiempo permanece en la secuencia principal antes de entrar en sus etapas finales.

Estrella de masa media que casi ha agotado el hidrógeno de su núcleo

1 Estrella de masa media
Las estrellas como el Sol arden despacio durante unos 10 000 millones de años hasta que gastan todo el hidrógeno de su núcleo.

1 Estrella de alta masa
Son muy brillantes y viven poco, algunas solo 20 millones de años.

¿MÁS ANTIGUA QUE EL UNIVERSO?

HD 140283, o la estrella Matusalén, es una de las estrellas conocidas más antiguas. En el año 2000 los científicos calcularon su edad en 16 000 millones de años, algo imposible, pues el universo solo tiene 13 800 millones de años. En 2019, su edad se calculó de nuevo en 14 500 millones de años, pero con un margen de error de 800 millones de años. Sea cual sea su edad, HD 140283 es muy antigua.

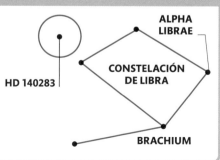

HD 140283

ALPHA LIBRAE

CONSTELACIÓN DE LIBRA

BRACHIUM

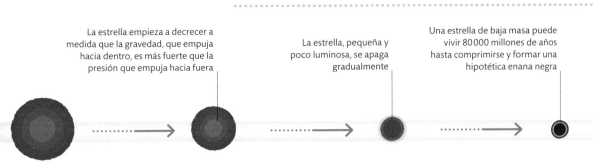

La estrella empieza a decrecer a medida que la gravedad, que empuja hacia dentro, es más fuerte que la presión que empuja hacia fuera

La estrella, pequeña y poco luminosa, se apaga gradualmente

Una estrella de baja masa puede vivir 80000 millones de años hasta comprimirse y formar una hipotética enana negra

2 La fusión cesa
Todo el hidrógeno del núcleo de la estrella se ha utilizado, por lo que el hidrógeno de su atmósfera se transforma en helio y empieza a contraerse.

3 Contracción
La estrella ya no puede generar suficiente calor en el núcleo para quemar helio, por lo que se enfría, empieza a apagarse y su masa continúa decreciendo.

4 Enana marrón
La gravedad sigue encogiendo la estrella, que se hace de un tamaño mucho menor. También da menos luz y brilla solo en frecuencias infrarrojas.

5 Enana negra
Este es el punto final hipotético de las estrellas de baja masa, pero ninguna estrella ha tenido tiempo de enfriarse y convertirse en una enana negra.

Comienza la fusión de hidrógeno en la capa exterior al núcleo

Helio inyectado en el núcleo, que se hincha

Las espectaculares nebulosas planetarias tienen una vida corta

Las enanas blancas pueden alcanzar temperaturas de más de 100000 K

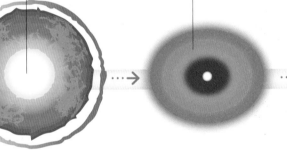

2 Fase subgigante
En esta fase, la estrella se hincha a medida que quema helio en su núcleo y la capa más exterior se vuelve lo bastante caliente como para fusionar hidrógeno.

3 Fase de gigante roja
La estrella se expande dramáticamente a medida que la fusión de hidrógeno en la capa exterior crea un extra de helio para alimentar el núcleo.

4 Nebulosa planetaria
Finalmente, la estrella se desprende de sus capas de gas y forma un envoltorio de nubes denominado nebulosa planetaria.

5 Enana blanca
Al disiparse las nubes de la nebulosa planetaria, el antiguo núcleo permanece y se convierte en una brillante enana blanca.

Hay supernovas por todo el universo

Si la masa de una estrella está entre las 1,4 y las 3 masas solares, los restos se colapsan en una estrella de neutrones

Si los restos de una estrella tienen una masa superior a 3 masas solares, se forma un agujero negro

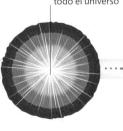

2 Etapa de supergigante
Las supergigantes e hipergigantes son las estrellas más grandes del universo.

3 Supernova
Al agotar su combustible, una supergigante se comprime y explota como supernova.

4 Estrella comprimida
Según su masa, los restos se comprimen en una estrella de neutrones o un agujero negro.

Gigantes rojas

Cuando las estrellas de masa baja y media gastan todo el hidrógeno de su núcleo, llegan al final de su larga vida en la secuencia principal. Se hinchan y se convierten en gigantes rojas, volviéndose en las últimas fases de sus vidas mucho más grandes y brillantes, pero con un brillo frío y rojo.

El ciclo vital de una gigante roja

Las estrellas de masa baja y media como el Sol pasan el 90 por ciento de su vida en la secuencia principal del diagrama H-R (ver pp. 88-89). Pero finalmente gastan todo el hidrógeno de su núcleo, que se contrae y se hace más caliente hasta que la capa exterior de hidrógeno se calienta tanto que comienza a entrar en fusión. Esto hace que la estrella se hinche enormemente y se convierta en una gigante roja con un diámetro de entre 100 millones y 1000 millones de kilómetros, es decir entre 100 y 1000 veces el tamaño actual del Sol.

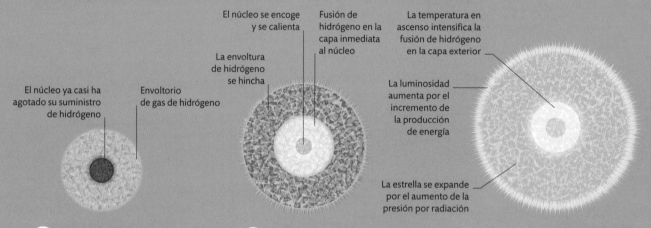

El núcleo ya casi ha agotado su suministro de hidrógeno

Envoltorio de gas de hidrógeno

El núcleo se encoge y se calienta

La envoltura de hidrógeno se hincha

Fusión de hidrógeno en la capa inmediata al núcleo

La temperatura en ascenso intensifica la fusión de hidrógeno en la capa exterior

La luminosidad aumenta por el incremento de la producción de energía

La estrella se expande por el aumento de la presión por radiación

1 **Núcleo agotado**
El núcleo de la estrella ya ha agotado el hidrógeno del núcleo. Hay más hidrógeno en las capas externas, pero no basta para provocar una fusión. El núcleo empieza a contraerse y se hace más caliente y denso.

2 **Combustión de la capa externa**
El hidrógeno en la capa inmediata al núcleo en contracción se hunde y se calienta. Comienza a fusionarse en helio en una capa que rodea el antiguo núcleo. La estrella se hincha entonces rápidamente.

3 **Más grande y más brillante**
Las estrellas de masa media crecen rápidamente y se convierten en gigantes rojas. La fusión de hidrógeno en la capa externa al núcleo deja helio en el núcleo, que también se hincha. La estrella brilla.

EL SOL COMO GIGANTE ROJA

Dentro de 5000 millones de años, el Sol habrá consumido todo su hidrógeno, comenzará la fusión de helio y se convertirá en una gigante roja. A medida que se hinche, sus capas exteriores engullirán Mercurio, probablemente Venus y quizá también la Tierra.

Tamaño del Sol como gigante roja

Es posible que Venus sea engullido

EL SOL

Tamaño actual del Sol

Mercurio quedará completamente consumido

¿QUÉ HACE QUE UNA GIGANTE ROJA SEA ROJA?

El color depende de la temperatura de la superficie, que en una gigante roja es de unos 5000 °C. Esto hace que la luz más brillante que emite se encuentre en la parte naranja-roja del espectro.

Núcleo de helio-4
(partícula alfa)

Se crea núcleo
de berilio-8

Se liberan rayos
gamma

Se producen rayos
gamma

Se forma
núcleo de
oxígeno-16

Reacción reversible
cuando el berilio-8
se descompone de
nuevo en núcleos
de helio-4

REACCIÓN

Se une el tercer
núcleo de helio-4

REACCIÓN

Se forma un
núcleo de
carbono-12

REACCIÓN

Núcleo de
helio-4

Núcleo de helio-4

1 Primera fusión
Dos núcleos de helio-4 se fusionan, formando un núcleo de berilio-8. El berilio-8 es inestable y normalmente se descompone en una fracción de segundo para convertirse de nuevo en núcleos de helio-4.

2 Se produce carbono
En la fracción de segundo antes de que se descomponga, un núcleo de berilio-8 colisiona con un núcleo de helio-4. Esta reacción produce un núcleo de carbono-12 y energía en forma de rayos gamma.

3 Se produce oxígeno
El núcleo de carbono-12 puede fusionarse con otro núcleo de helio-4 para producir un núcleo de oxígeno-16. Esta reacción libera también rayos gamma.

FUSIÓN DE HELIO O PROCESO TRIPLE ALFA

El núcleo se hace más denso y caliente y comienza la fusión de helio

La fusión de hidrógeno se detiene en la capa exterior, la estrella se encoge y la luminosidad se reduce; la presión de la radiación del núcleo hace que la capa externa se hinche

La capa exterior se calienta de nuevo a medida que la estrella se encoge

La fusión de hidrógeno en la capa exterior se refuerza

Comienza la fusión de helio en la capa exterior

Núcleo de carbono

La luminosidad de la estrella aumenta al hincharse

4 Flash de helio
La fusión de helio (ver arriba) comienza súbitamente con el «flash de helio», en el que la producción de energía se multiplica por 100000 millones. La presión proveniente del núcleo hace que la capa de hidrógeno se expanda, reduciendo su producción de energía. Esto hace que la estrella se encoja y brille menos.

5 Combustión final
Una vez se ha agotado todo el helio del núcleo, la fusión de hidrógeno y helio continúa en las dos capas inmediatas al núcleo. El helio producido en la capa de hidrógeno alimenta la capa de helio. Ambas capas se calientan y la estrella aumenta en luminosidad y se expande.

Temperaturas cambiantes y luminosidad

Una vez salen de la secuencia principal, las estrellas de masa media y baja trazan una trayectoria en zigzag a través del diagrama H-R. Cada cambio de dirección en el gráfico refleja un cambio en temperatura y luminosidad en las etapas de la vida de la estrella. Las principales son: la rama de gigante roja (RGB, por sus siglas en inglés); la rama horizontal (HB), que comienza con el «flash de helio» (HF), y la rama «asintótica gigante» (AGB), cuando la estrella ha desarrollado un núcleo de carbono y oxígeno.

Recorrido en zigzag a través del diagrama H-R
El recorrido en zigzag de una estrella de la masa del Sol muestra que al principio se enfría –a pesar de que se hace cada vez más brillante y más grande–, después se calienta y, por último, se enfría de nuevo.

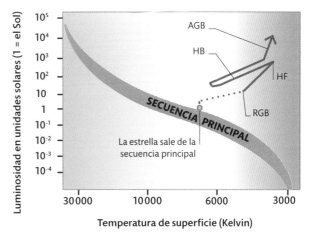

Nebulosas planetarias

Las estrellas de gran masa explotan y las de masa baja se apagan. Las de masa media se convierten en nebulosas planetarias, que se desvanecen gradualmente y acaban como enanas blancas. Están entre los objetos más coloridos del universo.

Se forman nudos en áreas más resistentes a la onda de choque

La radiación ultravioleta ioniza la capa de gas, que comienza a brillar

Estrella moribunda
En las últimas etapas de su vida, una gigante roja (ver pp. 110-11) se expande a tal velocidad que el gas de sus capas externas escapa a la gravedad de la estrella.

Radiación ultravioleta del núcleo

Se forman tentáculos gaseosos en la envoltura

3 **Se forma una capa exterior**
La onda de choque interactúa con el hidrógeno y se aglutina en una capa externa. Se forman tentáculos gaseosos en la envoltura cuando el gas caliente en expansión penetra en el gas más frío. La luz ultravioleta de la brillante estrella central ioniza la capa exterior y la hace brillar.

Capa exterior de helio

Capa exterior de hidrógeno

La envoltura de hidrógeno se aleja de la gigante roja

El rápido viento alcanza la envoltura, más lenta

Enana blanca con núcleo expuesto a unos 100 000 °C

2 **Radiación emitida**
El núcleo de la estrella se contrae aún más y se convierte en una enana blanca. La intensa radiación ultravioleta emitida por el núcleo comienza a desplazarse hacia fuera, calentando el hidrógeno previamente expulsado. El rápido viento estelar alcanza la envoltura, creando una onda de choque.

El núcleo de carbono se colapsa hacia dentro

Cómo se forma una nebulosa planetaria

Una nebulosa planetaria se forma gradualmente y no deja de evolucionar. Primero, las capas que rodean el núcleo agotado de la gigante roja se alejan como un rápido viento. Después, el núcleo expuesto de la estrella produce un fuerte fulgor de radiación ultravioleta, invisible a simple vista; por eso las nebulosas planetarias no parecen tan brillantes como lo son en realidad a no ser que se use imagen en falso color (ver pp. 94-95). Pese al nombre, no tienen nada que ver con los planetas. Se llaman así porque en el siglo XVIII se pensó que algunas de las primeras descubiertas se parecían a la forma de disco de un planeta.

La capa exterior de helio se aleja como un rápido viento

1 **Capa volatilizada**
El viejo núcleo de la gigante roja se colapsa y expulsa su agotada capa de hidrógeno. El resultante viento estelar esparce la capa en todas direcciones a una velocidad de unos 70 000 km/h.

Formas de nebulosas planetarias

Hay una gran variedad de formas de nebulosas planetarias, pero la mayoría pueden agruparse en tres tipos: esféricas, elípticas y bipolares. La variedad surge en parte porque su apariencia parece variar según se ven desde distintos ángulos, un fenómeno llamado ángulo de proyección. Pero la forma puede también quedar afectada si la estrella central tiene una compañera, planetas o un campo magnético.

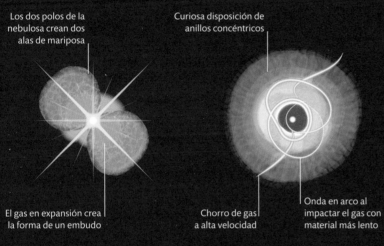

Los dos polos de la nebulosa crean dos alas de mariposa

Curiosa disposición de anillos concéntricos

El gas en expansión crea la forma de un embudo

Chorro de gas a alta velocidad

Onda en arco al impactar el gas con material más lento

Nebulosa de la Mariposa (bipolar)
Esta nebulosa planetaria bipolar tiene dos lóbulos en forma de alas de mariposa. Se cree que las nebulosas bipolares se forman cuando el objeto central es un sistema binario en el que solo sobrevive una estrella.

Nebulosa Ojo de Gato (elíptica)
La parte brillante central de esta bella nebulosa es increíblemente compleja. Está rodeada por un halo de anillos, hinchados como burbujas a intervalos de 1500 años.

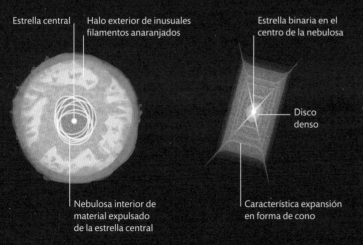

Estrella central

Halo exterior de inusuales filamentos anaranjados

Estrella binaria en el centro de la nebulosa

Disco denso

Nebulosa interior de material expulsado de la estrella central

Característica expansión en forma de cono

NGC 2392 (esférica)
Esta nebulosa puede recordar una cabeza rodeada por una capucha peluda. La estructura central es debida a burbujas superpuestas de material expulsado.

Nebulosa del Rectángulo Rojo (bipolar)
No se sabe cómo se formó esta curiosa forma. Puede que el gas de su sistema estelar binario enviara ondas de choque tras topar con un denso anillo de polvo.

¿CUÁNTO DURAN LAS NEBULOSAS PLANETARIAS?
Existen durante solo decenas de miles de años, muy poco si lo comparamos con las vidas de miles de millones de años de las estrellas.

COMPOSICIÓN QUÍMICA

La naturaleza química de las nebulosas planetarias es revelada por el espectro de la luz que emiten (ver pp. 26-27). Una fuerte línea de emisión roja, llamada línea alfa de hidrógeno, es causada por un electrón de hidrógeno que desciende de su tercer nivel más bajo de energía al segundo. Esto es lo que dota a las nebulosas planetarias de su color rojizo. Una fuerte línea verde revela un tipo de oxígeno ionizado que se forma solo en el entorno de baja densidad de una nebulosa planetaria.

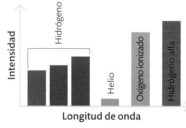

Intensidad

Hidrógeno

Helio

Oxígeno ionizado

Hidrógeno alfa

Longitud de onda

ESPECTRO DE EMISIÓN TÍPICO DE UNA NEBULOSA PLANETARIA

DENTRO DE **5000 MILLONES DE AÑOS,** EL **SOL** SERÁ UNA **NEBULOSA PLANETARIA**

La textura de la superficie consiste en regiones calientes (brillantes) y más frías (oscuras)

Presión ejercida por electrones muy apretados

La temperatura cae rápidamente en esta zona cuando el calor se irradia a la atmósfera

INTERIOR DE CARBONO DEGENERADO Y OXÍGENO

Presión gravitacional

CAPA DE MATERIAL NO DEGENERADO

Fuerzas en equilibrio
La presión de los electrones degenerados (ver abajo) contrarresta la fuerza de la gravedad y evita que la estrella se colapse más aún. Sin embargo, esta presión no es suficiente para mantener una enana blanca estable, salvo si su masa es menos de 1,4 veces la del Sol.

CORTEZA

MATERIA DEGENERADA

Dentro de una enana blanca
Cuando las gigantes rojas (ver pp. 100-11) gastan todo su combustible, expulsan sus capas exteriores, que forman nebulosas planetarias (ver pp. 112-13), dejando solo un núcleo pequeño y caliente (enana blanca). Este resto se va enfriando y se apaga. La atmósfera de una enana blanca se compone de hidrógeno o helio. Se cree que el interior, de carbono con algo de oxígeno, se cristaliza a medida que la enana blanca se enfría. Un diamante es carbono cristalizado, por lo que se podría comparar una enana blanca con un diamante del tamaño de la Tierra.

Los núcleos se aprietan entre sí

PRESIÓN EN AUMENTO

No hay más espacio para que la estrella se comprima

Cada electrón debe tener una energía diferente si todos se comprimen juntos; esto fuerza a estados de alta energía

Enanas blancas

Las estrellas del tamaño del Sol formadas poco después del nacimiento del universo terminan su vida como enanas blancas. Algo más grandes que el Sol, contienen una cantidad parecida de materia

Cómo se forma la materia degenerada
Sin fusión, no hay fuente de energía que contrarreste la gravedad, que comprime los electrones y sus núcleos, y los acerca unos a otros mucho más de lo habitual. Esto se conoce como estado degenerado. La presión que ejerce la materia degenerada evita que la estrella se colapse

Se cree que la corteza tiene solo 50 km de grosor

Atmósfera de hidrógeno o helio casi puros

Enanas blanca y destrucción planetaria

En 2014, científicos de la misión K2, relacionada con el telescopio espacial Kepler (ver p. 187), creyeron observar una enana blanca en el acto de destruir su propio sistema planetario. La intensa atracción gravitatoria de la enana blanca pareció arrancar fragmentos de su planeta, creando un disco de restos. En la imagen se muestra una simulación, a lo largo de 120 días, después de que el planeta comenzara a sentir los significativos efectos de la intensa fuerza gravitacional de la estrella.

Planeta acompañante

Estrella enana blanca

¿QUIÉN DESCUBRIÓ LA PRIMERA ENANA BLANCA?

El fabricante de telescopios Alvan Clak descubrió una en 1862. Se dio cuenta de que el leve «temblor» en la órbita de Sirio era causado por una enana blanca.

1 Después de 1 día
La fuerza gravitacional de una enana blanca del tamaño de la Tierra atrae masa de un planeta en órbita. La línea azul muestra una corriente de fragmentos rocosos extraídos del planeta.

Empieza a formarse un disco de restos en forma de espiral

Fragmentos rocosos extraídos del planeta

2 Después de 16 días
Más fragmentos rocosos son extraídos del exterior del planeta, que ahora rota cada vez más deprisa. Un disco de restos puede verse formándose en torno a la estrella.

En gris, los fragmentos de hierro del núcleo

La estrella ha atraído fragmentos y ganado masa

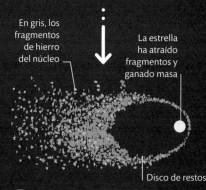

Disco de restos

3 Después de 120 días
El planeta quedó destruido. La parte interior del disco de restos es casi del todo rocoso, con hierro del núcleo del planeta esparcido en un área muy amplia. La estrella ha ac… ulado masa del pl… a destruido.

EL LÍMITE DE CHANDRASEKHAR

El astrofísico indio-estadounidense Subrahmanyan Chandrasekhar descubrió que hay un límite de la masa que puede tener una enana blanca sin dejar de ser estable, basándose en su materia degenerada. Más allá de ese límite, unas 1,4 veces la masa del Sol, una enana blanca se colapsa y explota en forma de supernova (ver pp. 118-19), dejando una estrella de neutrones o un agujero negro.

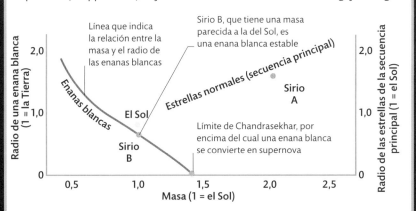

Línea que indica la relación entre la masa y el radio de las enanas blancas

Sirio B, que tiene una masa parecida a la del Sol, es una enana blanca estable

Enanas blancas

El Sol

Estrellas normales (secuencia principal)

Sirio A

Límite de Chandrasekhar, por encima del cual una enana blanca se convierte en supernova

Sirio B

Radio de una enana blanca (1 = la Tierra)

Radio de las estrellas de la secuencia principal (1 = el Sol)

2,0

1,0

0

2,0

1,0

0

0,5   1,0   1,5   2,0   2,5

Masa (1 = el Sol)

Supergigante azul
Las supergigantes azules, como Rigel A, son mucho más grandes que el Sol, pero más pequeñas que las supergigantes. Estas estrellas están justo fuera de la secuencia principal (ver pp. 88-89) y son muy luminosas.

Gigante roja
La estrella más brillante de la constelación de Tauro, Aldebarán, tiene un radio 44 veces más grande que el del Sol, por lo que aparece como la decimocuarta estrella más brillante del cielo nocturno.

Hipergigante azul
La estrella Pistola es una de las más brillantes de la Vía Láctea, con una luminosidad aproximadamente 1,6 millones de veces mayor que la del Sol (ver p. 89). Está clasificada como supergigante azul y también se cree que es una luminosa estrella azul variable, una fase del ciclo vital de las estrellas masivas que aún no se comprende del todo.

Muchas supergigantes comienzan siendo azules, pero se expanden, primero al amarillo y luego al rojo, enfriándose cada vez más

ALDEBARÁN

RIGEL A

ESTRELLA PISTOLA

Atmósfera de Antares
Antares es unas 700 veces más grande que el Sol, pero un proyecto internacional finalizado en 2020 determinó que su atmósfera, incluidas la cromosfera inferior y superior y las zonas de aceleración de los vientos, la hace hasta 2,5 veces más grande.

Fotosfera · Cromosfera inferior · Cromosfera superior · Zona de aceleración del viento

CAPAS ATMOSFÉRICAS

ANTARES

Supergigantes

Las supergigantes son estrellas de muy alta masa que han gastado todo su hidrógeno y han entrado en su fase final. En ese momento de su evolución, se hinchan hasta alcanzar un tamaño enorme.

El ciclo vital de una supergigante

Al igual que las gigantes rojas, las supergigantes fusionan helio cuando han agotado su hidrógeno, antes de comenzar a fusionar elementos más pesados. Sin embargo, las supergigantes no viven mucho como gigantes rojas, y las estrellas más grandes tienen la vida más corta. Las supergigantes terminan su vida de forma espectacular, explotando como supernovas (ver pp. 118-19).

Comparando tamaños
En la imagen, se comparan diferentes tamaños de estrellas con el radio del Sol. Las estrellas azules tienden a ser más pequeñas que sus equivalentes rojas, pero son igual de brillantes debido a sus altas temperaturas de superficie.

LA **ESTRELLA PISTOLA** LIBERA TANTA **ENERGÍA** EN **20 SEGUNDOS** COMO EL **SOL** EN **1 AÑO**

Las estrellas como la estrella Pistola son raras y muestran dramáticas variaciones de luminosidad

Supergigante roja
Antes se creía que Antares tenía un radio 680 veces mayor que el del Sol, pero mediciones recientes sugieren que podría ser aún más grande.

Pollux tiene un radio 9 veces más grande que el Sol

Bellatrix tiene una luminosidad 9211 veces mayor que la del Sol

El Sol es una estrella de secuencia principal clasificada dentro de la clase espectral G (ver pp. 88-89)

Gigante naranja
Pollux es una estrella gigante naranja de la constelación de Géminis. Es unas 30 veces más brillante que el Sol y es la estrella gigante más cercana.

Gigante azul
Bellatrix, situada en la constelación de Orión, tiene un radio que es 5,75 veces el del Sol. Con el tiempo, se convertirá en una gigante naranja.

Enana amarilla
Parece diminuto junto a las gigantes y las supergigantes, pero nuestro Sol es en realidad un poco más grande que la media de las estrellas.

¿QUÉ TAMAÑO PUEDE TENER UNA ESTRELLA?

Parece que hay un límite en la masa que puede tener una estrella. Las protoestrellas con más de 150 veces la masa del Sol generan tanta energía que se destruyen a sí mismas.

Estrellas Wolf-Rayet

Las estrellas Wolf-Rayet son extremadamente calientes y están en una etapa avanzada de evolución. Con una masa 10 veces la del Sol, fusionan elementos pesados en su núcleo, lo que impide que se colapsen bajo su inmensa masa. Esto genera calor y radiación muy intensos que impulsan vientos estelares de hasta 9 millones de kilómetros por hora. Estos vientos hacen que las estrellas Wolf-Rayet pierdan masa a gran velocidad. Muchas tienen estrellas acompañantes y los vientos estelares combinados de ambas crean una característica espiral de polvo.

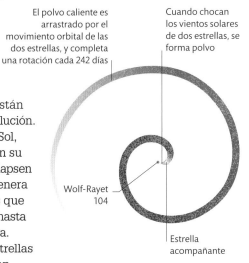

El polvo caliente es arrastrado por el movimiento orbital de las dos estrellas, y completa una rotación cada 242 días

Cuando chocan los vientos solares de dos estrellas, se forma polvo

Wolf-Rayet 104

Estrella acompañante

Fuga en espiral
El polvo que se forma cuando los intensos vientos estelares de Wolf-Rayet 104 y de su estrella compañera colisionan escapa hacia fuera y las dos estrellas, que orbitan una en torno a la otra, lo convierten en una espiral.

HIPERGIGANTES

Las hipergigantes son las estrellas más grandes del universo. Es difícil determinar cuál es la más grande, porque sus bordes son muy difusos y continuamente pierden masa, pues poderosos vientos estelares barren su superficie. Entre las más grandes están VY Canis Majoris y UY Scuti, ambas unas 1400 veces más grandes que el Sol.

El Sol

Órbita de la Tierra

Órbita de Júpiter
VY CANIS MAJORIS

Explosiones

Las estrellas pueden explotar en forma de supernovas. Son las mayores explosiones nunca vistas y pueden brillar más que galaxias enteras durante días e incluso verse desde el otro extremo del universo.

Cómo explotan las estrellas

Hay dos categorías de supernovas. Una supernova de tipo II es el fin natural de todas las estrellas de gran masa que se han quedado sin combustible. El núcleo de la estrella se colapsa en un cuarto de segundo, lo que provoca una colosal explosión. Las supernovas de tipo Ia ocurren en sistemas estelares binarios cuando una enana blanca choca con su vecina o extrae demasiada materia de esta.

LA SUPERNOVA MÁS BRILLANTE

SN2016aps, registrada en 2016, pudo haber sido la supernova más potente de todos los tiempos. Fue una supernova de tipo II provocada por el colapso de una estrella gigante 40 veces más grande que el Sol.

SUPERNOVA DE TIPO II

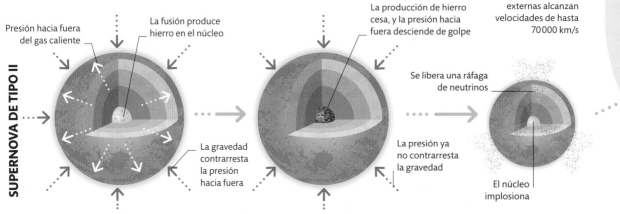

Presión hacia fuera del gas caliente

La fusión produce hierro en el núcleo

La gravedad contrarresta la presión hacia fuera

La producción de hierro cesa, y la presión hacia fuera desciende de golpe

La presión ya no contrarresta la gravedad

Las capas más externas alcanzan velocidades de hasta 70 000 km/s

Se libera una ráfaga de neutrinos

El núcleo implosiona

1 Supergigante roja al límite
La estrella está alimentada por la fusión nuclear de su núcleo. El núcleo empieza a producir hierro, pero pronto se agota el suministro de combustible.

2 A punto del colapso
Al detenerse la fusión en hierro, el núcleo se colapsa: ya no hay suficiente presión hacia fuera del gas caliente para contrarrestar la fuerza de la gravedad.

3 El núcleo se colapsa
El colapso del núcleo ocurre en cuestión de segundos. Esto provoca una colosal onda expansiva que hace que la parte exterior de la estrella explote.

SUPERNOVA DE TIPO IA

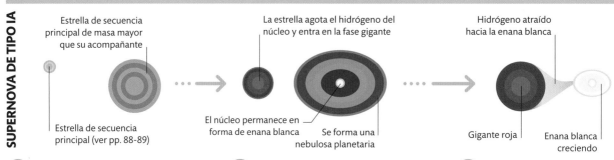

Estrella de secuencia principal de masa mayor que su acompañante

Estrella de secuencia principal (ver pp. 88-89)

La estrella agota el hidrógeno del núcleo y entra en la fase gigante

El núcleo permanece en forma de enana blanca

Se forma una nebulosa planetaria

Hidrógeno atraído hacia la enana blanca

Gigante roja

Enana blanca creciendo

1 Sistema estelar binario
Dos estrellas orbitan una en torno a la otra. Una de ellas, con mayor masa, se acerca al final de su vida más rápidamente que su compañera.

2 Se forma una enana blanca
La estrella de mayor masa se libra de sus capas exteriores y queda al descubierto una enana blanca. La otra estrella entra en la fase gigante de su vida.

3 Ganar masa
Ambas estrellas se mueven en una espiral cada vez más cercana y fluye materia de la gigante roja a la enana blanca, que aumenta su masa al máximo que soporta.

LA **ÚLTIMA SUPERNOVA** SE VIO EN LA **VÍA LÁCTEA** EN **1604**

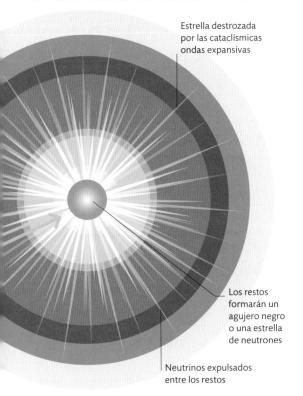

Estrella destrozada por las cataclísmicas ondas expansivas

Los restos formarán un agujero negro o una estrella de neutrones

Neutrinos expulsados entre los restos

4 **La estrella explota**
La explosión crea una nube de gas caliente muy brillante, y queda como residuo un núcleo superdenso, que se convertirá en un agujero negro o en una estrella de neutrones, dependiendo de la masa de la estrella.

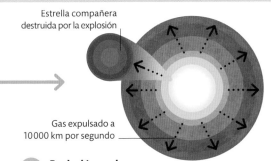

Estrella compañera destruida por la explosión

Gas expulsado a 10000 km por segundo

4 **Explosión nuclear**
Se acumula hidrógeno en la enana blanca, que se calienta lo bastante para que la fusión comience de forma súbita y explosiva. La enana blanca se hace pedazos y la acompañante es arrojada en dirección contraria.

Supernovas y elementos pesados

Las estrellas son las factorías del universo, pues en ellas se crean todos los elementos. En sus núcleos, convierten elementos simples como el hidrógeno en elementos más pesados (ver p. 91). Entre estos están el carbono y el nitrógeno, necesarios para la vida, y hierro, que forma los núcleos planetarios. Algunos de los elementos más pesados, como el cobre y el zinc, se formaron por la fuerza de una supernova, que además los esparció por el universo.

1 H HIDRÓGENO	2 He HELIO	3 Li LITIO	4 Be BERILIO	5 B BORO	6 C CARBONO
7 N NITRÓGENO	8 O OXÍGENO	9 F FLÚOR	10 Ne NEÓN	11 Na SODIO	12 Mg MAGNESIO
13 Al ALUMINIO	14 Si SILICIO	15 P FÓSFORO	16 S AZUFRE	17 Cl CLORO	18 Ar ARGÓN
19 K POTASIO	20 Ca CALCIO	21 Sc ESCANDIO	22 Ti TITANIO	23 V VANADIO	24 Cr CROMO
25 Mn MANGANESO	26 Fe HIERRO	27 Co COBALTO	28 Ni NÍQUEL	29 Cu COBRE	30 Zn ZINC

Creados por las estrellas
Este diagrama muestra los varios orígenes de los 40 elementos más ligeros. El hidrógeno y el helio se formaron poco después del Big Bang, pero muchos de los elementos fueron creados por la explosión de estrellas masivas o de enanas blancas.

CLAVE
- Big Bang
- Estrellas moribundas de baja masa
- Fisión por rayos cósmicos
- Explosión de estrellas masivas
- Explosión de enanas blancas

DESCUBRIMIENTO DE SUPERNOVAS

Los astrónomos aficionados participan en el descubrimiento de supernovas con sus propias observaciones de galaxias y usando sus ordenadores para examinar imágenes. Las supernovas reciben el nombre del año de su descubrimiento precedido de SN y seguido por un código alfabético.

Púlsares

A finales de los años sesenta, se detectaron señales de radio intensas y regulares del espacio exterior. Venían de estrellas de neutrones que emiten poderosas pulsaciones al rotar sobre sí mismas. Estas estrellas recibieron el nombre de púlsares, abreviatura de «estrella pulsante de radio».

Estrellas de neutrones

Una estrella de neutrones es lo que queda de una supergigante de unas 10 veces la masa del Sol después de convertirse en supernova y explotar (ver pp. 118-19). La estrella se colapsa por su propia gravedad con tanta fuerza que toda su masa se concentra en una bola de apenas 20 km de diámetro. En las estrellas de neutrones, los protones y los electrones se aprietan para formar un mar de neutrones comprimidos. Son los objetos más densos del universo que pueden observarse directamente.

(ver pp. 118-19)

¿CÓMO ROTAN TAN RÁPIDAMENTE?

Los púlsares más rápidos emiten cientos de pulsaciones por segundo. La velocidad de estos púlsares de «milisegundos» resulta de los gases de una estrella acompañante que actúa como un chorro de agua que impulsa una rueda.

En el interior
Aunque se conocen las características externas de las estrellas de neutrones, el núcleo es tan denso que los científicos no saben qué contiene. Hay varias teorías, como la tradicional del núcleo de hiperones.

Tenue atmósfera de plasma de carbono

Corteza exterior del núcleo de hierro

Corteza interna sólida y densa que contiene núcleos atómicos ricos en neutrones

Núcleo de partículas elementales desconocidas

Núcleo externo de neutrones fluidos

Las estrellas de neutrones tienen campos magnéticos de inmensa fuerza que rotan a la misma velocidad que la estrella

El poderoso campo magnético de la estrella acelera las partículas en un embudo a lo largo de los polos magnéticos

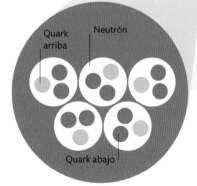

Teoría tradicional
Según esta teoría, el núcleo consta de apretados neutrones que a su vez contienen tres quarks: dos quarks abajo y un quark arriba.

Quark arriba

Neutrón

Quark abajo

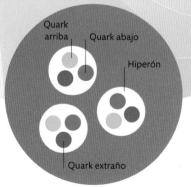

Quark arriba

Quark abajo

Hiperón

Quark extraño

Teoría del núcleo de hiperones
Según esta teoría, un quark abajo, bajo extrema presión, se convierte en un quark «extraño», y crea una partícula subatómica llamada hiperón.

Faro cósmico
Las estrellas de neutrones que emiten haces dirigidos de radiación reciben el nombre de púlsares. Se caracterizan por su fuerte campo gravitatorio y su veloz rotación. Con el tiempo, su rotación se ralentiza al perder energía.

6000 MILLONES DE TONELADAS
MASA DE UNA **CUCHARADA** DE UNA **ESTRELLA DE NEUTRONES**

La velocidad de rotación proviene del rápido colapso de la estrella

ESTRELLA DE NEUTRONES

La gravedad de una estrella de neutrones es tan fuerte que su superficie sólida, que es en torno a 1 millón de veces más fuerte que el acero, se transforma en una esfera lisa

COLISIÓN CÓSMICA

Dos estrellas de neutrones pueden orbitar una en torno a la otra, como estrellas binarias. Si se acercan mucho, pueden entrar en una espiral de destrucción. Estas colisiones, llamadas kilonovas, que emiten ráfagas de rayos gamma, podrían ser la fuente de la mayoría del oro, el platino y otros elementos pesados. En 2017 llegaron a la Tierra ondas gravitacionales de una kilonova que tuvo lugar hace unos 130 millones de años.

Ondas gravitacionales

Las estrellas orbitan una en torno a la otra cientos de veces por segundo

Cómo funciona un púlsar

La mayoría de las aproximadamente 3000 estrellas de neutrones descubiertas son púlsares. Sin el potente haz de ondas de radio que emiten los púlsares, las estrellas de neutrones son tan pequeñas que serían muy difíciles de ver. Los púlsares son como faros cósmicos, pues envían un par de haces de radio que barren el universo al rotar el púlsar, típicamente una vez cada 0,25-2 segundos. Los radiotelescopios de la Tierra solo pueden detectar un púlsar en el momento en que estos haces alcanzan la Tierra.

PÚLSAR «ENCENDIDO»

Cuando un púlsar rota, sus dos haces de radiación barren continuamente el espacio. En el instante que se muestra en la imagen, uno de los haces de radiación apunta hacia la Tierra. Esto puede detectarse en ella en forma de una breve señal de radio.

La Tierra

Sentido de la rotación del púlsar

Haz de radiación del púlsar alineado con la Tierra

Estrella de neutrones

PÚLSAR «APAGADO»

En el momento que se muestra en la imagen, ninguno de los dos haces de radiación del púlsar apunta hacia la Tierra, por lo que, desde la perspectiva de un observador terrestre, el púlsar está «apagado».

Haz de radiación no alineado con la Tierra

La Tierra

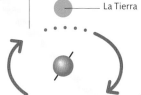

SE CREE QUE HAY **AGUJEROS NEGROS SUPERMASIVOS** EN EL **CENTRO** DE LA MAYORÍA DE LAS **GALAXIAS GRANDES**

Cómo se forma un agujero negro

Una vez una estrella masiva ha explotado en forma de supernova y su núcleo se ha colapsado más allá de cierto punto, se convierte en un agujero negro estelar. La materia atraída por la gravedad hacia el agujero negro forma un disco giratorio, liberando radiación que puede ser detectada por los astrónomos. Se cree que los agujeros negros supermasivos se forman cuando dos estrellas colisionan o cuando varios agujeros negros más pequeños se unen.

Fuerza gravitacional hacia dentro

Presión hacia fuera por la fusión atómica en el núcleo

1 **Una estrella estable**
Las reacciones atómicas en el núcleo de la estrella crean energía y presión hacia fuera. Cuando estas se encuentran en equilibrio con la fuerza de la gravedad que atrae hacia dentro, la estrella se encuentra estable. Pero cuando el combustible se agota, gana la gravedad.

Núcleo de estrella

ESTRELLA

2 **Final espectacular**
Cuando una estrella masiva agota su combustible, las reacciones nucleares cesan y la estrella muere. Incapaz de resistir la terrible fuerza de su propia gravedad, la estrella se colapsa. Entonces se convierte en supernova y explota, lanzando sus capas exteriores al espacio.

Núcleo de estrella

SUPERNOVA

3 **Colapso**
Si el núcleo que queda tras la supernova es más de tres veces la masa del Sol, nada puede evitar que se colapse. Seguirá comprimiéndose hasta llegar a un punto de infinita densidad llamado singularidad.

Fuerza gravitacional

Singularidad

NÚCLEO DE ESTRELLA MORIBUNDA

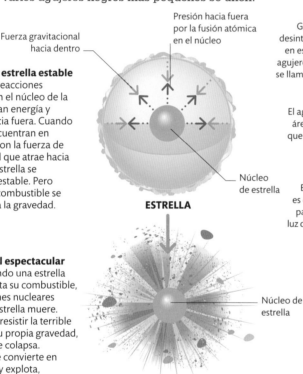

MATERIA UNIÉNDOSE AL DISCO DE ACRECIÓN

DISCO DE ACRECIÓN

Gas, polvo y estrellas desintegradas se mueven en espiral en torno a los agujeros negros en lo que se llama disco de acreción

El agujero negro forma un área de intensa gravedad que atrae la materia como un remolino

El horizonte de eventos es el punto de no retorno para cualquier materia o luz que lo cruza desde fuera

HORIZONTE DE EVENTOS

POZO DE GRAVEDAD

INCREMENTO DE LA INTENSIDAD DE LA GRAVEDAD

Oculta en el centro del agujero negro hay una singularidad infinitamente pequeña y densa, donde la masa ha sido comprimida

Los agujeros negros pueden eyectar gigantescos chorros de partículas con carga eléctrica formados a partir de los restos de la materia que absorben

MATERIA EN UNA ESPIRAL HACIA EL INTERIOR

Agujeros negros

Los agujeros negros son regiones en las que la gravedad es tan fuerte que lo absorbe todo, incluso la luz. Pueden formarse si el núcleo de una estrella muy masiva se convierte en hierro e implosiona bajo su propia gravedad.

Tipos de agujeros negros

Hay dos tipos de agujeros negros: estelares y supermasivos. Los estelares se crean al colapsarse una vieja estrella supergigante en forma de supernova. A partir del número de estrellas gigantes en la Vía Láctea, se estima que debe de haber unos 1000 millones de agujeros negros estelares solo en nuestra galaxia. Los agujeros negros supermasivos son mucho más grandes y se cree que tienen masas de hasta miles de millones de veces la masa del Sol.

Tamaño aproximado de nuestro sistema solar

Diámetro del horizonte de eventos

Diámetro del horizonte de eventos de Holm 15a, el agujero negro más masivo conocido

Tamaños

Mientras los agujeros negros estelares son relativamente pequeños, se cree que el agujero negro supermasivo Holm 15a, descubierto en 2019, tiene 40000 millones de veces la masa del Sol.

ESTELARES
Diámetro del horizonte de eventos: 30-300 km
Masa: 5-100 soles

SUPERMASIVOS
Diámetro del horizonte de eventos: miles de años luz
Masa: miles de millones de soles

4 **Se forma un agujero negro**
Ahora la densidad de la singularidad es tan grande que distorsiona el espaciotiempo que lo rodea, y ni siquiera la luz puede escapar. Podemos imaginar un agujero negro como un agujero infinitamente profundo llamado pozo de gravedad.

¿QUÉ ES UN AGUJERO DE GUSANO?

Es un túnel hipotético en el tejido curvo del espaciotiempo (ver pp. 154-55). Un objeto podría entrar en un agujero de gusano en un punto del espaciotiempo y emerger en otro diferente.

ESPAGUETIFICACIÓN

Al acercarse al horizonte de eventos de un agujero negro, la atracción gravitacional aumenta tanto que los objetos se estiran como largos espaguetis. Un astronauta sería despedazado, empezando por las piernas, mediante este proceso de «espaguetización». El tiempo correría de forma diferente en su cabeza y en sus pies.

La gravedad tira con más fuerza de las piernas

Agujero negro

LAS GALAXIAS Y EL UNIVERSO

La Vía Láctea

Nuestra galaxia, la Vía Láctea, es una galaxia espiral de tamaño medio. Es una entre los 2 billones de galaxias del universo, grupos de estrellas, gas y polvo unidas por la atracción gravitacional.

La estructura de la Vía Láctea

La Vía Láctea es una galaxia espiral típica. Tiene en su centro un abultamiento alargado, llamado núcleo, con un agujero negro supermasivo en su corazón (ver pp. 128-29). Hay dos brazos espirales mayores –el brazo de Escudo-Centauro y el brazo de Perseo– que se extienden desde cada uno de los dos lados de la barra central y hay varios brazos menores. Los brazos forman un fino disco de entre 100 000 y 120 000 años luz de diámetro. También hay un halo esférico de estrellas de entre 170 000 y 200 000 años luz de diámetro.

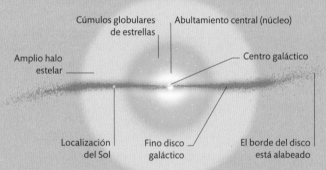

Cúmulos globulares de estrellas

Abultamiento central (núcleo)

Amplio halo estelar

Centro galáctico

Localización del Sol

Fino disco galáctico

El borde del disco está alabeado

Vista lateral de la Vía Láctea
Las precisas mediciones de las posiciones de las estrellas variables cefeidas (ver p. 98), en verde, han mostrado que nuestra galaxia tiene los bordes alabeados. Este alabeo puede deberse a una colisión en el pasado con otra galaxia más pequeña.

¿CUÁNTAS ESTRELLAS CONTIENE?

La mayoría son demasiado débiles para verlas con facilidad, pero se cree que la Vía Láctea contiene entre 100 000 y 400 000 millones de estrellas.

En las regiones entre los brazos hay menor densidad de gas, polvo y estrellas

MILES DE AÑOS LUZ DEL CENTRO

| 50 | 40 | 30 | 20 | 10 |

BRAZO DE SAGITARIO

BRAZO 3

BRAZO DE PERSEO

BRAZO EXTERIOR

BRAZO DE ORIÓN

Los brazos de la espiral contienen una densidad comparativamente mayor de gas, polvo y estrellas

Anatomía de la Vía Láctea
El núcleo de nuestra galaxia está densamente poblado de estrellas antiguas y amarillas. Las estrellas de los brazos de la espiral son más jóvenes y azules. Oscuros pasajes de polvo se entrecruzan en los brazos, algunos bordeados de brillantes nebulosas rojas de gas ionizado. Las estrellas más antiguas están fuera del disco en cúmulos estelares globulares que forman parte de un halo estelar amplio y poco poblado.

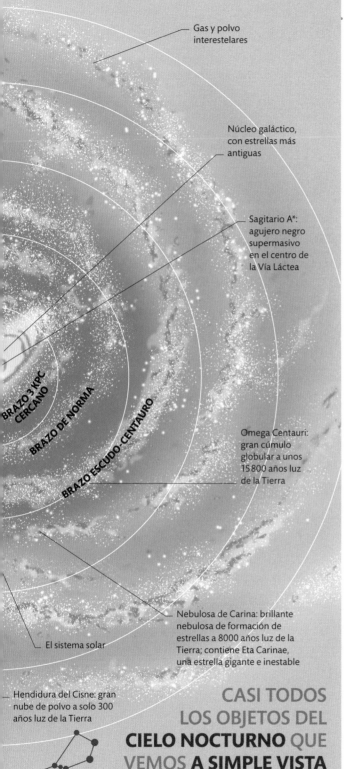

Gas y polvo interestelares

Núcleo galáctico, con estrellas más antiguas

Sagitario A*: agujero negro supermasivo en el centro de la Vía Láctea

BRAZO 3 KPC CERCANO

BRAZO DE NORMA

BRAZO ESCUDO-CENTAURO

Omega Centauri: gran cúmulo globular a unos 15 800 años luz de la Tierra

Nebulosa de Carina: brillante nebulosa de formación de estrellas a 8000 años luz de la Tierra; contiene Eta Carinae, una estrella gigante e inestable

El sistema solar

Hendidura del Cisne: gran nube de polvo a solo 300 años luz de la Tierra

CASI TODOS LOS OBJETOS DEL CIELO NOCTURNO QUE VEMOS A SIMPLE VISTA ESTÁN EN LA VÍA LÁCTEA

Nuestro vecindario más próximo

El Sol está a unos 26 000 años luz del centro de la galaxia, en el borde del brazo de Orión. Estamos en una burbuja de hidrógeno caliente e ionizado rodeada por nubes de polvo más frío y de gas de hidrógeno molecular (en el que cada molécula de hidrógeno se compone de dos átomos unidos) y por nebulosas donde se forman estrellas. Las burbujas más cercanas están bordeadas por aros de polvo interestelar llamados *loops*.

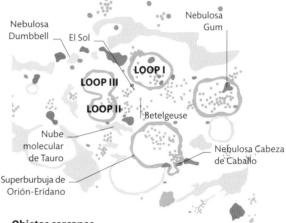

Nebulosa Dumbbell

El Sol

Nebulosa Gum

LOOP I

LOOP III

LOOP II

Betelgeuse

Nube molecular de Tauro

Nebulosa Cabeza de Caballo

Superburbuja de Orión-Erídano

Objetos cercanos

Este mapa de nuestra zona de la Vía Láctea muestra parte del brazo de Orión. El Sol está hacia el centro; las nubes de gas de hidrógeno se muestran en amarillo; las nubes de gas y polvo, en rojo, y los cúmulos estelares y las estrellas gigantes, en azul.

LA VÍA LÁCTEA EN EL CIELO

La Vía Láctea aparece como una franja brillante, blanquecina y neblinosa, densamente poblada de estrellas, que cruza el cielo nocturno. Cuando miramos esa franja, vemos las profundidades del disco de nuestra galaxia.

La nube de polvo Hendidura del Cisne oscurece parte de la Vía Láctea

VÍA LÁCTEA

LA VÍA LÁCTEA DESDE EL HEMISFERIO NORTE

El centro de la Vía Láctea

El núcleo de nuestra galaxia tiene la forma de un abultamiento de unos 800 años luz de largo. Está densamente poblado de estrellas y en su centro está el agujero negro supermasivo Sagitario A*.

El centro galáctico

El núcleo de nuestra galaxia, en las longitudes de onda de la luz visible, está oscurecido por el polvo, pero podemos estudiarlo con otras longitudes de onda, como la infrarroja y las ondas de radio, que atraviesan el polvo. En el centro hay una potente fuente de ondas de radio conocida como Sagitario A. Consiste en Sagitario A* (Sgr A*), un agujero negro supermasivo; Sagitario A Este, el resto de una supernova, y Sagitario A Oeste, una agrupación de gas y polvo que cae hacia Sgr A*. Desde el centro se emiten rayos X y rayos gamma, de longitud de onda más corta, lo que indica una gran actividad, con polvo y gas que aceleran hasta alcanzar velocidades extremadamente altas.

El eje de la Vía Láctea

La mayoría de las estrellas de la región central de la galaxia son antiguas gigantes rojas, aunque también hay algunas estrellas jóvenes en órbitas cercanas a Sagitario A* y que probablemente se formaron en el disco de gas de este.

REGIÓN CENTRAL DE LA VÍA LÁCTEA

Emisiones infrarrojas (en amarillo) de áreas en que nacieron estrellas

Sagitario A Oeste: estructura de polvo y gas en espiral que cae a Sagitario A*

Emisiones infrarrojas (en rojo) de las nubes de polvo

Sagitario A Este: resto de supernova

Emisiones de rayos X (en azul) de las explosiones estelares

LA VÍA LÁCTEA

Brazos de la espiral

Núcleo galáctico, lleno de antiguas estrellas

Dirección de rotación del disco en torno al núcleo

EL AGUJERO NEGRO DEL CENTRO DE LA VÍA LÁCTEA TIENE UNA MASA DE 4,3 MILLONES DE SOLES

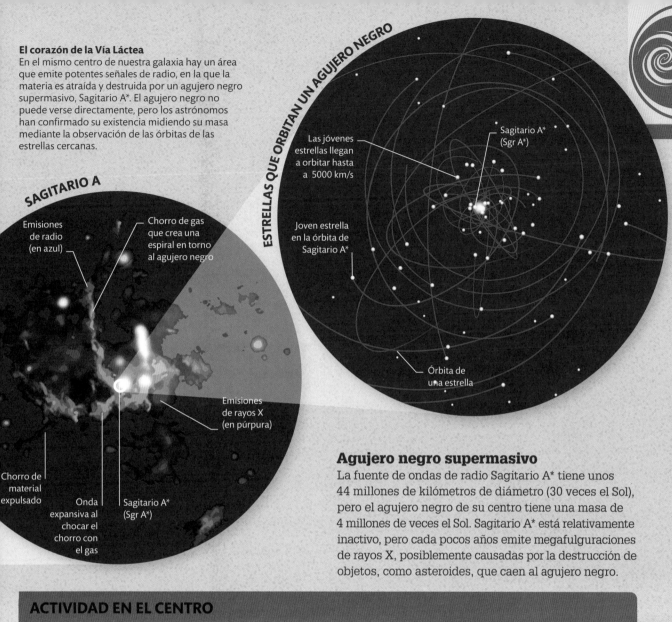

El corazón de la Vía Láctea
En el mismo centro de nuestra galaxia hay un área que emite potentes señales de radio, en la que la materia es atraída y destruida por el agujero negro supermasivo, Sagitario A*. El agujero negro no puede verse directamente, pero los astrónomos han confirmado su existencia midiendo su masa mediante la observación de las órbitas de las estrellas cercanas.

ESTRELLAS QUE ORBITAN UN AGUJERO NEGRO

Las jóvenes estrellas llegan a orbitar hasta a 5000 km/s

Sagitario A* (Sgr A*)

Joven estrella en la órbita de Sagitario A*

Órbita de una estrella

SAGITARIO A

Emisiones de radio (en azul)

Chorro de gas que crea una espiral en torno al agujero negro

Emisiones de rayos X (en púrpura)

Chorro de material expulsado

Onda expansiva al chocar el chorro con el gas

Sagitario A* (Sgr A*)

Agujero negro supermasivo

La fuente de ondas de radio Sagitario A* tiene unos 44 millones de kilómetros de diámetro (30 veces el Sol), pero el agujero negro de su centro tiene una masa de 4 millones de veces el Sol. Sagitario A* está relativamente inactivo, pero cada pocos años emite megafulguraciones de rayos X, posiblemente causadas por la destrucción de objetos, como asteroides, que caen al agujero negro.

ACTIVIDAD EN EL CENTRO

Por encima y por debajo de nuestra galaxia se extienden gigantescos lóbulos de gas de miles de años luz de diámetro, generados por corrientes de gas que emiten rayos X. Estas burbujas fueron descubiertas por la sonda Fermi, que detectó también los rayos gamma emitidos por el gas. Los rayos gamma son la forma de radiación electromagnética de mayor energía (ver p. 153).

Emisiones de radiación
Las emisiones de radiación del centro de la galaxia se deben al movimiento del material –chorros de gas o de partículas de anteriores ráfagas de formaciones estelares– lejos del agujero negro supermasivo Sgr A*.

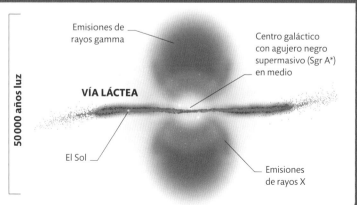

Emisiones de rayos gamma

Centro galáctico con agujero negro supermasivo (Sgr A*) en medio

50 000 años luz

VÍA LÁCTEA

El Sol

Emisiones de rayos X

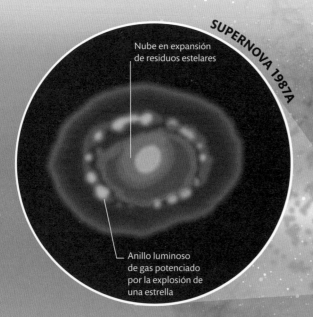

Nube en expansión
de residuos estelares

Anillo luminoso
de gas potenciado
por la explosión de
una estrella

Brazo principal de la
Corriente de Magallanes

Interacción entre el brazo principal
de la Corriente de Magallanes y el
gas caliente de la Vía Láctea, que
provoca la compresión del gas y
la formación de nuevas estrellas

VÍA LÁCTEA

GRAN NUBE DE
MAGALLANES

Puente de Magallanes (en
azul): nube de hidrógeno
que conecta las dos
Nubes de Magallanes

PEQUEÑA
NUBE DE
MAGALLANES

Gas de hidrógeno
de la SMC atraído
por la gravedad
de la LMC

Corriente de Magallanes (en rojo): flujo
de alta velocidad de gas de hidrógeno
que une las Nubes de Magallanes con
la Vía Láctea

Explosión estelar
En 1987, una estrella de la LMC se convirtió
en supernova y emitió una luz equivalente a
100 millones de soles. Fue la explosión más
brillante vista desde la Tierra en 400 años.

Gran Nube de Magallanes

La Gran Nube de Magallanes (LMC, por sus siglas en
inglés) es una galaxia enana en espiral (ver pp. 140-41)
con una prominente barra central y un brazo en espiral.
La atracción gravitacional de la Vía Láctea la convierte en
un lugar de vigorosa formación de estrellas. Al igual que
la Vía Láctea, la LMC contiene cúmulos globulares y
abiertos, nebulosas planetarias y nubes de gas y polvo.

Las Nubes de Magallanes

Bautizadas en honor a Fernando de Magallanes,
el explorador portugués que las observó mientras
navegaba hacia el ecuador en 1519, las Nubes de
Magallanes son una imagen espectacular en el
cielo nocturno del hemisferio sur. Estas nubes
irregulares están en las constelaciones de Dorado
y Tucana, cerca del polo sur celeste. En realidad,
son pequeñas galaxias por derecho propio y son
las vecinas más próximas de la Vía Láctea.

¿QUIÉN DESCUBRIÓ LAS NUBES DE MAGALLANES?

Las Nubes de Magallanes son
conocidas desde tiempos antiguos
por los pueblos indígenas del
hemisferio sur. Las primeras
referencias escritas sobre ellas
son de eruditos árabes y
datan del siglo IX.

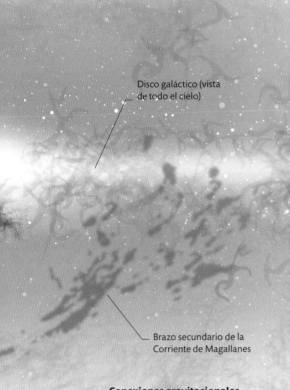

Disco galáctico (vista de todo el cielo)

Brazo secundario de la Corriente de Magallanes

¿SATÉLITES O AVES DE PASO?

Suelen considerarse galaxias satélite que orbitan la Vía Láctea, pero también podrían ser cuerpos independientes que pasan de largo. Parece que se mueven demasiado deprisa para ser satélites permanentes, pero eso depende de la masa de la Vía Láctea, que no se sabe con exactitud.

Órbita estimada previamente de la LMC y de la SMC

Plano de la Vía Láctea

VÍA LÁCTEA

LMC

SMC

Posible nueva trayectoria de las Nubes de Magallanes

500 000 años luz

Conexiones gravitacionales
Las Nubes de Magallanes están unidas entre sí por una nube de hidrógeno y a la Vía Láctea por una rápida corriente de hidrógeno. Estas estructuras son el resultado de las interacciones gravitacionales entre las nubes y la Vía Láctea.

A **SIMPLE VISTA**, LAS **NUBES DE MAGALLANES** SON UNAS **MANCHAS TENUES E IRREGULARES** EN EL CIELO DEL HEMISFERIO SUR

Pequeña Nube de Magallanes

La Pequeña Nube de Magallanes (SMC, por sus siglas en inglés) es una galaxia enana irregular y uno de los objetos más lejanos que se ven a simple vista. Tiene el resto de una barra central, que existía antes de que fuese alterada por la influencia gravitacional de la Vía Láctea. También hay interacción gravitacional entre las dos Nubes de Magallanes: la SMC orbita en torno a la LMC y ambas comparten una nube común de gas de hidrógeno, el Puente de Magallanes, que es una región de formación de estrellas.

LAS NUBES DE MAGALLANES COMPARADAS

La SMC está más lejos, es más pequeña y tiene menos masa y estrellas que la LMC. Ambas son galaxias enanas, pero la SMC es una galaxia irregular, mientras que la LMC es una enana espiral.

		LMC	SMC
	DISTANCIA A LA TIERRA	163 000 años luz	200 000 años luz
	DIÁMETRO	14 000 años luz	7000 años luz
	MASA	Unos 80 000 millones de soles	Unos 40 000 millones de soles
	NÚMERO DE ESTRELLAS	10 000-40 000 millones	Varios cientos de millones

La galaxia de Andrómeda

¿CUÁNDO SE DESCUBRIÓ?

El astrónomo persa Al-Sufi, en torno al año 964 de nuestra era, describió por primera vez esta galaxia como una «mancha nebulosa» en el cielo nocturno.

Andrómeda es la galaxia más cercana a la Vía Láctea y la más grande y brillante del Grupo Local (ver pp. 134-35). Es una galaxia espiral barrada, como la Vía Láctea, y estudiar Andrómeda nos ha ayudado a comprender la naturaleza de nuestra propia galaxia.

LA GALAXIA DE ANDRÓMEDA CHOCARÁ CON LA VÍA LÁCTEA DENTRO DE UNOS 5000 MILLONES DE AÑOS

Brazo de la espiral
Galaxia enana satélite M32
Núcleo brillante
Halo de cúmulos globulares
Dirección de la rotación
GALAXIA DE ANDRÓMEDA
Galaxia enana satélite M110
Anillo de polvo

NÚCLEO DE LA GALAXIA
Emisión de fondo de rayos X
Agujeros negros o estrellas de neutrones extraen material de las estrellas cercanas
NÚCLEO
Agujero negro supermasivo en el centro de la galaxia

Estructura de Andrómeda
El brillante centro de Andrómeda puede observarse a simple vista. Los borrosos bordes exteriores se extienden hasta 7 veces el diámetro de la luna llena. Tiene al menos 13 galaxias enanas como satélites.

Identificar la galaxia de Andrómeda

Durante mucho tiempo, se creyó que Andrómeda era una nube astronómica o nebulosa. Se reconoció por primera vez como galaxia en 1925, cuando Edwin Hubble calculó la distancia a sus variables céfidas (ver pp. 98-99) y demostró que se encuentran fuera de la Vía Láctea. Andrómeda, situada a unos 2,5 millones de años luz de la Tierra, puede verse a simple vista, pero es difícil apreciar su estructura porque se encuentra justo en nuestro límite visual. Sin embargo, las observaciones con infrarrojos han revelado que se trata de una galaxia espiral barrada con al menos un enorme anillo de polvo.

Núcleo galáctico
Las observaciones de Andrómeda con rayos X revelan que en su abultamiento central hay 26 objetos que podrían ser agujeros negros estelares (ver p. 123) o bien estrellas de neutrones. Atrae material de los sistemas estelares binarios cercanos y libera radiación de alta energía. En el centro hay un agujero negro supermasivo.

La estructura de la galaxia

En la galaxia de Andrómeda hay diferentes poblaciones de estrellas: jóvenes estrellas azules en los brazos de la espiral y en torno al agujero negro central, y estrellas rojas más antiguas en el abultamiento central. Nuestra galaxia sigue el mismo patrón. Andrómeda tiene corredores oscuros de polvo, donde se produce la mayor parte de la formación de estrellas, pero son circulares, y no espirales. Hay un anillo de polvo relativamente pequeño en la parte interior de la galaxia que podría ser el resultado de un impacto, hace al menos 200 millones de años, con M32, una cercana galaxia enana del Grupo Local.

COMPARAR LA GALAXIA DE ANDRÓMEDA CON LA VÍA LÁCTEA

Andrómeda es el doble de grande y tiene el doble de estrellas, pero su masa total podría ser la misma que la de la Vía Láctea o incluso inferior.

Galaxia de Andrómeda

- **Tipo de galaxia:** galaxia barrada espiral
- **Diámetro:** 220000 años luz (sin incluir el halo)
- **Masa:** 1 billón de soles
- **Estrellas:** 1 billón
- **Cúmulos globulares:** 460

Los brazos de la espiral están fragmentados y podrían encontrarse en transición a una estructura más parecida a un anillo.

Vía Láctea

- **Tipo de galaxia:** galaxia barrada espiral
- **Diámetro:** 100000-120000 años luz (sin incluir el halo)
- **Masa:** 0,85-1,5 billones de soles
- **Estrellas:** 100000-400000 millones
- **Cúmulos globulares:** 150-158

La Vía Láctea tiene una estructura en espiral bien definida tanto en sus estrellas como en los corredores de polvo.

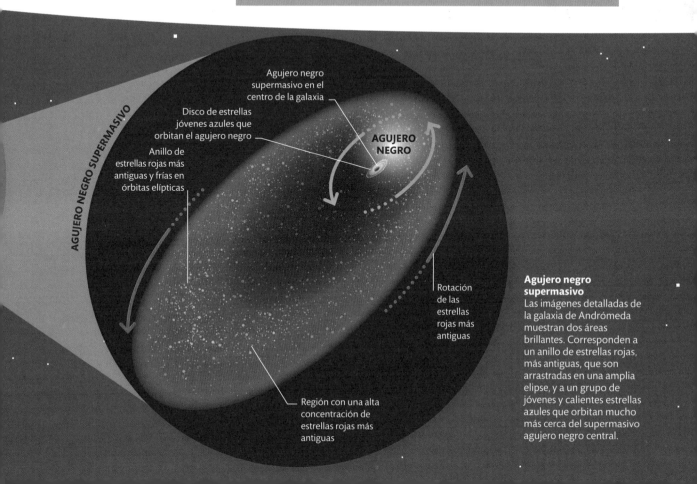

AGUJERO NEGRO SUPERMASIVO

Agujero negro supermasivo en el centro de la galaxia

Disco de estrellas jóvenes azules que orbitan el agujero negro

Anillo de estrellas rojas más antiguas y frías en órbitas elípticas

AGUJERO NEGRO

Rotación de las estrellas rojas más antiguas

Región con una alta concentración de estrellas rojas más antiguas

Agujero negro supermasivo
Las imágenes detalladas de la galaxia de Andrómeda muestran dos áreas brillantes. Corresponden a un anillo de estrellas rojas, más antiguas, que son arrastradas en una amplia elipse, y a un grupo de jóvenes y calientes estrellas azules que orbitan mucho más cerca del supermasivo agujero negro central.

3 MILLONES DE AÑOS LUZ

2 MILLONES DE AÑOS LUZ

1 MILLÓN DE AÑOS LUZ

Sextans B

Sextans A

Leo A

NGC 3109

Enana de Antlia

Leo I

Leo II

Enana de Canes

Enana de Sextans

Enana de la Osa Mayor I

Enana de la Osa Mayor II

Enana de la Osa Menor

Enana de Draco

Enana de Bootes

Gran Nube de Magallanes

Vía Láctea

Pequeña Nube de Magallanes

Enana de Sagitario

Enana de Carina

Galaxia Sculptor

Enana de Fornax

Andrómeda I

Galaxia de Barnard

Enana de Fénix

Enana de Acuario

SagDIG

IC 1613

Enana de Tucana

Enana de Cetus

Galaxia WLM (Wolf–Lundmark–Melotte)

¿CUÁNTAS GALAXIAS HAY EN EL GRUPO LOCAL?

Se han identificado más de 50 galaxias, pero el número total seguramente permanecerá desconocido, pues muchas estarán siempre ocultas detrás de la Vía Láctea.

El Grupo Local

El Grupo Local es el pequeño y disperso cúmulo de galaxias, unidas por la atracción gravitacional, al que pertenecen nuestra Vía Láctea (ver pp. 126-27) y la galaxia de Andrómeda, sus dos miembros de mayor tamaño. La mayoría de las otras son galaxias enanas (ver pp. 140-41).

Las galaxias del Grupo Local
La mayoría de las galaxias del Grupo Local son satélites de la Vía Láctea o de Andrómeda. El lejano Grupo Antlia-Sextans forma un subgrupo y también hay varias galaxias pequeñas independientes. Esta imagen está centrada en la Vía Láctea, pero todas las galaxias del grupo orbitan un centro de masa entre la Vía Láctea y Andrómeda.

La evolución del Grupo Local

El Grupo Local es relativamente joven, por lo que la mayor parte de su gas está aún contenido en las galaxias, facilitando así la formación de estrellas. Las mayores vecinas de la Vía Láctea –las Nubes de Magallanes (ver pp. 130-31)– están siendo arrastradas por la gravedad de su galaxia madre. De forma similar, la Vía Láctea y Andrómeda se están acercando y finalmente se unirán. El Grupo Local podría algún día fusionarse con el cúmulo de galaxias más cercano, el mucho más grande Cúmulo de Virgo (ver pp. 146-47).

IC 10

NGC 185

NGC 147

M110

Galaxia de Andrómeda

M32

Andrómeda II

Andrómeda III

Galaxia del Triángulo

Enana de Piscis

Enana de Pegaso

La galaxia del Triángulo

La galaxia del Triángulo, a 2,7 millones de años luz, es uno de los objetos más lejanos observables a simple vista. Es el tercer miembro más grande del Grupo Local, con un diámetro de 60 000 años luz. La galaxia del Triángulo tuvo un roce con la galaxia de Andrómeda hace entre 2000 y 4000 millones de años, provocando la formación de estrellas en el disco de Andrómeda.

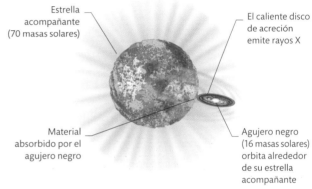

Estrella acompañante (70 masas solares)

El caliente disco de acreción emite rayos X

Material absorbido por el agujero negro

Agujero negro (16 masas solares) orbita alrededor de su estrella acompañante

Agujero negro estelar
La galaxia del Triángulo contiene un sistema estelar binario atípico, pues consiste en un agujero negro –de unas 16 veces la masa del Sol– que orbita en torno a una estrella de masa mucho mayor. El material de la estrella que es absorbido por el agujero negro emite rayos X.

GALAXIA DE BARNARD

La galaxia de Barnard contiene muchas áreas de intensa formación estelar, como las nebulosas de la Burbuja, del Anillo, Hubble V y Hubble X. Está a 1,6 millones de años luz y fue uno de los primeros sistemas externos a nuestra galaxia cuya distancia a la Tierra pudo calcularse con las observaciones de sus variables cefeidas (ver pp. 99-98).

Nebulosa del Anillo

Nebulosa de la Burbuja

Nebulosa Hubble V

Nebulosa Hubble X

LA **MASA** ESTIMADA DEL **GRUPO LOCAL** ES **2 BILLONES DE VECES** LA **MASA DEL SOL**

Estructura de una galaxia espiral

Las galaxias espirales tienen un disco aplanado rico en estrellas, gas y polvo. Este material está concentrado en varios brazos espirales alrededor de un abultamiento central muy poblado de estrellas y a veces alargado en forma de barra. En los brazos brillan jóvenes estrellas azules, mientras que en el abultamiento central y en el gran halo, en el que hay cúmulos estelares globulares, dominan las estrellas más antiguas, amarillas y rojas.

DOS TERCIOS DE TODAS LAS **GALAXIAS** OBSERVADAS SON **ESPIRALES**

Las estrellas de las galaxias espirales

En una galaxia espiral típica, la mayoría de las estrellas están en el aplanado disco galáctico y en el abultamiento en torno al agujero negro central. Algunas también están en un amplio halo esférico, normalmente en compactos cúmulos globulares.

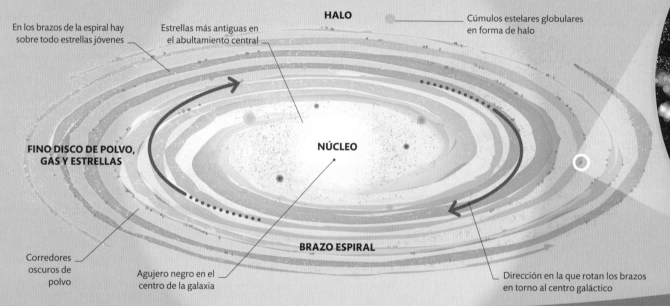

En los brazos de la espiral hay sobre todo estrellas jóvenes

Estrellas más antiguas en el abultamiento central

HALO

Cúmulos estelares globulares en forma de halo

FINO DISCO DE POLVO, GAS Y ESTRELLAS

NÚCLEO

Corredores oscuros de polvo

Agujero negro en el centro de la galaxia

BRAZO ESPIRAL

Dirección en la que rotan los brazos en torno al centro galáctico

Galaxias espirales

Las galaxias espirales están entre los objetos más espectaculares del universo. Su apariencia depende de las variaciones de densidad en sus discos, la cual determina el número de brazos espirales, lo cerca que están unos de otros y su definición.

Brazos espirales

Una galaxia no es una estructura sólida sino un fluido de estrellas, gas, polvo y otros objetos que rotan en torno a su centro. Los brazos espirales se originan en forma de ondas de alta densidad que rotan más despacio que el material mismo. Las estrellas y el gas entran en una onda de densidad como un coche entra en una zona de tráfico denso, acercándose a los demás coches y atravesándola. Este apelotonamiento provoca la creación de las nuevas estrellas que vemos en los brazos de la galaxia.

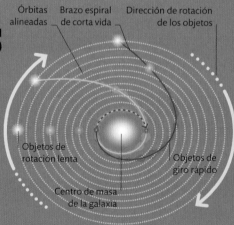

Órbitas alineadas

Brazo espiral de corta vida

Dirección de rotación de los objetos

Objetos de rotación lenta

Objetos de giro rápido

Centro de masa de la galaxia

Galaxia idealizada

En una galaxia ideal, con objetos que se mueven a la misma velocidad en órbitas alineadas, los externos tardarían más en completar su órbita que los interiores. Las formas espirales se desarrollarían, pero pronto estarían tan juntas que serían indistinguibles.

ÁREAS DE NACIMIENTO DE ESTRELLAS

BRAZO DE LA ESPIRAL

Región de hidrógeno ionizado (con carga eléctrica)

Formación de una nueva estrella

Las estrellas más antiguas y longevas se apartan del brazo espiral

Cúmulos de estrellas jóvenes, brillantes y de vida corta cerca del brazo espiral

Nube molecular oscura de polvo y de gas comprimido

A medida que el gas interestelar entra en una onda de densidad, se comprime y forma nubes moleculares, que pueden a su vez comprimirse y formar estrellas. Las estrellas más grandes y brillantes viven poco tiempo y se encuentran en el borde exterior del brazo espiral.

Actividad en los brazos espirales

Los brazos espirales son lentas ondas de densidad en el disco galáctico que crean áreas de intensa formación de estrellas a medida que el gas se comprime al entrar en ellos. Las brillantes estrellas recién nacidas emiten mucha luz ultravioleta, la cual ioniza el hidrógeno (divide las moléculas de hidrógeno en partículas con carga eléctrica) y hace que brille. Las brillantes estrellas y el gas luminoso son lo que da definición a los brazos espirales.

¿CUÁL ES LA GALAXIA ESPIRAL MÁS GRANDE?

En 2019, el Hubble captó una imagen de una de las galaxias espirales más grandes que se conocen, UGC 2885. Situada a unos 232 millones de años luz, es 2,5 veces más grande que la Vía Láctea y contiene 10 veces más estrellas.

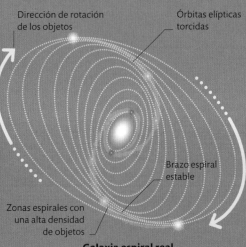

Dirección de rotación de los objetos

Órbitas elípticas torcidas

Brazo espiral estable

Zonas espirales con una alta densidad de objetos

Galaxia espiral real
En una galaxia real, los objetos externos también necesitan más tiempo para completar sus órbitas, pero estas son elípticas y están en distintos ángulos. Con el tiempo, esto hace que los objetos se aglutinen en algunos lugares, lo que produce el efecto de brazos espirales estables.

ÓRBITAS ESTELARES

Las estrellas del interior del disco suben y bajan, más o menos en el plano de la galaxia, en órbitas elípticas en torno al centro. Las estrellas del abultamiento central tienen órbitas cortas en ángulos aleatorios, lo que crea una forma más esférica con un diámetro de varios cientos de millones de años luz. De manera similar, las estrellas del halo orbitan en todos los ángulos, pero entran en el disco en largas órbitas que pueden llevarlas miles de años luz por encima y por debajo del plano galáctico.

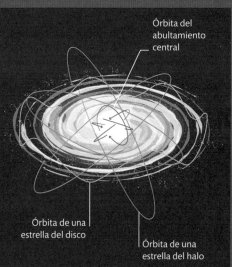

Órbita del abultamiento central

Órbita de una estrella del disco

Órbita de una estrella del halo

Galaxias elípticas

Las galaxias elípticas son bolas lisas de estrellas con poca estructura. Tienen una gran variedad de tamaños y su forma varía desde óvalos a esferas. Las más grandes son mucho mayores que cualquier galaxia espiral. Las galaxias lenticulares comparten algunas características con las galaxias elípticas, pero también tienen ciertas similitudes con las galaxias espirales.

¿CUÁL ES LA GALAXIA MÁS GRANDE CONOCIDA?

La galaxia elíptica IC 1101 es la más grande que se conoce de cualquier tipo. Contiene 100 billones de estrellas y su halo tiene un diámetro de 4 millones de años luz.

Halo de forma oval con antiguas estrellas rojas y amarillas y muchos cúmulos globulares

La galaxia contiene poco polvo y gas

Anatomía de una galaxia elíptica
M86 es una típica galaxia elíptica, de tamaño similar a la Vía Láctea pero con 300 veces más cúmulos globulares. No tiene un núcleo bien definido y la densidad de estrellas decrece de forma uniforme al alejarse del núcleo.

Órbitas inclinadas en cualquier ángulo y con un amplio rango de excentricidad

Órbitas en las galaxias elípticas
Las galaxias elípticas tienen poco gas y polvo interestelar que interactúe con las estrellas y las mantenga en un único plano, por lo que las órbitas de las estrellas son caóticas, están inclinadas en cualquier ángulo y varían desde círculos a elipses excéntricas.

Galaxias elípticas

Varían mucho de tamaño, desde una décima parte de la Vía Láctea a supergigantes 10 veces más grandes que nuestra galaxia. Albergan sobre todo estrellas amarillas y rojas con baja masa. Contienen poco gas y polvo interestelar y producen pocas estrellas, probablemente porque casi todo su gas y su polvo ya se han convertido en estrellas. Una galaxia elíptica gigante suele ser el miembro central y el más brillante de un cúmulo de galaxias, pero las enanas elípticas son relativamente tenues y difíciles de descubrir.

Galaxias elípticas gigantes

Las elípticas son las galaxias más grandes que se conocen. M87, comparada con la Vía Láctea (una típica galaxia barrada espiral), es unas 10 veces más ancha; IC 1101, una de las galaxias más grandes que se conocen, es unas 40 veces más grande. Estas dos galaxias contienen billones de estrellas, muchas más que los cientos de miles de millones de la Vía Láctea.

VÍA LÁCTEA
Galaxia barrada espiral
Diámetro: 170000-200000 años luz
100000-400000 millones de estrellas

M87
Galaxia elíptica gigante
Diámetro.: 1 millón de años luz
Varios billones de estrellas

IC 1101
Galaxia elíptica supergigante
Diámetro: 4 millones de años luz
Unos 100 billones de estrellas

Galaxias lenticulares

Las galaxias lenticulares tienen una forma parecida a las elípticas, especialmente si se ven por un lado, pero, como las espirales, tienen un disco de gas y polvo que las aplana y les da forma de lente, de ahí su nombre. Algunas galaxias lenticulares podrían ser galaxias espirales que han perdido la mayoría del gas y el polvo. Como las elípticas, las lenticulares contienen estrellas más antiguas y muestran poca formación de estrellas.

LAS ENANAS ELÍPTICAS BRILLAN POCO **Y SON** DIFÍCILES DE VER, **PERO** PROBABLEMENTE SON **EL TIPO** MÁS COMÚN

Gran núcleo esférico de estrellas más antiguas

Corredores de polvo circulares

Disco de gas, polvo y estrellas antiguas

Órbitas elípticas más caóticas en el núcleo

Órbitas casi circulares en el disco

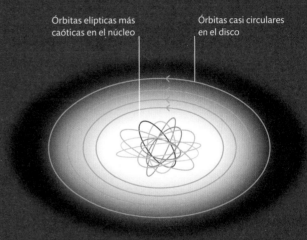

Anatomía de una galaxia lenticular
NGC 2787 es una galaxia lenticular un poco más estructurada que la mayoría, pues posee anillos concéntricos de polvo en su disco. Como la mayoría de las lenticulares, NGC 2787 tiene un núcleo de mayor tamaño que una galaxia espiral de tamaño similar.

Órbitas en las galaxias lenticulares
Por lo general, en el disco de una galaxia lenticular, las estrellas siguen trayectorias ordenadas y casi circulares. Sin embargo, en el gran abultamiento central, las órbitas son más variadas y excéntricas y se inclinan en cualquier ángulo.

CLASIFICACIÓN DE LAS GALAXIAS

Las galaxias suelen clasificarse según su forma. Un sistema que se sigue usando hoy en día es el creado por Edwin Hubble en 1926. Hubble agrupó las galaxias según su forma vista desde la Tierra: elípticas, lenticulares y espirales. Estos tipos se distribuyen en un diagrama en forma de diapasón. El sistema Hubble no intenta explicar la evolución de las galaxias, por eso ahora se reconoce un cuarto tipo: las galaxias irregulares, que no tienen una forma regular distintiva (ver p. 141).

Clasificación de Hubble
Las galaxias elípticas están numeradas desde E0 (circulares) a E7 (altamente elípticas). Todas las lenticulares están clasificadas como S0. Las espirales se dividen en clásicas (S) y barradas (SB).

GALAXIAS ESPIRALES CLÁSICAS

Sc

Sb

Sa

S0

E0   E3   E5   E7

GALAXIAS ELÍPTICAS

GALAXIAS LENTICULARES

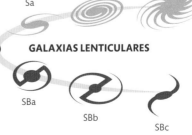

SBa

SBb

SBc

GALAXIAS BARRADAS ESPIRALES

Galaxias enanas

La mayoría de los aproximadamente 2 billones de galaxias que hay en el universo observable son mucho más pequeñas que la Vía Láctea. Algunas de estas galaxias enanas tienen formas definidas, como por ejemplo espirales, pero muchas son irregulares.

Tamaños de galaxias
Las galaxias enanas son por lo general 10 veces más pequeñas que la Vía Láctea y contienen 100 veces menos estrellas (menos de unos pocos miles de millones).

Vía Láctea
170 000-200 000 años luz de diámetro

Galaxia del Cigarro
40 000 años luz de diámetro

NGC 4449
20 000 años luz de diámetro

Gran Nube de Magallanes
14 000 años luz de diámetro

NGC 1569
8000 años luz de diámetro

Pequeña Nube de Magallanes
7000 años luz de diámetro

Zwicky 18
3000 años luz de diámetro

Características

La mayoría de las galaxias enanas están sujetas a la gravedad de otras más grandes y orbitan a su alrededor. Sin embargo, algunas galaxias enanas se mueven de forma independiente de otros cuerpos y otras se encuentran en extremo aislamiento en los vacíos entre cúmulos de galaxias. Se cree que las galaxias enanas se formaron al comienzo del universo y produjeron algunas de las primeras estrellas antes de fundirse con sus vecinas para formar galaxias más grandes (ver pp. 168-69). Hay unas 60 galaxias enanas cerca de la Vía Láctea. Las más grandes son las Nubes de Magallanes (ver pp. 130-31).

Dirección de desplazamiento de SagDEG

Galaxia elíptica enana de Sagitario (SagDEG)

Hace unos 6000 millones de años

Formación de estrellas provocada en toda la Vía Láctea

PRIMER PASO A TRAVÉS DE LA VÍA LÁCTEA

Hace unos 3000 millones de años

Evolución de los brazos espirales de la Vía Láctea influidos por SagDEG

Corriente de estrellas desprendidas de SagDEG

SE ESTABILIZA EN ÓRBITA EN TORNO A LA VÍA LÁCTEA

Interacción de la enana de Sagitario
La galaxia enana elíptica de Sagitario ha impactado contra el disco de la Vía Láctea al menos en 3 ocasiones, creando formación de estrellas y distorsionando ligeramente el disco de la galaxia. El Sol se formó aproximadamente en la época del primer encuentro.

¿CUÁL ES LA GALAXIA VECINA MÁS CERCANA?

Las galaxia enana de Canis Major está a solo 25 000 años luz, por lo que está más cerca de nosotros que el centro de nuestra propia galaxia.

UNA **CUARTA PARTE** DE LAS **GALAXIAS CONOCIDAS** SON **IRREGULARES**

Galaxias irregulares

Muchas galaxias enanas se clasifican como irregulares, pese a que las observaciones por infrarrojos muestran que algunas, como las Nubes de Magallanes, tienen estructura espiral o barrada espiral. Como su masa es pequeña, las galaxias enanas sufren fácilmente la influencia gravitacional de otras galaxias mayores, lo que altera su estructura original. Las galaxias de mayor tamaño también pueden ser irregulares. Muchas de estas galaxias irregulares grandes evidencian colisiones con otras galaxias, con restos distorsionados de estructuras espirales o áreas brillantes de formación de estrellas, llamadas brotes estelares.

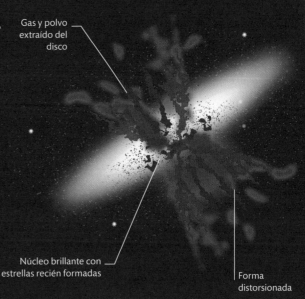

Gas y polvo extraído del disco

Núcleo brillante con estrellas recién formadas

Forma distorsionada

Galaxia con brote estelar
La galaxia del Cigarro, una galaxia irregular con un brote estelar, está siendo distorsionada por la gravedad de su vecina más grande, M81 (no visible en la imagen), lo que provoca un alto ritmo de formación de estrellas en su núcleo.

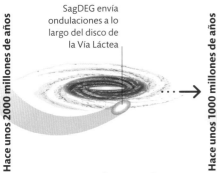

Hace unos 2000 millones de años

SagDEG envía ondulaciones a lo largo del disco de la Vía Láctea

SEGUNDO PASO A TRAVÉS DE LA VÍA LÁCTEA

Hace unos 1000 millones de años

Un flujo de estrellas de SagDEG rodea la Vía Láctea

TERCER PASO A TRAVÉS DE LA VÍA LÁCTEA

Actualmente

SagDEG a unos 70 000 años luz de la Tierra

EN ÓRBITA A LA VÍA LÁCTEA

TIPOS DE GALAXIAS ENANAS

Las galaxias enanas se clasifican por su forma, composición y características. Además de las galaxias espirales, elípticas e irregulares que encontramos en las grandes, las galaxias enanas incluyen tipos únicos, como las enanas compactas.

Galaxias elípticas enanas	Pequeñas y más tenues que las elípticas normales; posibles restos de galaxias espirales de baja masa o de galaxias jóvenes	
Galaxias enanas esferoides	Pequeñas y poco luminosas, se parecen a cúmulos globulares pero tienen una mayor cantidad de materia oscura	
Galaxias enanas irregulares	Galaxias pequeñas sin forma distintiva. Se cree que son similares a las primeras galaxias que se formaron en el universo	

Galaxias enanas espirales	Son relativamente escasas; la mayoría están fueran de los cúmulos de galaxias, lejos de las interacciones gravitacionales	
Galaxias enanas compactas	Las azules contienen estrellas jóvenes, calientes y masivas; las ultracompactas son aún más pequeñas y están abarrotadas de estrellas	
Galaxias espirales de Magallanes	Galaxias enanas de solo un brazo espiral, como la Gran Nube de Magallanes, entre las galaxias enanas espirales y las irregulares	

Galaxias activas

Algunas galaxias son excepcionalmente poderosas y emiten más energía de la que podrían emitir solo sus estrellas. Al observarlas en ciertas partes del espectro electromagnético (ver p. 153), pueden ser hasta 1000 veces más brillantes que la Vía Láctea. Estas galaxias tienen un núcleo activo que libera una enorme cantidad de energía a medida que la materia es absorbida por el agujero negro central.

LÓBULOS DE ONDAS DE RADIO

El material que expulsa el agujero negro se expande en un lóbulo al ser frenado por el gas intergaláctico

CHORRO DE PARTÍCULAS

Chorro de partículas de alta velocidad que brota del polo magnético del agujero negro

Dirección de rotación del material en torno al agujero negro

TORO DE POLVO

DISCO DE ACRECIÓN

AGUJERO NEGRO

Material calentado por compresión y fricción

Anillo de polvo y gas que rodea el centro de la galaxia, que a veces tapa la vista del disco de acreción

El agujero negro supermasivo atrae a su interior el material cercano y emite chorros de partículas energéticas

La corriente de partículas que interactúa con el campo magnético emite principalmente ondas de radio

Disco de gas caliente que gira y cae en el agujero negro

CHORRO DE PARTÍCULAS

El disco de acreción emite luz y otra radiación en todas las longitudes de onda

Estrella destrozada por la intensa gravedad

LÓBULO DE ONDAS DE RADIO

Lóbulo de miles de años luz de ancho que emite ondas de radio

¿ES LA VÍA LÁCTEA UNA GALAXIA ACTIVA?

Nuestra galaxia está inactiva, pero la presencia de lóbulos de rayos gamma por encima y por debajo del disco galáctico indica que pudo haber estado activa hace unos pocos millones de años.

Extrema energía

En las galaxias activas, el agujero negro central supermasivo consume la materia cercana, que forma un disco arremolinado que se comprime y se calienta al ser arrastrado y despedazado. Hasta un tercio de la materia que engulle un agujero negro se transforma en energía, lo que convierte a las galaxias activas en los objetos de vida larga más potentes del cielo. La mayoría de las galaxias activas están lejos de nuestra galaxia, aunque hay algunas cerca, y todas las galaxias pueden llegar a hacerse activas.

Anatomía de una galaxia activa

Un disco de acreción de material caliente y un anillo (toro) de polvo rodean el agujero negro central. Algunas galaxias activas tienen también lóbulos de emisiones de ondas de radio, alimentados por chorros de partículas con carga eléctrica del campo magnético del agujero negro.

HANNY'S VOORWERP

El Hanny's Voorwerp es un objeto inusual descubierto en 2007. Brilla debido a su oxígeno ionizado (con carga eléctrica) y fue activado por un cuásar en la cercana galaxia IC 2497. El cuásar ya no está activo, pero el gas aún brota de la galaxia, provocando formación de estrellas en la nube ionizada.

Región de formación de estrellas

IC 2497

Corriente de gas

Nube de gas expulsada por IC 2497 debido a una anterior colisión o roce con una galaxia

Tipos de galaxias activas

Las radiogalaxias, las galaxias de Seyfert, los cuásares y los blázares son galaxias activas que emiten rayos X y otras radiaciones de alta energía. El tipo al que pertenecen depende de la actividad en el núcleo de la galaxia, de la masa de la galaxia y de su orientación respecto a la Tierra. Galaxias de Seyfert y cuásares tienen orientaciones similares, pero las primeras emiten menos energía que los cuásares.

Chorro polar

Lóbulo de ondas de radio

RADIOGALAXIA NGC 383

Disco de acreción

Anillo de polvo

CUÁSAR PG 0052+251

Radiogalaxia
La región central del núcleo está oculta por el borde del anillo de polvo y un observador desde la Tierra ve solo chorros polares y lóbulos de ondas de radio.

Cuásar
En un cuásar, el anillo de polvo está inclinado hacia la Tierra, lo que nos permite ver la luz del disco de acreción, que brilla más que la galaxia que lo rodea.

El núcleo emite un chorro polar

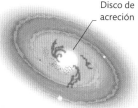

Disco de acreción

BLÁZAR MAKARIAN 421

GALAXIA DE SEYFERT M106

Blázar
Un blázar está alineado y un observador desde la Tierra mira a través del chorro polar hacia el núcleo. La galaxia queda oculta por la brillante luz, pero a veces pueden detectarse los lóbulos de ondas de radio.

Galaxia de Seyfert
Una galaxia de Seyfert tiene el disco de acreción expuesto a nuestra vista, como un cuásar, pero la actividad del núcleo es más débil, lo que nos permite ver la galaxia circundante con mayor claridad.

LA LUZ DEL CUÁSAR MÁS LEJANO TARDA MÁS DE 12 000 MILLONES DE AÑOS EN LLEGAR HASTA NOSOTROS

Colisiones de galaxias

Las galaxias, amontonadas en cúmulos, son grandes en relación con la distancia que hay entre ellas, por lo que los roces y las colisiones son frecuentes. Estas pueden estimular la formación de estrellas y también jugar un papel importante en la evolución de esas galaxias.

Interacciones entre galaxias

Cuando dos galaxias se aproximan entre sí, el resultado depende de lo grandes que sean y de lo cerca que lleguen a estar. Sus interacciones pueden ser menores, lo que produce una ligera distorsión de sus formas, pero una interacción mayor o una colisión pueden tener efectos dramáticos, como provocar brotes de formación de nuevas estrellas o incluso desgarrar alguna de las dos galaxias. Una colisión puede arrancar material de una de ellas. También puede impulsar el material hacia el agujero negro central, creando así un núcleo activo (ver pp. 142-43).

¿QUÉ LES PASA A LOS PLANETAS AL COLISIONAR LAS GALAXIAS?

Cuando las galaxias colisionan, la disrupción gravitatoria puede expulsar a algunos planetas de sus órbitas o incluso lanzarlos al espacio interestelar, pero una colisión entre planetas es muy improbable.

Un brazo de la galaxia Remolino desprendido por la gravedad de la galaxia enana conecta ahora ambas galaxias

Brazos espirales con estrellas jóvenes, calientes y azules

GALAXIA ENANA NGC 5195

GALAXIA REMOLINO

Forma de una galaxia enana distorsionada por la colisión

El núcleo activo emite radiación por la materia que es arrastrada al agujero negro central

Colisión de la galaxia Remolino

La galaxia espiral Remolino colisionó con la galaxia enana NGC 5195 hace 300 millones de años, distorsionando su estructura espiral y provocando brotes de formación de estrellas. La galaxia Remolino tiene un núcleo activo, posiblemente como resultado de la colisión.

Las áreas rosas brillantes son áreas de formación activa de estrellas

El núcleo brilla fuertemente debido a la alta densidad de estrellas y al elevado ritmo de formación de estas

Nubes de gas y polvo alteradas por la colisión, lo que conlleva formación de nuevas estrellas

Evolución de las galaxias

Las colisiones son muy importantes para la transformación de un tipo de galaxia en otro. Las galaxias que colisionan pueden distorsionarse y volverse irreconocibles o bien la más grande puede engullir a la más pequeña. Una galaxia espiral puede perder todo su gas y su polvo, y detenerse así la formación de nuevas estrellas y transformarse en una galaxia elíptica. Las colisiones múltiples producen galaxias elípticas gigantes, cuyas estrellas orbitan en ángulos aleatorios.

El modelo de fusión
Según una de las teorías de formación de galaxias, estas sufren una serie de fusiones y colisiones unas con otras a medida que su gas interestelar se consume debido a la formación de estrellas. Estas fusiones forman galaxias elípticas gigantes que terminan por dominar las áreas centrales de los cúmulos de galaxias.

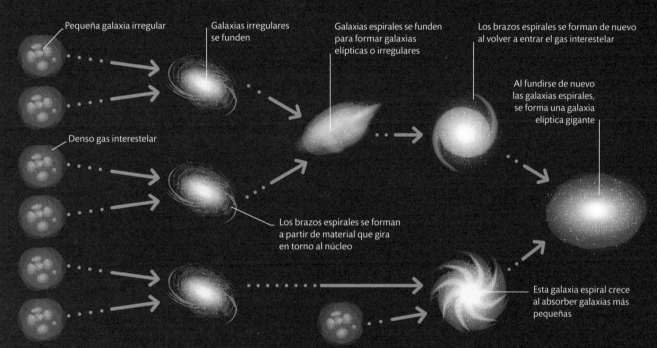

Pequeña galaxia irregular

Galaxias irregulares se funden

Galaxias espirales se funden para formar galaxias elípticas o irregulares

Los brazos espirales se forman de nuevo al volver a entrar el gas interestelar

Al fundirse de nuevo las galaxias espirales, se forma una galaxia elíptica gigante

Denso gas interestelar

Los brazos espirales se forman a partir de material que gira en torno al núcleo

Esta galaxia espiral crece al absorber galaxias más pequeñas

LA **FUSIÓN** DE DOS **GRANDES GALAXIAS** PUEDE GENERAR **NUEVAS ESTRELLAS** QUE SUMARÍAN **MILES DE VECES LA MASA DEL SOL** CADA AÑO

SIMULANDO COLISIONES DE GALAXIAS

Las colisiones entre galaxias tienen lugar a lo largo de millones de años, por lo que es imposible observar todo el proceso. Sin embargo, se pueden usar modelos informáticos que usan galaxias virtuales simplificadas para simular una colisión y saber cuál sería el destino de ambas galaxias. En la imagen, la simulación muestra cómo la estructura de dos galaxias es alterada cuando colisionan y se funden a lo largo de un período de 1000 millones de años.

0 MILLONES DE AÑOS

500 MILLONES DE AÑOS

750 MILLONES DE AÑOS

1000 MILLONES DE AÑOS

Cúmulos y supercúmulos de galaxias

Aunque algunas galaxias existen de forma aislada, la mayoría se encuentra en grupos. Su inmensa gravedad las une en pequeños grupos, en grandes cúmulos e incluso en aún más grandes supercúmulos, que están entre las estructuras más grandes el universo.

Supercúmulos

Los cúmulos galácticos (ver abajo) se agrupan en supercúmulos. Los supercúmulos se distribuyen a lo largo de filamentos y láminas entre espacios vacíos (ver pp. 150-51). Hay millones de supercúmulos en el universo. Las variaciones que se han detectado en la radiación cósmica de fondo de microondas (ver pp. 164-65) –el eco del Big Bang– sugiere que estas concentraciones a gran escala se originaron bastante pronto tras la creación del universo. Pequeñas diferencias en temperatura y en densidad de materia durante este tiempo dieron lugar a las primeras galaxias enanas, que interactuaron con sus vecinas para crear grupos de galaxias, cúmulos y supercúmulos.

Supercúmulo de Laniakea
Nuestro supercúmulo local, al que pertenecen la Vía Láctea y el Grupo Local, es el supercúmulo de Laniakea. Varios supercúmulos cercanos, como el supercúmulo de Virgo, se consideran parte de esta estructura más grande.

EL SUPERCÚMULO MÁS GRANDE

El supercúmulo Caelum, el más grande descubierto, tiene 910 millones de años luz de diámetro y contiene medio millón de galaxias.

50-1000
NÚMERO DE GALAXIAS EN UN CÚMULO GALÁCTICO TÍPICO

LA MASA QUE FALTA

Las estrellas de un cúmulo no tienen suficiente atracción gravitacional para que aquel se mantenga unido. El gas intergaláctico es la mayor parte de su masa y la materia oscura aporta más masa aún. Una lente gravitacional (ver pp. 148-49) puede ayudar a cartografiar la materia oscura de un cúmulo de estrellas, la cual está distribuida de forma más amplia que la materia visible que vemos en las galaxias.

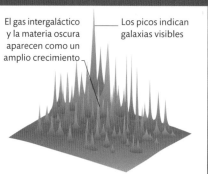

El gas intergaláctico y la materia oscura aparecen como un amplio crecimiento

Los picos indican galaxias visibles

DISTRIBUCIÓN DE LA MASA EN UN CÚMULO

Grupos y cúmulos

Los cúmulos pueden estar poco poblados, como nuestro Grupo Local (ver pp. 134-35), o densamente poblados, como el cercano cúmulo de Virgo, pero independientemente de cuántas galaxias contengan, los cúmulos tienden a ocupar un volumen similar: unos cuantos millones de años luz de diámetro. Los cúmulos más poblados tienen en su centro una distribución densa y esférica de galaxias elípticas gigantes.

Cómo evolucionan los cúmulos

A partir de una mezcla inicial de todo tipo de galaxias, las colisiones y las fusiones tienen como resultado galaxias más grandes y una predominancia de galaxias elípticas (ver pp. 138-39). Cuando se forma un cúmulo, el gas de este se calienta. El gas caliente entonces rodea y llena el espacio entre las galaxias individuales del cúmulo.

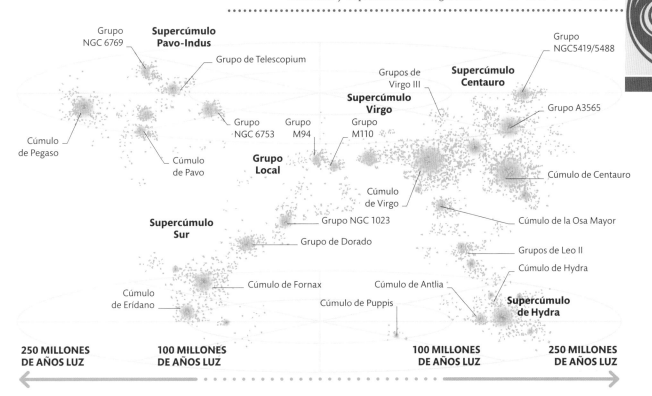

Grupo NGC 6769

Supercúmulo Pavo-Indus

Grupo de Telescopium

Grupo NGC5419/5488

Supercúmulo Centauro

Grupos de Virgo III

Supercúmulo Virgo

Grupo A3565

Cúmulo de Pegaso

Grupo NGC 6753

Grupo M94

Grupo M110

Grupo Local

Cúmulo de Pavo

Cúmulo de Centauro

Cúmulo de Virgo

Cúmulo de la Osa Mayor

Supercúmulo Sur

Grupo NGC 1023

Grupo de Dorado

Grupos de Leo II

Cúmulo de Hydra

Cúmulo de Fornax

Cúmulo de Antlia

Cúmulo de Erídano

Cúmulo de Puppis

Supercúmulo de Hydra

250 MILLONES DE AÑOS LUZ

100 MILLONES DE AÑOS LUZ

100 MILLONES DE AÑOS LUZ

250 MILLONES DE AÑOS LUZ

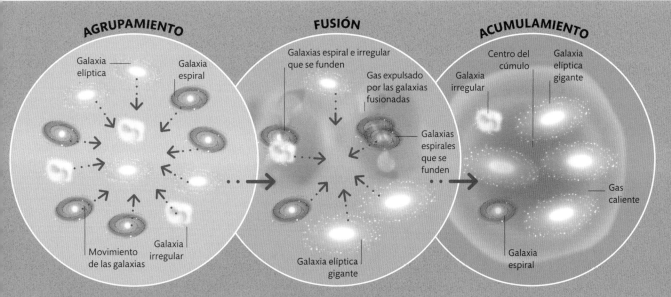

AGRUPAMIENTO

Galaxia elíptica

Galaxia espiral

Movimiento de las galaxias

Galaxia irregular

FUSIÓN

Galaxias espiral e irregular que se funden

Gas expulsado por las galaxias fusionadas

Galaxias espirales que se funden

Galaxia elíptica gigante

ACUMULAMIENTO

Centro del cúmulo

Galaxia elíptica gigante

Galaxia irregular

Gas caliente

Galaxia espiral

1 **Dispersa colección de galaxias**
Los cúmulos comienzan como una distribución dispersa de pequeñas galaxias de todos los tipos, atraídas unas a otras y hacia su centro de masa común. Muchas de estas galaxias colisionarán y se fusionarán.

2 **Fusión de galaxias**
Cuando las galaxias colisionan o se fusionan entre sí, el frío gas interestelar se energiza y es expulsado de las galaxias, por lo que una nube de gas caliente, principalmente hidrógeno, se concentra en el cúmulo.

3 **Cúmulo galáctico**
Al final, las galaxias elípticas gigantes, con estrellas viejas y poco gas, quedan muy pobladas en torno al núcleo, envueltas en una nube esférica de gas intergaláctico de masa mucho mayor que las estrellas de la galaxia.

La materia oscura

La materia oscura es siempre invisible. A diferencia de la materia ordinaria (o bariónica), no interactúa con la radiación electromagnética (ver pp. 152-53).

¿Cómo sabemos que existe?

Se ha detectado solo por su influencia gravitacional en la materia visible. La idea de la materia oscura surgió para explicar por qué un cúmulo galáctico permanecía unido pese a que la gravedad de las galaxias visibles no era lo bastante fuerte. Después se descubrió que las regiones exteriores de las galaxias se movían demasiado deprisa, lo que indicaba que la materia invisible las atraía. Los científicos se valen de la técnica de lente gravitacional para detectar grandes objetos oscuros y de rayos X para detectar subidas de temperatura en las nubes interestelares cuando la materia oscura las comprime.

¿Cuánto falta?
Los científicos creen que solo el 5 por ciento de la masa del universo es materia ordinaria. La porción que «falta» es la materia oscura y la aún más misteriosa energía oscura (ver p. 170).

MATERIA OSCURA 26,8%

MATERIA ORDINARIA 4,9%

ENERGÍA OSCURA 68,3%

¿POR QUÉ LOS DETECTORES DE MATERIA OSCURA ESTÁN BAJO TIERRA?

Los detectores se entierran a profundidades de hasta 2 km para protegerlos de los rayos cósmicos que llegan a la Tierra desde el espacio.

CÚMULO GALÁCTICO

Luz curvada hacia el observador por un cúmulo que actúa como una lente

Un cúmulo galáctico con una gran cantidad de materia oscura actúa como una lente gravitacional

Las líneas del contorno unen puntos de igual concentración de materia oscura

Cartografiar la materia oscura
Los astrónomos usan software para analizar la imagen distorsionada de una galaxia lejana y así crear un mapa de la distribución de la materia oscura en un cúmulo galáctico.

Lentes gravitacionales
Cuando la luz de galaxias distantes se curva por la gravedad al pasar cerca de un cúmulo galáctico, su imagen se distorsiona, un efecto llamado lente gravitacional. La materia oscura incrementa el efecto, lo que revela su presencia y permite a los astrónomos localizarla.

TELESCOPIO EN LA TIERRA

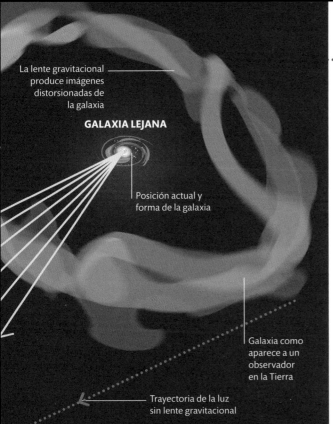

La lente gravitacional produce imágenes distorsionadas de la galaxia

GALAXIA LEJANA

Posición actual y forma de la galaxia

Galaxia como aparece a un observador en la Tierra

Trayectoria de la luz sin lente gravitacional

Tipos de materia oscura

Los científicos han propuesto dos candidatos para la materia oscura. Los MACHO son grandes objetos hechos de materia bariónica normal que no emiten mucha luz. Sin embargo, estos solo son un pequeño porcentaje de toda la materia oscura. Los científicos creen que estamos sumergidos en un mar de WIMP: partículas subatómicas no bariónicas que apenas interactúan con la luz.

TIPOS DE MATERIA OSCURA		
MACHO	**WIMP**	
Una parte podría estar en objetos densos que emiten tan poca luz que solo pueden detectarse con lentes gravitacionales. Son los MACHO («objeto astrofísico masivo de halo compacto») y entre ellos están los agujeros negros y las enanas marrones. Sin embargo, no toda la materia oscura está formada por MACHO.	La materia oscura puede incluir las partículas masivas débilmente interactuantes (WIMP), partículas que pueden atravesar la materia ordinaria sin producir apenas o ningún efecto.	
	Caliente	**Fría**
	Esta forma teórica de materia oscura son partículas que viajan a una velocidad cercana a la de la luz.	La mayoría de la materia oscura, como las WIMP, es fría, una materia relativamente lenta.

–273 °C
TEMPERATURA A LA QUE DEBEN ENFRIARSE ALGUNOS DETECTORES DE MATERIA OSCURA

Buscando materia oscura

La materia oscura está compuesta por partículas subatómicas que solo interactúan con la gravedad, por lo que es difícil detectarla. Los científicos, además de estudiar sus efectos en el espacio, intentan encontrar unas frías partículas de materia oscura llamadas axiones con tanques helados de elementos inertes líquidos situados bajo tierra.

Instalaciones al nivel del suelo

Detectores bajo tierra
Una partícula de materia oscura pasa a través del suelo y perturba los electrones de un tanque de líquido. Este amplifica la señal, que después capta un sensor.

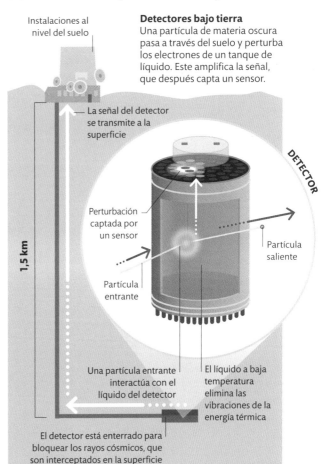

La señal del detector se transmite a la superficie

1,5 km

DETECTOR

Perturbación captada por un sensor

Partícula saliente

Partícula entrante

Una partícula entrante interactúa con el líquido del detector

El líquido a baja temperatura elimina las vibraciones de la energía térmica

El detector está enterrado para bloquear los rayos cósmicos, que son interceptados en la superficie

Cartografiar el universo

En los últimos 50 años, los cosmólogos han cartografiado el universo con un detalle cada vez mayor, y esto les han permitido ver diferencias y similitudes en el espacio y descubrir vastas estructuras.

El principio cosmológico

Según el principio cosmológico, en las escalas más grandes, el universo es igual en todas partes: la materia se distribuye de forma uniforme y sigue las mismas leyes. Es al mismo tiempo homogéneo (igual estemos donde estemos) e isotrópico (igual en cualquier dirección en la que miremos). Esto significaría que lo que se ve en un área del universo es probablemente igual en todas partes y solo hay que aumentar la escala. Pero observaciones recientes han arrojado dudas acerca de que el universo sea realmente homogéneo.

Filamentos y vacíos

El universo parece estar distribuido como una inmensa tela de araña, con todas las estrellas y las galaxias concentradas en filamentos y láminas. Entre ellos hay vacíos oscuros.

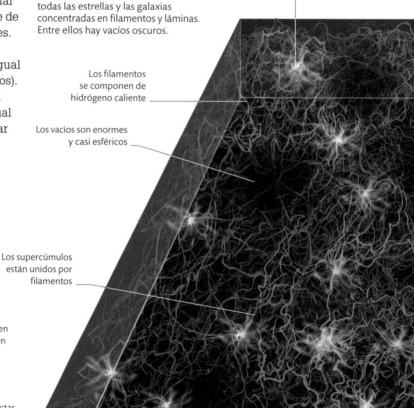

Los cúmulos de galaxias se concentran en los nodos, donde se unen los filamentos

Los filamentos se componen de hidrógeno caliente

Los vacíos son enormes y casi esféricos

Los supercúmulos están unidos por filamentos

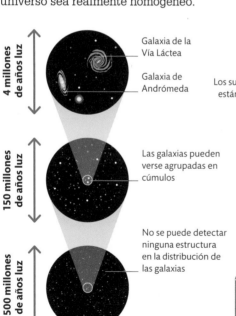

4 millones de años luz

Galaxia de la Vía Láctea

Galaxia de Andrómeda

150 millones de años luz

Las galaxias pueden verse agrupadas en cúmulos

1500 millones de años luz

No se puede detectar ninguna estructura en la distribución de las galaxias

Escala y estructura

En teoría, no hay estructuras en las escalas más grandes y las diferencias que crean estructuras solo emergen en las escalas pequeñas.

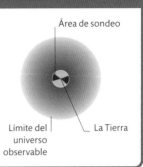

¿CUÁL ES LA ESTRUCTURA MÁS GRANDE?

La estructura más grande de galaxias que se conoce es la Gran Muralla Sloan, que mide casi 1500 millones de años luz de longitud y está a 1000 años luz de la Tierra.

SONDEOS DEL CIELO

Gran parte de lo que sabemos de la estructura del universo a gran escala se basa en mapas 3D creados a partir de sondeos del universo observable (ver pp. 160-61). En 2020, el Sloan Digital Sky Survey (SDSS) produjo el mapa más grande y detallado hasta ahora, que cartografía la historia del universo a lo largo de 11 000 millones de años.

Área de sondeo

Límite del universo observable

La Tierra

La red cósmica

El universo no es una colección aleatoria de estrellas y galaxias. Es más bien una red cósmica hecha de filamentos interconectados y de murallas de galaxias aglutinadas y gases, con gigantescos vacíos en medio, como burbujas de extrañas formas. Todas estas estructuras dotan al universo de una apariencia espumosa. Sin embargo, se cree que posiblemente haya un límite en lo grandes que pueden ser estas estructuras si nos alejamos lo suficiente. Este límite recibe a veces el nombre de Límite de la Grandeza.

Gran Muralla Sloan

Límite de la zona de sondeo

Filamento Piscis-Cetus

Grandes Murallas
Los filamentos son largos hilos de galaxias. En contraste, las murallas son anchas y planas. La longitud de la Gran Muralla Sloan, vista en esta imagen de sondeo, es más o menos una sexta parte del universo observable.

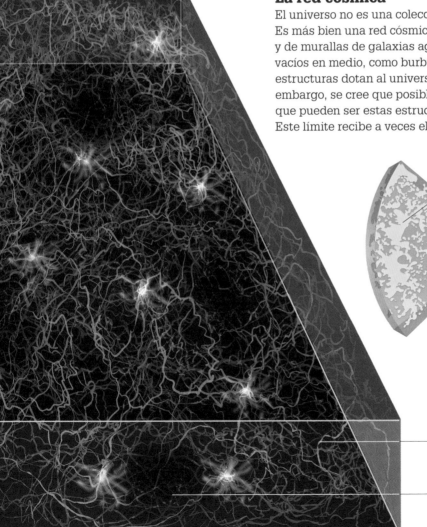

Estructuras en forma de láminas llamadas murallas

Los vacíos no contienen galaxias, o tan solo unas pocas, y tienen menos del 10 por ciento de la densidad media de la materia del universo

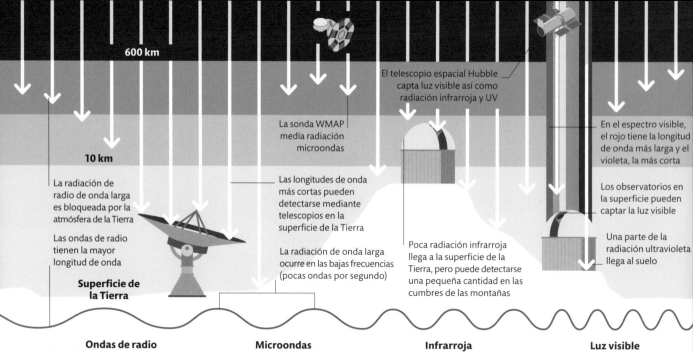

600 km

10 km

El telescopio espacial Hubble capta luz visible así como radiación infrarroja y UV

La sonda WMAP medía radiación microondas

En el espectro visible, el rojo tiene la longitud de onda más larga y el violeta, la más corta

La radiación de radio de onda larga es bloqueada por la atmósfera de la Tierra

Las ondas de radio tienen la mayor longitud de onda

Las longitudes de onda más cortas pueden detectarse mediante telescopios en la superficie de la Tierra

La radiación de onda larga ocurre en las bajas frecuencias (pocas ondas por segundo)

Poca radiación infrarroja llega a la superficie de la Tierra, pero puede detectarse una pequeña cantidad en las cumbres de las montañas

Los observatorios en la superficie pueden captar la luz visible

Una parte de la radiación ultravioleta llega al suelo

Superficie de la Tierra

Ondas de radio
Estrellas y galaxias, radiogalaxias, cuásares, púlsares y máseres son fuentes de ondas de radio.

Microondas
La radiación de fondo que queda del Big Bang se detecta en forma de microondas.

Infrarroja
Esta radiación es calor. Revela galaxias poco luminosas, enanas marrones, nebulosas y moléculas interestelares.

Luz visible
La luz, emitida por la mayoría de las estrellas y reflejada por planetas y nubes, es una gran fuente de datos.

La luz

La luz es la radiación electromagnética que ven nuestros ojos. Toda la materia emite radiación electromagnética y conocemos el universo gracias a que estudiamos la radiación de objetos lejanos como las estrellas.

La luz en el espacio

Cualquier tipo de radiación, incluida la luz, viaja en el espacio en línea recta a igual velocidad –299 792 km/s–, aunque con diferentes longitudes de onda, en función de su energía. La luz no tiene masa pero, aun así, puede ser absorbida, reflejada o refractada cuando impacta con algo y, además, su trayectoria puede alterarse por la curvatura en el espacio provocada por un fuerte campo gravitatorio (ver pp. 154-55). Cuando la luz irradia desde un origen, se dispersa y su energía disminuye. Por eso vemos tenue la luz de las galaxias.

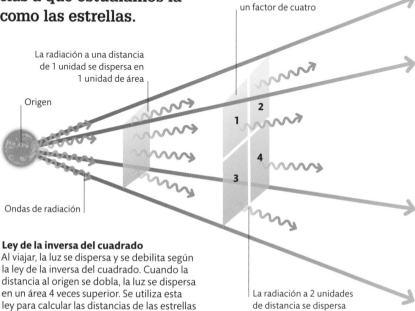

Cuando la distancia a la fuente se dobla, la intensidad de la radiación desciende en un factor de cuatro

La radiación a una distancia de 1 unidad se dispersa en 1 unidad de área

Origen

Ondas de radiación

1 **2** **3** **4**

La radiación a 2 unidades de distancia se dispersa en 4 unidades de área

Ley de la inversa del cuadrado
Al viajar, la luz se dispersa y se debilita según la ley de la inversa del cuadrado. Cuando la distancia al origen se dobla, la luz se dispersa en un área 4 veces superior. Se utiliza esta ley para calcular las distancias de las estrellas a partir de su luminosidad aparente.

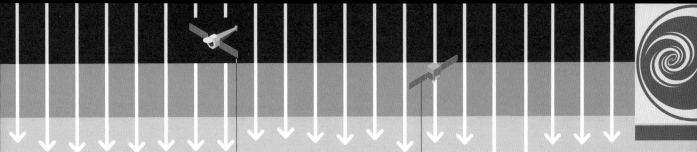

Radiación en la atmósfera de la Tierra
Algunos tipos de radiación atraviesan la atmósfera terrestre y llegan al suelo. Otros son absorbidos por la atmósfera en diferentes medidas y solo pueden detectarse desde el espacio o desde grandes altitudes.

El observatorio de rayos X Chandra usa espejos para enfocar rayos X y producir imágenes

El telescopio Fermi detecta ráfagas de rayos gamma

Estos tanques de agua ultrapura detectan ráfagas de rayos gamma

La longitud de onda es la distancia entre una cresta de onda y la siguiente

La radiación de onda corta ocurre en las altas frecuencias (muchas ondas por segundo)

Los rayos gamma tienen la menor longitud de onda

Ultravioleta (UV)
La radiación UV se genera en fuentes muy calientes, como enanas blancas, estrellas de neutrones y galaxias de Seyfert, pero no puede atravesar la atmósfera de la Tierra.

Rayos X
Los rayos X son útiles para detectar sistemas estelares binarios, agujeros negros, estrellas de neutrones, colisiones de galaxias y gases calientes, entre otras cosas.

Rayos gamma
Los rayos gamma revelan actividad de alta energía procedente de fulguraciones solares, estrellas de neutrones, agujeros negros, explosiones de estrellas y restos de supernovas.

El espectro electromagnético

La luz es la radiación en una sola franja de longitud de onda en el enorme rango que es el espectro electromagnético. En un extremo están las ondas largas y de baja frecuencia: ondas de radio, microondas y luz infrarroja. En el otro, las ondas cortas y de alta frecuencia: luz ultravioleta, rayos X y rayos gamma. Estrellas y galaxias emiten estas ondas en diferentes cantidades. Aunque el ojo humano solo ve la luz visible, telescopios que detectan otras longitudes de onda nos dicen mucho del universo.

LA RADIACIÓN DE **RAYOS GAMMA** TIENE MÁS DE **100 000 VECES MÁS ENERGÍA** QUE LA **LUZ VISIBLE**

¿PUEDE ALGO VIAJAR MÁS DEPRISA QUE LA LUZ?

No. Según la teoría especial de la relatividad de Albert Einstein, la velocidad de la luz es la velocidad máxima de la materia ordinaria y de la radiación.

¿PARTÍCULA U ONDA?

La luz y otros tipos de radiación electromagnética se emiten en forma de paquetes de energía llamados fotones. Un fotón es el paquete independiente de radiación más pequeño posible, también llamado cuanto. Los fotones pueden entenderse como partículas o como ondas, dependiendo de cómo se detecten. Esta doble naturaleza de la luz se denomina dualidad onda-partícula.

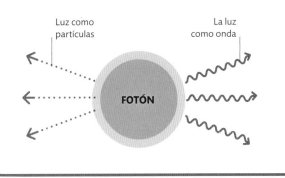

Luz como partículas

La luz como onda

FOTÓN

El espaciotiempo

En el espaciotiempo, las tres dimensiones del espacio se unen al tiempo en una estructura 4D. Esta idea también ha cambiado la comprensión de la gravedad.

¿Qué es el espaciotiempo?

En el espaciotiempo, tiempo y espacio están inseparablemente unidos en una retícula que se suele comparar con una lámina de goma. La lámina tiene dos dimensiones pero representa un espaciotiempo de cuatro dimensiones y muestra curvaturas en el tiempo y en el espacio. Albert Einstein, en su teoría general de la relatividad, demostró que el espaciotiempo se altera en torno a los objetos con masa. A más masa, más distorsión. Esta distorsión determina todo el movimiento del universo, incluso de la luz. Einstein se dio cuenta de que la gravedad es simplemente el efecto de estas distorsiones en el movimiento de los objetos.

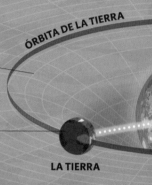

Los objetos se mueven a lo largo de líneas imaginarias llamadas geodésicas y que representan las distancias más cortas entre puntos del espaciotiempo

Lámina flexible que representa el espaciotiempo

COMETA ACERCÁNDO

ÓRBITA DE LA TIERRA

En el espacio distorsionado por la masa, las geodésicas se curvan. Un objeto que se mueve a lo largo de una geodésica, como un planeta en órbita alrededor del Sol, cambia de dirección debido a la gravedad

La curvatura del espacio implica que la Tierra está cayendo hacia el Sol, pero la inercia impide que caiga en él; esto significa que la Tierra orbita en una trayectoria curva en torno al Sol

LA TIERRA

Espaciotiempo curvado
La enorme masa del Sol distorsiona el espaciotiempo a su alrededor como una pesada bola sobre una lámina de goma. Los objetos que se mueven en su campo gravitatorio, como la Tierra, los cometas e incluso la luz, se curvan hacia el Sol.

Ondas gravitacionales

En 1916, Einstein predijo que los objetos masivos sujetos a aceleración podrían provocar ondulaciones en el tejido del espaciotiempo. Ahora se cree que esas ondulaciones, las ondas gravitacionales, son provocadas por eventos cataclísmicos en el espacio —como supernovas y colisiones de estrellas de neutrones o de agujeros negros— y se alejan de sus fuentes a la velocidad de la luz. Aunque son difíciles de detectar, las ondas gravitacionales podrían proporcionar en un futuro una alternativa a la radiación electromagnética para ver objetos en el espacio como agujeros negros y materia oscura.

Ondulaciones de agujeros negros
La existencia de las ondas gravitacionales se confirmó en 2015, al captarse en la Tierra ondulaciones procedentes de dos agujeros negros en colisión a 1300 millones de años luz con la técnica de interferometría láser.

Un agujero negro tiene 20 veces la masa del Sol, pero ocupa mucho menos espacio

1 Agujeros negros en colisión
Los dos agujeros negros eran los restos de estrellas gigantes colapsadas. Al acercarse, orbitaron uno en torno al otro durante quizá millones de años antes de que lleguen a causar ondulaciones significativas.

Los agujeros negros se mueven deprisa y crean ondulaciones en el espaciotiempo

Los agujeros negros se mueven cada vez más deprisa y se acercan uno al otro

2 La velocidad orbital aumenta
Cuando los agujeros negros se acercan, empiezan a enviar ondas gravitacionales a través del espaciotiempo circundante. Esto libera energía, lo que les permite orbitar más cerca y más rápidamente.

Un veloz cometa se mueve hacia el Sol al entrar en la curvatura espaciotemporal

Los haces de luz también se ven afectados por la distorsión del espaciotiempo. Un haz proveniente de una estrella se curva y, por tanto, la luz parece provenir de un lugar distinto del cielo

POSICIÓN REAL DE LA ESTRELLA

La distancia entre las geodésicas aumenta cerca de un objeto masivo

POSICIÓN APARENTE DE LA ESTRELLA

SOL

De cerca, las geodésicas parecen rectas

El Sol es el objeto más grande del sistema solar, por lo que el movimiento de todos los demás objetos del sistema solar se ve afectado por la forma en que distorsiona el espacio

La luz detectada en la Tierra parece provenir de un punto en línea recta desde el observador

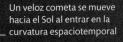

¿AVANZA EL TIEMPO SIEMPRE AL MISMO RITMO?

No. Las agujas de un reloj que viaja rápidamente van más lentas que las de uno inmóvil. Las agujas de un reloj en una nave espacial que viajase al 87 por ciento de la velocidad de la luz tardarían el doble que las de un reloj en la Tierra.

LAS **MISIONES APOLO** SE PLANEARON CON LAS **LEYES DE NEWTON**, Y NO CON LAS DE **EINSTEIN**

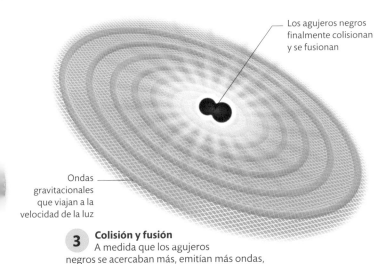

Los agujeros negros finalmente colisionan y se fusionan

Ondas gravitacionales que viajan a la velocidad de la luz

3 **Colisión y fusión**
A medida que los agujeros negros se acercaban más, emitían más ondas, perdiendo energía y, finalmente, entrando en un rumbo inevitable de colisión. La explosión final envió enormes ondas de choque a través del espaciotiempo.

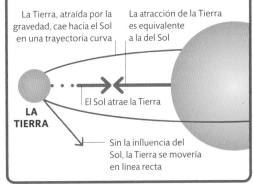

LA GRAVEDAD DE NEWTON

Newton explicó la gravedad como la atracción mutua entre toda la materia. La Tierra se mantiene en su órbita gracias a un equilibrio entre la gravedad y su propio momento lineal.

La Tierra, atraída por la gravedad, cae hacia el Sol en una trayectoria curva

La atracción de la Tierra es equivalente a la del Sol

LA TIERRA

El Sol atrae la Tierra

Sin la influencia del Sol, la Tierra se movería en línea recta

Atrás en el tiempo

Cuando miramos el espacio, las estrellas y galaxias que vemos están a enormes distancias. Mirarlas implica también mirar hacia atrás en el tiempo y verlas tal como eran cuando la luz salió de ellas.

Tiempo retrospectivo

Aunque la luz se mueve más deprisa que ninguna otra cosa del universo –a unos 300000 km/s– no llega a nosotros de forma inmediata. Cuanto más lejos está un objeto, más tarda la luz en llegar a nosotros y más atrás en el tiempo estamos mirando. La distancia retrospectiva o de viaje en el tiempo de un objeto (ver pp. 160-61) es también la medida del tiempo que lleva su luz viajando hacia nosotros, su tiempo retrospectivo.

¿Cómo de lejos en el tiempo y el espacio?
Incluso la luz de objetos cercanos, como los del sistema solar, tarda un tiempo apreciable en llegar hasta nosotros. La luz tarda más de 8 minutos en llegar desde el Sol y 1,3 segundos en llegar desde la Luna.

Joven galaxia azul, a 4000 millones de años luz

Galaxia elíptica, a 6000 millones de años luz

Galaxia espiral, a 3000 millones de años luz

Mirando en lo profundo del espacio
Las imágenes del Campo Profundo del Hubble de galaxias a miles de millones de años luz revelan cómo aparecieron las galaxias hace miles de millones de años.

Mirando en lo profundo del tiempo

Uno de los objetos más lejanos observables a simple vista es la galaxia de Andrómeda. Está a 2,5 millones de años luz de distancia, lo que quiere decir que la vemos tal como era hace 2,5 millones de años. Gracias al telescopio espacial Hubble, podemos ver objetos que están a miles de millones de años luz tal como eran hace miles de millones de años. La luz de esos objetos lejanos ha virado al rojo (ver p. 159), por lo que solo es posible observarlos en la parte infrarroja del espectro.

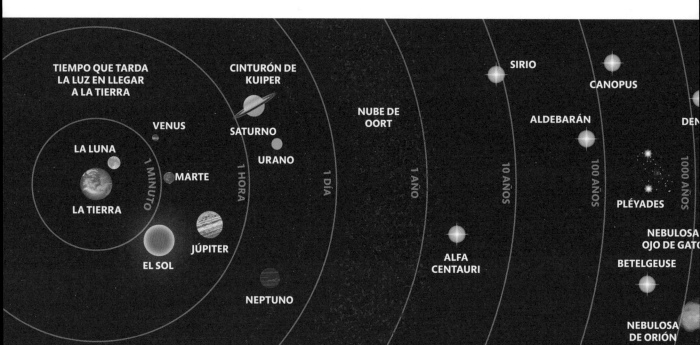

TIEMPO QUE TARDA LA LUZ EN LLEGAR A LA TIERRA

CINTURÓN DE KUIPER

SIRIO

CANOPUS

NUBE DE OORT

ALDEBARÁN

DEN

VENUS

SATURNO

LA LUNA

URANO

1 MINUTO

MARTE

1 HORA

1 DÍA

1 AÑO

10 AÑOS

100 AÑOS

1000 AÑOS

PLÉYADES

LA TIERRA

NEBULOSA OJO DE GATO

JÚPITER

ALFA CENTAURI

BETELGEUSE

EL SOL

NEPTUNO

NEBULOSA DE ORIÓN

LOS PRIMEROS MOMENTOS DEL UNIVERSO

Aunque no podemos ver directamente los primeros momentos del universo, podemos investigar cómo fueron con los aceleradores de partículas (como el Gran Colisionador de Hadrones). Estos hacen chocar entre sí partículas subatómicas y así recrean las condiciones que pudieron existir justo después del Big Bang.

Los electroimanes aceleran las partículas

Las partículas entran en el acelerador

Productos de la colisión

Las partículas colisionan

El detector capta los productos de la colisión

ACELERADOR DE PARTÍCULAS

LA **GALAXIA GN-Z11** ES UNO DE LOS **OBJETOS MÁS LEJANOS** JAMÁS DETECTADOS: LA **VEMOS COMO ERA** HACE UNOS **13 400 MILLONES DE AÑOS**

El límite de la observación

Al inicio del universo, las partículas de luz (fotones) no se movían libremente, por lo que no podemos observarlo directamente. Unos 380 000 años después del Big Bang, en un período conocido como recombinación (ver pp. 164-65), los fotones se volvieron capaces de moverse libremente. Estos fotones de la radiación de fondo de microondas son los más antiguos que pueden detectarse.

Comienzo oscuro
Al inicio, el universo estaba lleno de plasma (un «caldo» denso y caliente de partículas con carga eléctrica), que impedía que los fotones se movieran libremente.

El universo es opaco

El universo se hace transparente durante la recombinación

Universo actual

380 000 AÑOS

BIG BANG

CRONOLOGÍA DEL UNIVERSO

Los fotones no pueden escapar

Los fotones se vuelven capaces de moverse libremente

NEBULOSA DEL ÁGUILA

CASIOPEA A

ETA CARINAE

GRAN NUBE DE MAGALLANES

M33

M82

CENTAURO A

CYGNUS A

0313-192

GN-Z11

GALAXIA DE ANDRÓMEDA

GALAXIA DEL MOLINETE

10 000 AÑOS

CENTRO DE LA VÍA LÁCTEA

100 000 AÑOS

PEQUEÑA NUBE DE MAGALLANES

1 MILLÓN DE AÑOS

NGC 55

10 MILLONES DE AÑOS

GALAXIA DEL SOMBRERO

100 MILLONES DE AÑOS

1000 MILLONES DE AÑOS

3C 321

10 000 MILLONES DE AÑOS

13 800 MILLONES DE AÑOS

A1689-ZD1

47 TUCANAE

GALAXIA DE BARNARD

CÚMULO DE VIRGO

ABEL 1689

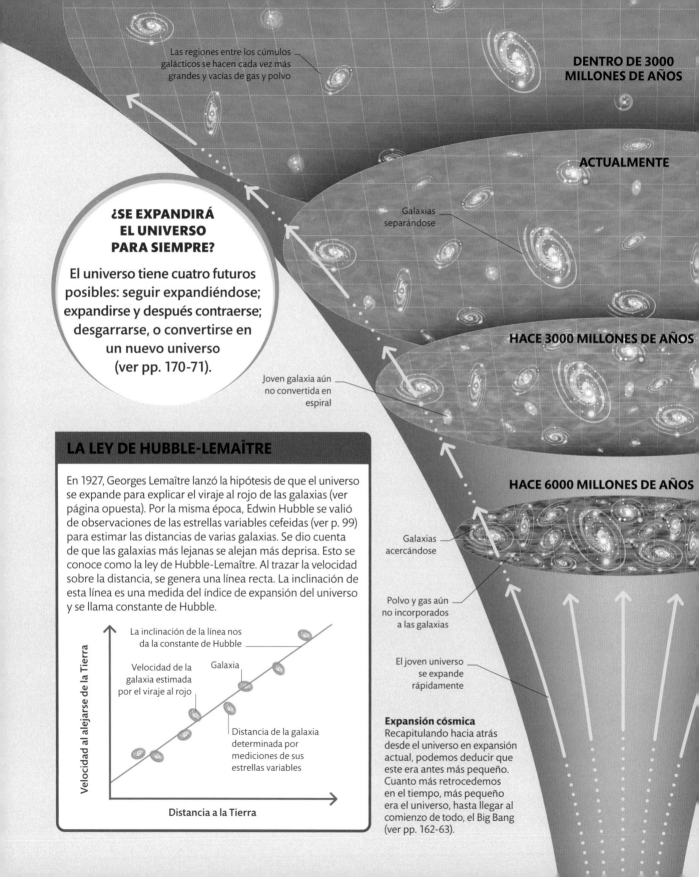

Las regiones entre los cúmulos galácticos se hacen cada vez más grandes y vacías de gas y polvo

DENTRO DE 3000 MILLONES DE AÑOS

ACTUALMENTE

Galaxias separándose

HACE 3000 MILLONES DE AÑOS

Joven galaxia aún no convertida en espiral

HACE 6000 MILLONES DE AÑOS

Galaxias acercándose

Polvo y gas aún no incorporados a las galaxias

El joven universo se expande rápidamente

¿SE EXPANDIRÁ EL UNIVERSO PARA SIEMPRE?

El universo tiene cuatro futuros posibles: seguir expandiéndose; expandirse y después contraerse; desgarrarse, o convertirse en un nuevo universo (ver pp. 170-71).

LA LEY DE HUBBLE-LEMAÎTRE

En 1927, Georges Lemaître lanzó la hipótesis de que el universo se expande para explicar el viraje al rojo de las galaxias (ver página opuesta). Por la misma época, Edwin Hubble se valió de observaciones de las estrellas variables cefeidas (ver p. 99) para estimar las distancias de varias galaxias. Se dio cuenta de que las galaxias más lejanas se alejan más deprisa. Esto se conoce como la ley de Hubble-Lemaître. Al trazar la velocidad sobre la distancia, se genera una línea recta. La inclinación de esta línea es una medida del índice de expansión del universo y se llama constante de Hubble.

La inclinación de la línea nos da la constante de Hubble

Velocidad de la galaxia estimada por el viraje al rojo

Galaxia

Distancia de la galaxia determinada por mediciones de sus estrellas variables

Velocidad al alejarse de la Tierra

Distancia a la Tierra

Expansión cósmica
Recapitulando hacia atrás desde el universo en expansión actual, podemos deducir que este era antes más pequeño. Cuanto más retrocedemos en el tiempo, más pequeño era el universo, hasta llegar al comienzo de todo, el Big Bang (ver pp. 162-63).

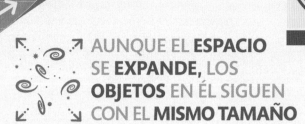

Algunas galaxias han evolucionado hasta convertirse en espirales

El universo se expande cada vez más deprisa

El universo en expansión

Cada segundo, la distancia entre los objetos del universo se agranda, como puntos en la superficie de un globo que se está hinchando. Esto es porque el propio tejido del espacio se expande. Sabemos que el índice de expansión se está acelerando, pero no sabemos por qué o exactamente a qué ritmo.

La naturaleza de la expansión

Las galaxias y otros objetos celestes no están alejándose unos de otros en el espacio. Lo que ocurre es que el espacio mismo está expandiéndose y llevándose a los objetos con él, aunque en regiones concretas los objetos pueden estar acercándose entre ellos si la atracción gravitatoria es suficiente. Hay dos métodos para calcular lo rápidamente que se expande el universo: con la radiación de fondo de microondas (ver pp. 164-165) y midiendo el viraje al rojo de la luz de ciertas estrellas. Los métodos dan resultados diferentes, pero una estimación generalmente aceptada es que el universo se expande unos 20 km/s por cada millón de años luz.

Movimiento y longitud de onda
Cuando objeto y observador no se mueven uno en relación con el otro, el observador ve la verdadera longitud de onda del objeto. Pero si se van separando, la longitud de onda se vuelve más larga, un efecto llamado corrimiento al rojo. Si se acercan, la longitud de onda se acorta, algo llamado corrimiento al azul.

Objeto celeste que no se mueve en relación al observador

Observador

Luz de un objeto celeste

Línea espectral de la luz de un objeto celeste

Espectro

OBSERVADOR Y OBJETO ESTACIONARIOS

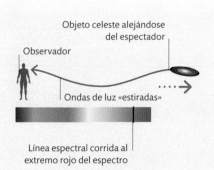

Objeto celeste alejándose del espectador

Observador

Ondas de luz «estiradas»

Línea espectral corrida al extremo rojo del espectro

OBSERVADOR Y OBJETO ALEJÁNDOSE

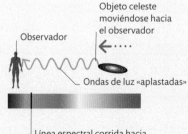

Objeto celeste moviéndose hacia el observador

Observador

Ondas de luz «aplastadas»

Línea espectral corrida hacia el extremo azul del espectro

OBSERVADOR Y OBJETO ACERCÁNDOSE ENTRE SÍ

Medir la distancia

El espacio se expande, por lo que la distancia actual de un objeto en el espacio (distancia propia) es mayor que la distancia que ha recorrido la luz desde ese objeto hasta llegar a nosotros (distancia retrospectiva). Sin embargo, cuando los astrónomos dan las distancias a los objetos, suele ser la distancia retrospectiva, porque la distancia propia exacta depende del índice de expansión del universo (ver pp. 158-59), que no se conoce con seguridad.

Retrospección

La distancia retrospectiva es lo lejos que la luz ha viajado desde un objeto hasta llegar a nosotros. La distancia propia es la verdadera distancia entre nosotros y el objeto. Es mayor que la distancia retrospectiva debido a la expansión del universo.

HACE 11 000 MILLONES DE AÑOS

Galaxias alejándose a medida que el espacio se expande

La luz sale de la galaxia lejana

ESPACIO EN EXPANSIÓN

Vía Láctea

Galaxia lejana alejándose de la Vía Láctea

HACE 5000 MILLONES DE AÑOS

La luz viaja hacia la Vía Láctea

ESPACIO EN EXPANSIÓN

La Vía Láctea continúa moviéndose

La galaxia sigue retrocediendo

ACTUALMENTE

La luz llega a la Vía Láctea

La galaxia sigue alejándose

ESPACIO EN EXPANSIÓN

DISTANCIA RETROSPECTIVA

DISTANCIA RETROCEDIDA

DISTANCIA PROPIA

¿CÓMO DE GRANDE ES EL UNIVERSO?

El universo es más grande que la parte que observamos. No sabemos exactamente cuánto más, pero algunos modelos estiman que podría ser una esfera de 7 billones de años luz de diámetro.

Distancia actual desde la Tierra a los objetos más lejanos que son teóricamente visibles

Región más allá del universo observable

LA GALAXIA VISIBLE MÁS LEJANA

GN-z11, detectada por el telescopio espacial Hubble en 2016, es la galaxia más lejana observada desde la Tierra. Se formó unos 400 millones de años después del Big Bang y está a una distancia retrospectiva de unos 13 400 millones de años luz. En el tiempo que tardó su luz en llegar a nosotros, el universo se ha expandido y se cree que ahora está a una distancia propia de la Tierra de 32 000 millones de años luz.

GALAXIA GN-z11

Galaxia irregular, formada poco después del Big Bang

Actualmente

Big Bang

CRONOLOGÍA DEL UNIVERSO

¿Cómo de lejos vemos?

El universo se expande y lleva haciéndolo desde el Big Bang. Esto significa que hay una enorme región, tal vez infinitamente grande, que no podemos ver porque la luz no ha tenido aún tiempo de llegar a nosotros desde esas lejanas regiones.

El universo observable

La región del espacio que se extiende 46 500 millones de años luz desde la Tierra en todas direcciones es el universo observable. Esta región esférica compone todas las partes del universo que tenemos capacidad potencial para ver, pues la luz ha tenido tiempo (la edad del universo, o 13 800 millones de años) de llegar a nosotros. El tamaño del universo observable no depende de la capacidad de la tecnología para detectar objetos distantes, sino que es un límite impuesto por la edad del universo y por la velocidad finita de la luz, dos propiedades físicas fundamentales que no podemos vencer.

La esfera observable

El universo observable, con centro en la Tierra, es un volumen esférico de 93 000 millones de años luz de diámetro. Podemos ver objetos que tienen una distancia propia de más de 13 800 millones de años luz porque el universo se ha expandido mientras la luz viajaba desde ellos.

Límite exterior del universo observable, llamado horizonte de la luz cósmica

GN-z11, la galaxia más lejana conocida (distancia propia estimada: 32 000 millones de años luz)

SN 1000+0216, la supernova más lejana conocida (distancia propia estimada: 23 000 millones de años luz)

46 500 MILLONES DE AÑOS LUZ

ULAS J1342+0928, el cuásar más lejano que se conoce (distancia propia estimada: 29 000 millones de años luz)

Ícaro (MACS J1149 Estrella Lentificada 1), la estrella más lejana conocida (distancia propia estimada: 14 400 millones de años luz)

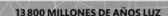

13 800 MILLONES DE AÑOS LUZ

LA TIERRA

Distancia que ha recorrido la luz desde los objetos más distantes teóricamente visibles: la máxima distancia retrospectiva de los objetos observables

LÍMITE DEL UNIVERSO OBSERVABLE

LA **LUZ** DE LO QUE ESTÁ A **MÁS DE 60 000 MILLONES DE AÑOS LUZ** NO LLEGARÁ NUNCA A LA TIERRA

El Big Bang

El universo está hoy lleno de estrellas, planetas y galaxias, pero comenzó hace 13 800 millones de años como una mota infinitamente pequeña que empezó a expandirse y aún sigue creciendo.

El comienzo

Si rebobinamos la expansión del universo, todo queda apretado en un espacio muy pequeño: una singularidad. Este comienzo supercaliente y superdenso recibe el nombre de Big Bang. En las primeras fracciones de segundo, la singularidad creció más deprisa que la velocidad de la luz en un período llamado inflación, al final del cual el universo era un mar de partículas y antipartículas. El universo entonces siguió expandiéndose, aunque a un ritmo más lento, y, finalmente, se desarrolló el cosmos que conocemos hoy.

El nacimiento del universo

El Big Bang no fue una enorme explosión en el espacio, sino una expansión increíblemente rápida a partir de un solo punto. Todo lo que existe en el universo actual estaba en ese punto, por eso los astrónomos dicen que el Big Bang ocurrió en todas partes a la vez.

¿QUÉ HABÍA ANTES DEL BIG BANG?

En general se cree que el Big Bang fue el comienzo de todo, incluido el tiempo, por lo que no tiene sentido hablar de algo anterior a la existencia del propio tiempo.

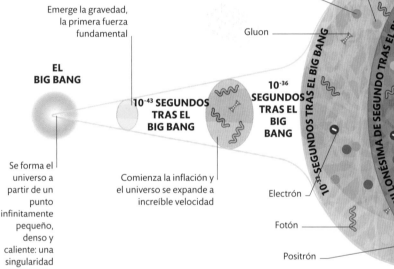

Emerge un mar de partículas y antipartículas cuando la inflación termina

Quark

Antiquark

Gluon

Emerge la gravedad, la primera fuerza fundamental

EL BIG BANG

10^{-43} SEGUNDOS TRAS EL BIG BANG

10^{-36} SEGUNDOS TRAS EL BIG BANG

10^{-12} SEGUNDOS TRAS EL BIG BANG

LA BILLONÉSIMA DE SEGUNDO TRAS EL BIG B...

Se forma el universo a partir de un punto infinitamente pequeño, denso y caliente: una singularidad

Comienza la inflación y el universo se expande a increíble velocidad

Electrón

Fotón

Positrón

Fuerzas fundamentales

En los primeros instantes tras el Big Bang, había solo energía: la materia no existía. En la actualidad, actúan cuatro fuerzas fundamentales, pero al principio las cuatro estaban unificadas en una sola superfuerza. Las cuatro fuerzas pronto se desprendieron de la superfuerza hasta separarse por completo una billonésima de segundo (10^{-12} segundos) tras el Big Bang.

SI LA **INFLACIÓN** SE REPITIERA HOY, **UNA CÉLULA** SE VOLVERÍA **MÁS GRANDE** QUE EL **UNIVERSO OBSERVABLE**

La separación de las fuerzas

Los físicos creen que las cuatro fuerzas fundamentales que gobiernan la interacción entre las partículas (fuerza nuclear fuerte, electromagnetismo y gravedad) y la desintegración nuclear (fuerza nuclear débil) eran originalmente una sola fuerza que se dividió inmediatamente tras el Big Bang, aunque aún no saben cómo ocurrió esto.

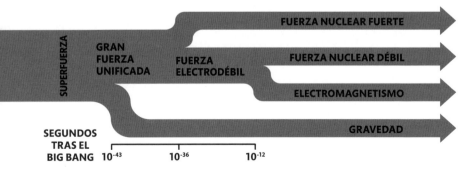

SUPERFUERZA

GRAN FUERZA UNIFICADA

FUERZA ELECTRODÉBIL

FUERZA NUCLEAR FUERTE

FUERZA NUCLEAR DÉBIL

ELECTROMAGNETISMO

GRAVEDAD

SEGUNDOS TRAS EL BIG BANG 10^{-43} 10^{-36} 10^{-12}

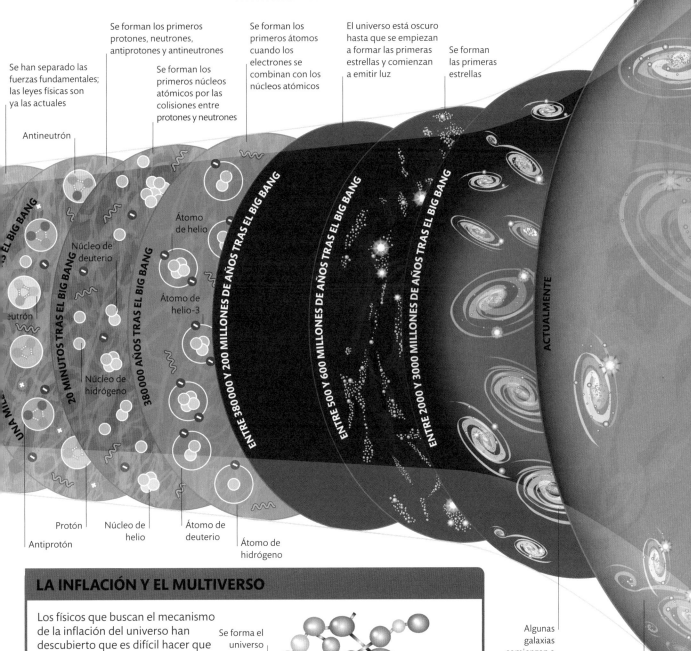

Se han separado las fuerzas fundamentales; las leyes físicas son ya las actuales

Se forman los primeros protones, neutrones, antiprotones y antineutrones

Se forman los primeros núcleos atómicos por las colisiones entre protones y neutrones

Se forman los primeros átomos cuando los electrones se combinan con los núcleos atómicos

El universo está oscuro hasta que se empiezan a formar las primeras estrellas y comienzan a emitir luz

Se forman las primeras estrellas

Antineutrón

Núcleo de deuterio

Átomo de helio

Átomo de helio-3

Núcleo de hidrógeno

...EL BIG BANG

20 MINUTOS TRAS EL BIG BANG

380 000 AÑOS TRAS EL BIG BANG

ENTRE 380 000 Y 200 MILLONES DE AÑOS TRAS EL BIG BANG

ENTRE 500 Y 600 MILLONES DE AÑOS TRAS EL BIG BANG

ENTRE 2000 Y 3000 MILLONES DE AÑOS TRAS EL BIG BANG

ACTUALMENTE

...eutrón

UNA MIL...

Protón

Antiprotón

Núcleo de helio

Átomo de deuterio

Átomo de hidrógeno

Algunas galaxias comienzan a adoptar formas espirales

El universo sigue expandiéndose

LA INFLACIÓN Y EL MULTIVERSO

Los físicos que buscan el mecanismo de la inflación del universo han descubierto que es difícil hacer que ocurra siquiera una sola vez en una simulación. Parece que es probable que la inflación sea eterna y que cree constantemente nuevos universos: un multiverso. Sin embargo, esta idea sigue siendo controvertida y no hay una forma obvia de demostrarla experimentalmente.

Se forma el universo

Otros universos «eclosionan» repetidamente y forman el multiverso

MULTIVERSO

Recombinación

El universo temprano era demasiado caliente para que se combinasen protones y electrones para formar átomos y era demasiado denso para que los fotones pudieran moverse libremente. Al expandirse, se enfrió y se hizo menos denso. A partir de unos 380 000 años después del Big Bang (período de recombinación), se enfrió y se expandió, lo que permitió que protones y los electrones se combinasen en átomos de hidrógeno y que los fotones se moviesen libremente.

El origen de la CMB

Tras la recombinación, el universo se llenó de pequeños átomos (sobre todo de hidrógeno, pero también de helio y de litio). Los átomos no bloqueaban los fotones (partículas lumínicas) como lo hacía antes el denso plasma y podían moverse libremente. Estos fotones pueden detectarse ahora como la radiación CMB.

LA CMB ESTÁ EN TODAS PARTES A UNA TEMPERATURA MEDIA DE −270,425 °C

1 Un universo opaco
Durante 380 000 años tras el Big Bang, los fotones chocan contra las partículas con carga eléctrica, como electrones y protones, y no pueden avanzar mucho. El universo es opaco.

ELECTRÓN
PROTÓN
Un fotón choca con una partícula
FOTÓN

EL DIMINUTO Y CALIENTE COMIENZO DEL UNIVERSO

2 Recombinación
A medida que el universo se enfría, los protones y los electrones se combinan y forman átomos (principalmente de hidrógeno). Estos ya no dispersan los fotones, y el universo se vuelve transparente.

ÁTOMO DE HIDRÓGENO
FOTÓN
Fotón que puede moverse

EL UNIVERSO SE ENFRÍA Y SE EXPANDE

3 Se produce la CMB
Los fotones son capaces de moverse libremente por el espacio pero pierden energía con el tiempo debido a la expansión del universo. Estos fotones forman la radiación de fondo de microondas.

ÁTOMO DE HIDRÓGENO
Un fotón pierde energía a medida que el universo se expande
FOTÓN

EL UNIVERSO SIGUE EXPANDIÉNDOSE

La primera radiación

Al comienzo, el universo era opaco. La luz solo pudo moverse libremente al formarse los primeros átomos. Lo que queda de aquella radiación forma la radiación de fondo de microondas (CMB, por sus siglas en inglés), la más temprana que podemos detectar.

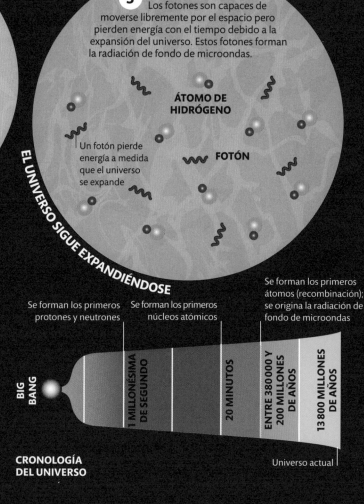

Se forman los primeros átomos (recombinación); se origina la radiación de fondo de microondas

Se forman los primeros protones y neutrones

Se forman los primeros núcleos atómicos

BIG BANG

1 MILLONÉSIMA DE SEGUNDO

20 MINUTOS

ENTRE 380 000 Y 200 MILLONES DE AÑOS

13 800 MILLONES DE AÑOS

CRONOLOGÍA DEL UNIVERSO

Universo actual

Medir la CMB

Desde que se descubrió la radiación de fondo de microondas (CMB) en 1964, se han hecho cientos de experimentos para medirla y estudiarla. El resultado más completo se obtuvo con datos del observatorio espacial europeo Planck entre 2009 y 2013. La CMB es casi idéntica en todas direcciones, pero muestra minúsculas fluctuaciones que difieren en temperatura de forma infinitesimal. Estas fluctuaciones representan diferencias en densidad que estaban presentes justo después de la formación del universo. Comenzaron como minúsculas variaciones, pero, a medida que el universo se expandía, las fluctuaciones crecieron con él y las áreas con densidad más alta se convirtieron en enormes estructuras como cúmulos galácticos.

La primera radiación

Esta imagen, obtenida por el observatorio Planck, muestra todo el cielo proyectado en una superficie plana. Las variaciones de temperatura están relacionadas con las irregularidades en la densidad de la materia al comienzo del universo. Las áreas con mayor temperatura que la media indican áreas de mayor densidad, y viceversa.

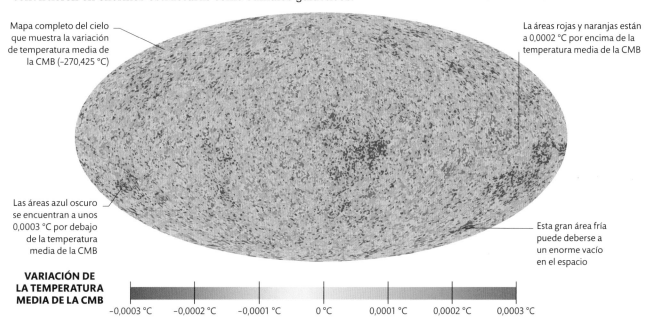

Mapa completo del cielo que muestra la variación de temperatura media de la CMB (–270,425 °C)

La áreas rojas y naranjas están a 0,0002 °C por encima de la temperatura media de la CMB

Las áreas azul oscuro se encuentran a unos 0,0003 °C por debajo de la temperatura media de la CMB

Esta gran área fría puede deberse a un enorme vacío en el espacio

VARIACIÓN DE LA TEMPERATURA MEDIA DE LA CMB

| –0,0003 °C | –0,0002 °C | –0,0001 °C | 0 °C | 0,0001 °C | 0,0002 °C | 0,0003 °C |

OTRA EVIDENCIA DE LA TEORÍA DEL BIG BANG

La existencia de la radiación de fondo de microondas proporciona una fuerte evidencia en favor de la teoría del Big Bang como origen del universo. Otras observaciones también apoyan esta teoría.

EXPANSIÓN — Se sabe que el universo se expande y se enfría. Esto implica que originalmente debía de ser mucho más pequeño y estar mucho más caliente que ahora, tal como afirma la teoría del Big Bang.

ELEMENTOS — Las proporciones de los elementos presentes en el universo moderno (especialmente de los más ligeros: hidrógeno, helio y litio) corresponden a las que predice la teoría del Big Bang.

CIELO NOCTURNO — Si el universo fuera infinitamente grande y antiguo, el cielo nocturno sería brillante. El hecho de que no lo sea se conoce como paradoja de Olber, que se resuelve con la teoría del Big Bang, que afirma que el universo no ha existido siempre.

¿POR QUÉ ESTÁ TAN FRÍA LA CMB?

Al principio, la CMB tenía una longitud de onda mucho más corta y tenía más energía, equivalente a unos 3000 °C. A medida que el universo se expandía, la radiación se fue estirando a una longitud de onda mayor, que tiene menos energía, por eso está tan fría.

Primeras partículas

Poco después del Big Bang, las primeras partículas emergieron de un océano de energía y, más tarde, formaron los cimientos del moderno universo.

Los primeros núcleos

Inicialmente, el universo estaba muy caliente y la materia y la energía tenían una forma intercambiable denominada masa-energía. Al enfriarse el cosmos, emergieron las partículas elementales, como los quarks (ver página opuesta). La fuerza nuclear fuerte (ver p. 162) une quarks y forma protones y neutrones, que forman los núcleos de los átomos.

El origen de la materia
Cuando el universo tenía 20 minutos, ya se habían formado los primeros núcleos atómicos. La materia y la antimateria (ver página opuesta) ya existían en forma de partículas y antipartículas.

CRONOLOGÍA DEL UNIVERSO

Se forman partículas y antipartículas, que se aniquilan creando energía y dejando un pequeño residuo de partículas de materia

Se forman los primeros protones y neutrones

Se forman los primeros átomos (recombinación)

BIG BANG

10^{-32} -10^{-9} SEGUNDOS

1 MILLONÉSIMA DE SEGUNDO

20 MINUTOS

ENTRE 380000 Y 200 MILLONES DE AÑOS

13 800 MILLONES DE AÑOS

Los primeros núcleos atómicos se han formado

Universo actual

LOS NÚCLEOS DE HIDRÓGENO DE UN VASO DE AGUA SE CREARON EN LOS PRIMEROS MINUTOS DE VIDA DEL UNIVERSO

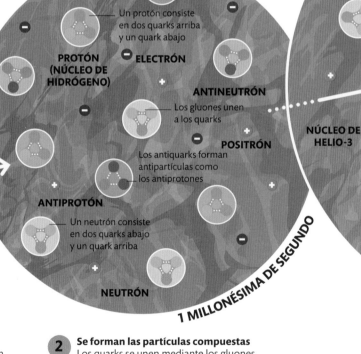

Un protón consiste en dos quarks arriba y un quark abajo

PROTÓN (NÚCLEO DE HIDRÓGENO)

ELECTRÓN

ANTINEUTRÓN

Los gluones unen a los quarks

POSITRÓN

Los antiquarks forman antipartículas como los antiprotones

ANTIPROTÓN

Un neutrón consiste en dos quarks abajo y un quark arriba

NEUTRÓN

NÚCLEO DE HELIO-3

GLUON

ELECTRÓN

QUARK ARRIBA

QUARK ABAJO

ANTIQUARK ABAJO

POSITRÓN

ANTIQUARK ARRIBA

10^{-32}-10^{-9} SEGUNDOS

1 MILLONÉSIMA DE SEGUNDO

1 **Se forman partículas y antipartículas**
Los primeros quarks y antiquarks se forman de forma espontánea a partir del océano de masa-energía en un fugaz período: la época quark. Los primeros electrones y positrones emergen en el proceso de leptogénesis.

2 **Se forman las partículas compuestas**
Los quarks se unen mediante los gluones, que contienen la fuerza nuclear fuerte, y forman protones y neutrones, que son tipos de partículas compuestas. Un protón tiene una carga eléctrica total positiva; los neutrones no tienen carga.

¿QUÉ PASÓ CON TODA LA ANTIMATERIA?

La materia y la antimateria se crearon en cantidades casi iguales, pero lo que vemos hoy está completamente constituido por materia. Una causa que no conocemos debió de inclinar la balanza en favor de la materia.

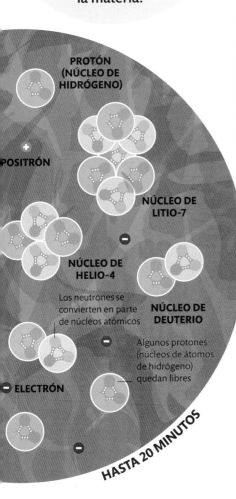

PROTÓN
(NÚCLEO DE HIDRÓGENO)

+ POSITRÓN

NÚCLEO DE LITIO-7

NÚCLEO DE HELIO-4

Los neutrones se convierten en parte de núcleos atómicos

NÚCLEO DE DEUTERIO

Algunos protones (núcleos de átomos de hidrógeno) quedan libres

ELECTRÓN

HASTA 20 MINUTOS

3 **Se forman los núcleos**
Los núcleos de hidrógeno estaban presentes en forma de protones. Las colisiones entre protones y neutrones formaron núcleos de helio-4 y pequeñas cantidades de helio-3, deuterio y litio-7.

Los primeros átomos

Un átomo se compone por un núcleo de carga positiva rodeado de uno o más electrones de carga negativa. Los primeros núcleos se formaron minutos después del Big Bang, pero tuvieron que pasar 380 000 años antes de que el universo se enfriase lo bastante para que núcleos y electrones se uniesen en el proceso de recombinación (ver p. 164) para formar átomos de los primeros tres elementos.

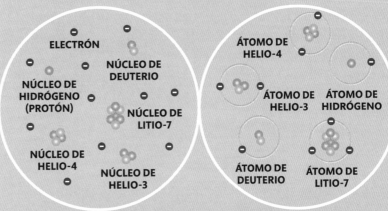

ELECTRÓN

NÚCLEO DE HIDRÓGENO (PROTÓN)

NÚCLEO DE DEUTERIO

NÚCLEO DE LITIO-7

NÚCLEO DE HELIO-4

NÚCLEO DE HELIO-3

ÁTOMO DE HELIO-4

ÁTOMO DE HELIO-3

ÁTOMO DE HIDRÓGENO

ÁTOMO DE DEUTERIO

ÁTOMO DE LITIO-7

1 **Núcleos y electrones separados**
Durante cientos de millones de años, los núcleos atómicos y los electrones existían de forma separada en un plasma caliente de veloces partículas.

2 **Se forman los átomos**
Finalmente, los núcleos atómicos capturan electrones y forman átomos de helio, hidrógeno, deuterio (una forma pesada de hidrógeno) y litio.

PARTÍCULAS SUBATÓMICAS

Los átomos están hechos de pequeñas partículas subatómicas: protones, neutrones y electrones. Los electrones son partículas fundamentales, lo que significa que no pueden descomponerse en partículas más pequeñas, pero los protones y los neutrones están hechos de partículas fundamentales llamadas quarks y gluones. Cada partícula tiene su antipartícula.

QUARK ARRIBA

QUARK ABAJO

ELECTRÓN

GLUON

FOTÓN

BOSÓN DE HIGGS

Partículas fundamentales
Algunas de estas, como los quarks, son los cimientos de la materia. Otras, como los gluones y los fotones, son portadoras de fuerzas.

PROTÓN

NEUTRÓN

Partículas compuestas
Hechas de partículas fundamentales, más pequeñas, como quarks y gluones.

ANTIQUARK ARRIBA

ANTIQUARK ABAJO

POSITRÓN

ANTIPROTÓN ANTINEUTRÓN

Antipartículas
Tienen la misma masa que sus partículas equivalentes, pero valores opuestos en otras propiedades, por ejemplo en carga eléctrica.

Las primeras estrellas y galaxias

Las primeras estrellas no empezaron a formarse hasta 200 millones de años tras el Big Bang. Las primeras galaxias, poco después, a medida que la materia oscura aglomeró las estrellas en grupos.

Las primeras estrellas

En las primeras etapas del universo, los únicos ingredientes disponibles eran el hidrógeno y el helio formados con el Big Bang. Las primeras estrellas no contenían elementos pesados y eran muy masivas, docenas de veces más que nuestro Sol. La intensa luz ultravioleta que emitían arrancó electrones de los átomos de hidrógeno, ionizando el gas entre las primeras galaxias enanas. Las primeras estrellas murieron jóvenes, explotando en forma de cataclísmicas supernovas tras unos pocos millones de años y creando así los primeros elementos pesados.

EXPERIMENTO EDGES

Este experimento usa un radiotelescopio del tamaño de una mesa para detectar radiación arcaica del período de reionización (350-1000 millones de años después del Big Bang). Los resultados iniciales indican que las estrellas se formaron pronto en la vida del universo y que el cosmos estaba más frío de lo que solía creerse, posiblemente debido a la influencia de la materia oscura.

La antena capta señales de radio

El receptor amplifica las señales y las envía a un analizador

¿TENÍAN PLANETAS LAS PRIMERAS ESTRELLAS?

Las primeras estrellas quizá tenían planetas, pero no eran rocosos, pues el universo temprano solo se componía de gas y plasma caliente (un «caldo» de partículas con carga eléctrica).

CRONOLOGÍA DEL UNIVERSO

Las primeras estrellas se forman 200 millones de años después del Big Bang

Empiezan a formarse las primeras galaxias 400 millones de años después del Big Bang

Universo actual

BIG BANG

ENTRE 380 000 Y 400 MILLONES DE AÑOS

13 800 MILLONES DE AÑOS

La reionización comienza 350 millones de años después del Big Bang

Formación de estrellas y galaxias

Las primeras estrellas se formaron en las etapas tempranas del universo, pero vivieron poco. Las primeras galaxias eran pequeñas y después evolucionaron hasta convertirse en las galaxias que conocemos actualmente.

Las primeras estrellas se forman dentro de nubes de gas unos 200 millones de años después del Big Bang

Comienza a aglutinarse gas de hidrógeno y helio y a formar nubes

El universo se llena de átomos neutros de hidrógeno y helio

Los primeros átomos empiezan a formarse 380 000 años después del Big Bang

Joven universo lleno de núcleos con carga eléctrica de hidrógeno y helio

Big Bang

Grumos de materia oscura (halos)

Gas de hidrógeno y helio

Cúmulos de estrellas

Región de materia oscura

Gas de hidrógeno y helio

Galaxia pequeña e irregular

Área de formación de estrellas

Galaxias fusionadas

Gas de hidrógeno y helio

1 La materia oscura se aglutina
La atracción gravitacional une la materia oscura en grumos llamados halos. Estos halos atraen materia normal, como hidrógeno y helio, que se comprimen aún más.

2 Se forman galaxias enanas
La materia continúa aglutinándose, formando finalmente galaxias pequeñas e irregulares. En ellas se desarrollan nodos de materia más densa, creando regiones donde pueden empezar a desarrollarse estrellas.

3 Las galaxias se fusionan
Las galaxias (en su mayor parte espacio vacío) se atraviesan unas a otras y crean otras más grandes y nuevas áreas de formación de estrellas. Cada galaxia grande del universo actual ha sufrido al menos una fusión.

El nacimiento de las galaxias

Aún no conocemos los procesos que formaron las primeras galaxias, pero se cree que, en la primera etapa del universo, algunas regiones del espacio eran ligeramente más densas que otras. Las más densas atrajeron materia oscura, que, a su vez, atrajo gas y estrellas. El proceso continuó hasta formarse las primeras galaxias primitivas. Las que vemos actualmente, como las galaxias espirales, se formaron más tarde, cuando las galaxias primitivas se fusionaron entre sí.

NUESTRA **VÍA LÁCTEA** ES **100 000 VECES MÁS MASIVA** QUE LAS **PRIMERAS GALAXIAS**

Las estrellas se forman en cúmulos que coinciden con concentraciones de materia oscura

Las primeras estrellas explotan en forma de supernovas 300 millones de años tras el Big Bang

La reionización comienza 350 millones de años tras el Big Bang

La radiación ultravioleta de estrellas muy calientes forma burbujas de gas caliente y con carga eléctrica

400 millones de años después del Big Bang, se aglutinan cúmulos de estrellas y forman galaxias enanas

Las galaxias enanas se combinan para formar galaxias más grandes

El futuro del universo

Lo que le espera al cosmos depende de la batalla que, desde el Big Bang, libran la gravedad y una forma de energía que no se entiende bien. Los astrónomos aún no están seguros del resultado.

Energía oscura

Los astrónomos sospechan que el espacio vacío está lleno de una misteriosa sustancia o fuerza llamada energía oscura que actúa en oposición a la gravedad. Siempre hay la misma cantidad de energía oscura en un volumen dado de espacio, por lo que su potencia crece a medida que el universo se expande y el espacio se hincha y ocupa un volumen mayor. Esto podría explicar por qué la expansión del universo se está acelerando.

Posibles futuros

Lo que le ocurrirá finalmente al espacio depende de si la atracción gravitacional entre estrellas, galaxias y cúmulos puede ser derrotada por la materia oscura. Si no, el universo se colapsará sobre sí mismo en un proceso inverso al Big Bang. Si la gravedad es derrotada, el universo continuará expandiéndose, potencialmente a un ritmo catastrófico. De cualquier forma, una nueva teoría de la física podría cambiar nuestras ideas sobre el potencial resultado.

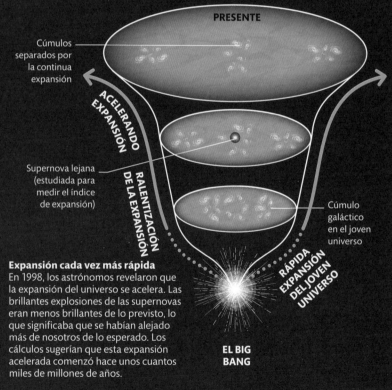

PRESENTE

Cúmulos separados por la continua expansión

ACELERANDO EXPANSIÓN

Supernova lejana (estudiada para medir el índice de expansión)

RALENTIZACIÓN DE LA EXPANSIÓN

Cúmulo galáctico en el joven universo

RÁPIDA EXPANSIÓN DEL JOVEN UNIVERSO

EL BIG BANG

Expansión cada vez más rápida

En 1998, los astrónomos revelaron que la expansión del universo se acelera. Las brillantes explosiones de las supernovas eran menos brillantes de lo previsto, lo que significaba que se habían alejado más de nosotros de lo esperado. Los cálculos sugerían que esta expansión acelerada comenzó hace unos cuantos miles de millones de años.

Tiene lugar un nuevo Big Bang

UN NUEVO UNIVERSO SE EXPANDE

La Gran Implosión

El universo desaparece en un agujero negro

EL UNIVERSO SE CONTRAE

Los átomos se descomponen en partículas subatómicas

LAS GALAXIAS SE FUSIONAN

Tras billones de años nuestra galaxia muere

LA EXPANSIÓN CESA

LA VÍA LÁCTEA AGOTA SU GAS

Los brazos en espiral desaparecen al morir las estrellas

PRESENTE

Nacen estrellas en los brazos espirales

Vía Láctea

Estrellas más antiguas en el eje

La Gran Implosión

Consistiría en la victoria de la gravedad. El universo se haría cada vez más pequeño y caliente hasta reducirse a una mota, que posiblemente produciría un nuevo Big Bang. Esta era una idea popular, pero al descubrirse la energía oscura ha perdido aceptación.

EN EL FUTURO, EL UNIVERSO PODRÍA ESTAR FRÍO Y MUERTO O DESGARRARSE POR COMPLETO

¿CUÁNTO MÁS DURARÁ EL UNIVERSO?

Lo más probable es que el universo siga existiendo durante miles de millones de años o incluso que exista para siempre. Sin embargo, si el modelo del Big Bang es correcto, es posible teóricamente que pueda terminar en algún momento.

LA CONSTANTE COSMOLÓGICA

Albert Einstein introdujo la constante cosmológica como una fuerza de «antigravedad» que contrarrestaría la atracción de la gravedad. El descubrimiento de que la expansión del universo está acelerándose parece implicar que la constante cosmológica es parecida a la energía oscura, que tiende a acelerar la expansión.

La gravedad une la materia

La constante cosmológica contrarresta la gravedad

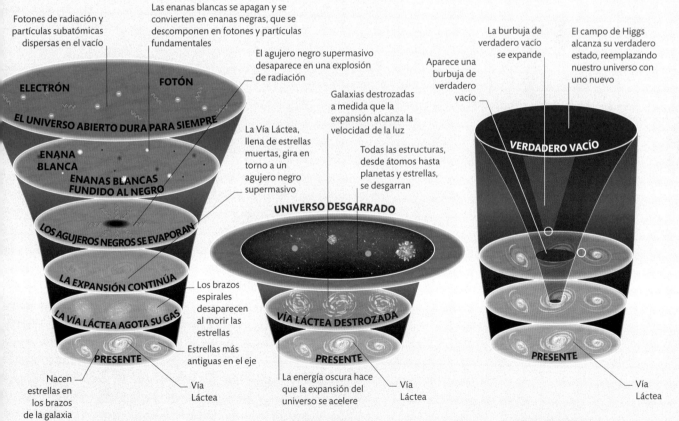

Fotones de radiación y partículas subatómicas dispersas en el vacío

Las enanas blancas se apagan y se convierten en enanas negras, que se descomponen en fotones y partículas fundamentales

El agujero negro supermasivo desaparece en una explosión de radiación

Galaxias destrozadas a medida que la expansión alcanza la velocidad de la luz

La burbuja de verdadero vacío se expande

El campo de Higgs alcanza su verdadero estado, reemplazando nuestro universo con uno nuevo

Aparece una burbuja de verdadero vacío

ELECTRÓN

FOTÓN

EL UNIVERSO ABIERTO DURA PARA SIEMPRE

La Vía Láctea, llena de estrellas muertas, gira en torno a un agujero negro supermasivo

Todas las estructuras, desde átomos hasta planetas y estrellas, se desgarran

VERDADERO VACÍO

ENANA BLANCA

ENANAS BLANCAS FUNDIDO AL NEGRO

LOS AGUJEROS NEGROS SE EVAPORAN

UNIVERSO DESGARRADO

LA EXPANSIÓN CONTINÚA

Los brazos espirales desaparecen al morir las estrellas

LA VÍA LÁCTEA AGOTA SU GAS

VÍA LÁCTEA DESTROZADA

PRESENTE

Estrellas más antiguas en el eje

PRESENTE

PRESENTE

Nacen estrellas en los brazos de la galaxia

Vía Láctea

La energía oscura hace que la expansión del universo se acelere

Vía Láctea

Vía Láctea

El Gran Frío
Si el universo continúa expandiéndose sin cesar, finalmente la energía y la materia se diluirán tanto que ya no habrá planetas, estrellas o galaxias. Las temperaturas descenderán al cero absoluto y solo quedará un océano de metralla atómica.

El Gran Desgarro
Si la energía oscura continúa acelerando la expansión del universo, tras unos 22 000 millones de años todas las estructuras, incluso los agujeros negros, se desgarrarán. Hasta el espacio entre átomos y partículas subatómicas se estirará tanto que quedarán desgarrados.

El Gran Cambio
Esta teoría está relacionada con el bosón de Higgs y con un campo de energía llamado campo de Higgs. Si este alcanza su energía más baja, o estado de vacío, podría formarse una burbuja de energía de vacío que se expandiría a la velocidad de la luz destruyéndolo todo.

EXPLORACIÓN ESPACIAL

Llegar al espacio

Más allá de las capas protectoras de la atmósfera se encuentra la inmensidad del espacio exterior. El primer obstáculo que hay que superar para explorar el espacio es simplemente llegar a él. El desafío inicial es derrotar la atracción de la gravedad terrestre y lograr la suficiente velocidad para entrar en una trayectoria estable alrededor de la Tierra, llamada órbita. Para explorar el espacio interplanetario más allá de la órbita de la Tierra, se necesita un nuevo impulso.

EN 1942, UN COHETE ALEMÁN V-2 FUE EL PRIMER OBJETO HECHO POR SERES HUMANOS EN LLEGAR AL ESPACIO

¿Dónde está el espacio?

A gran altitud, a medida que la atmósfera de la Tierra es menos densa, es más difícil para una nave generar sustentación valiéndose de la presión del aire que circula bajo sus alas. Por otra parte, el espacio, sin las moléculas de la atmósfera y que reflejan o dispersan la luz, aparece negro a nuestra percepción. La opinión general es que el espacio exterior es la región en la que un vehículo debe entrar en órbita a la Tierra para mantenerse por encima de la superficie, pero no hay una definición oficial sobre cuál es el «límite del espacio». La NASA sitúa el comienzo del espacio a 80 km sobre el nivel del mar, mientras que la Federación Aeronáutica Internacional (FAI) lo sitúa a 100 km.

Exosfera

En la capa más exterior de la atmósfera, que comienza a unos 600 km sobre la superficie, la presión del aire ya no decrece al aumentar la altitud. Los escasos gases de la exosfera se funden gradualmente con el espacio.

Los satélites orbitan la Tierra en la exosfera, donde experimentan solo una ligera fricción

EXOSFERA (600+ KM)

TERMOSFERA (600 KM)

Las auroras polares ocurren a distintas altitudes, principalmente en la termosfera

Las naves de órbita baja y las estaciones espaciales orbitan en la termosfera

MESOSFERA

Termosfera

Por encima de los 85 km, la radiación ultravioleta descompone las moléculas en iones con carga eléctrica, creando una capa de gas caliente pero tenue llamada termosfera. Las auroras polares se forman principalmente en esta capa.

¿SE HA LLEGADO AL ESPACIO EN UN AVIÓN?

Sí. En los años sesenta, ocho pilotos de Estados Unidos alcanzaron el límite del espacio en un avión hipersónico impulsado por cohetes llamado X-15, que era transportado y liberado por un gran avión remolcador.

ESCAPAR A LA GRAVEDAD TERRESTRE

Para escapar completamente a la atracción de la Tierra, un vehículo debe alcanzar la velocidad de escape, a la que viaja tan deprisa que la gravedad terrestre no puede frenarlo. La velocidad de escape en la superficie terrestre es aproximadamente de 11,2 km/s, una velocidad mucho mayor que la necesaria para entrar en órbita.

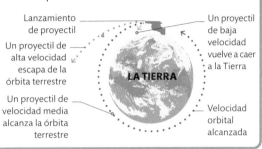

Lanzamiento de proyectil

Un proyectil de alta velocidad escapa de la órbita terrestre

Un proyectil de velocidad media alcanza la órbita terrestre

LA TIERRA

Un proyectil de baja velocidad vuelve a caer a la Tierra

Velocidad orbital alcanzada

Mesosfera
Por encima de los 50-65 km, en una capa llamada mesosfera, las temperaturas atmosféricas de nuevo descienden. Esta capa está demasiado alta para los aviones convencionales, pero demasiado baja para los vuelos espaciales.

(85 KM)

La mayoría de las estrellas fugaces se queman en la mesosfera

Los vuelos comerciales viajan por la troposfera

Los globos atmosféricos pueden llegar a la mesosfera

ESTRATOSFERA (50 KM)

TROPOSFERA (6-20 KM)

Entrar en órbita

Para permanecer en el espacio y no caer a la Tierra, un vehículo debe alcanzar una órbita estable: un bucle circular o elíptico alrededor de la Tierra a la suficiente altitud para evitar ser frenado por la fricción con la atmósfera superior. Una órbita es una trayectoria en la que el momento lineal de un objeto (tendencia a seguir en línea recta) es exactamente contrarrestado por la atracción de la gravedad hacia la Tierra. Para una órbita terrestre baja (LEO, por sus siglas en inglés), 200 km por encima de la superficie, la nave debe alcanzar una velocidad de 28 000 km/h.

Caer indefinidamente
Un lanzamiento realmente potente conlleva que la superficie terrestre, debido a su curvatura, se alejará siempre del objeto antes de que este haga contacto con el suelo. El objeto «caerá» indefinidamente a la Tierra, rodeando, u orbitando, el planeta repetidamente. Este tipo de movimiento se denomina caída libre.

Momento lineal

Nave en órbita

Atracción de la gravedad

LA TIERRA

Trayectoria curva resultante

La órbita puede ser un círculo o una elipse

Estratosfera
Mientras que en la troposfera las temperaturas descienden a medida que se gana altitud, en la estratosfera suben al ganar altitud, pues gases como el ozono absorben los rayos ultravioleta del Sol.

Troposfera
La capa más baja de la atmósfera terrestre contiene un 75 por ciento de su masa y el 99 por ciento de todo su vapor de agua. Se extiende hasta unos 20 km por encima del ecuador, pero solo hasta los 6 km por encima de los polos.

Cohetes espaciales

Los cohetes son el único medio práctico de llevar al espacio grandes objetos con la tecnología actual. Aunque un cohete es cualquier proyectil que vuela por el principio de acción y reacción, un lanzamiento espacial requiere un cohete que genere un empuje capaz de vencer la fuerza de la gravedad.

Cómo funcionan los cohetes

Los cohetes se basan en el principio de acción y reacción. En cualquier objeto, una fuerza generada en una dirección debe estar equilibrada por otra equivalente en la dirección opuesta. Para generar grandes cantidades de potencia, los cohetes queman propelentes. Los gases resultantes salen a alta velocidad por toberas especialmente diseñadas, lo que crea una fuerza de reacción que empuja el cohete en la dirección opuesta.

PROPELENTES DEL COHETE

Los cohetes queman propelentes para generar impulso. La mayoría combinan dos sustancias líquidas, un combustible y un oxidante, para producir una reacción química. Los cohetes de combustible sólido son más fáciles de fabricar. Mezclan ambas sustancias en una matriz sólida que arde continuamente una vez que comienza la ignición.

Gases calientes — Oxidante líquido

Combustible líquido

COMBUSTIBLE LÍQUIDO

Cámara de combustión

Gases calientes

Punto de ignición

Veta abierta

Matriz de combustible

COMBUSTIBLE SÓLIDO

Cámara de combustión

Gases calientes

Cohete de combustible líquido

Durante el lanzamiento, la mayor parte del cohete (como el Ariane 5, de la Agencia Espacial Europea) está ocupada por los motores y los tanques de combustible. La carga útil que debe ser puesta en órbita está bien sujeta en la etapa más alta.

CARGA ÚTIL

El carenado aerodinámico del cono de morro reduce la resistencia del aire

El carenado protector, o cofia, protege la carga útil durante el lanzamiento

El Ariane 5 puede poner en órbita varias cargas útiles

Vehículo de transferencia automatizado (ATV, por sus siglas en inglés) para transportar carga a la ISS

Motor integrado para las maniobras orbitales del ATV

La etapa superior, que es criogénica, lleva combustible líquido a baja temperatura

Tobera de propulsión de la etapa superior

Los propulsores sólidos laterales llevan cada uno 238 toneladas de propelente

132 toneladas de oxígeno líquido

26 toneladas de hidrógeno líquido

TANQUE DE OXÍGENO LÍQUIDO

PROPULSOR DE COMBUSTIBLE SÓLIDO

El iniciador da pie a la combustión

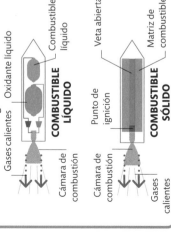

MOMENTO LINEAL

El cohete se mueve en la dirección opuesta a los gases de escape

Gases de escape expulsados a alta velocidad

FUERZA DE EMPUJE

FUERZA DE LA GRAVEDAD

Empuje
Los cohetes vencen la fuerza de la gravedad expeliendo gases a alta velocidad para generar empuje hacia arriba en la dirección opuesta.

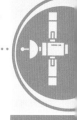

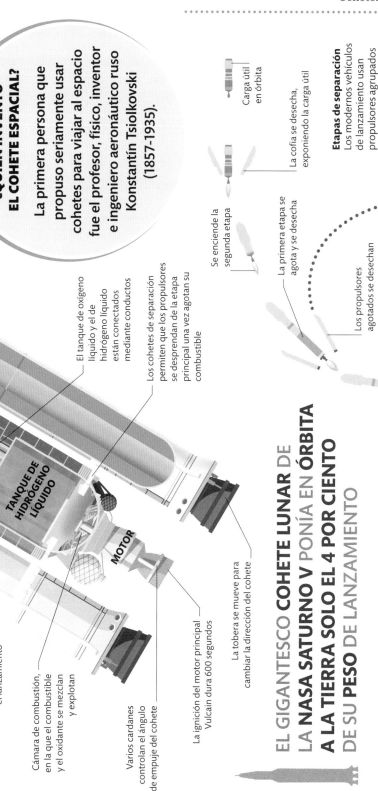

Carga útil
en órbita

La cofia se desecha,
exponiendo la carga útil

Etapas de separación
Los modernos vehículos
de lanzamiento usan
propulsores agrupados
en torno a la base de la
primera etapa, con una
o más etapas encima de
esta. La carga útil que se
pone en órbita puede
estar también equipada
con un motor de
propulsión para lograr
mayor empuje y
capacidad de maniobra.

La etapas agotadas caen
de nuevo a la Tierra

Se enciende la
segunda etapa

La primera etapa se
agota y se desecha

Los propulsores
agotados se desechan

Despegue conseguido

La primera etapa y los propulsores
laterales se encienden al despegar

El tanque de oxígeno
líquido y el de
hidrógeno líquido
están conectados
mediante conductos

Los cohetes de separación
permiten que los propulsores
se desprendan de la etapa
principal una vez agotan su
combustible

La primera etapa criogénica
contiene combustible para
el lanzamiento

Cámara de combustión,
en la que el combustible
y el oxidante se mezclan
y explotan

Varios cardanes
controlan el ángulo
de empuje del cohete

La ignición del motor principal
Vulcain dura 600 segundos

La tobera se mueve para
cambiar la dirección del cohete

TANQUE DE
HIDRÓGENO
LÍQUIDO

MOTOR

EL GIGANTESCO COHETE LUNAR DE LA NASA SATURNO V PONÍA EN ÓRBITA A LA TIERRA SOLO EL 4 POR CIENTO DE SU PESO DE LANZAMIENTO

Cohetes multietapa

Aunque las fuerzas de acción y reacción generadas en un cohete son equivalentes, producen una aceleración mucho mayor en los ligeros gases de escape que en la masa del propio cohete. Como el cohete debe moverse desde el comienzo con el empuje suficiente para vencer la gravedad (para evitar caer de nuevo a la Tierra), debe quemar enormes cantidades de combustible en los primeros momentos del despegue. Para reducir el exceso de masa que se pone en órbita, muchos cohetes se componen de varias etapas con tanques de combustible y motores independientes que funcionan en secuencia o en paralelo y que después se desechan a medida que el cohete gana velocidad y se agota el combustible de cada una.

Naves reutilizables

Los cohetes tradicionales son caros y suponen un despilfarro, no solo porque queman enormes cantidades de combustible, sino porque los tanques de combustible y los motores se desechan pese a haberse usado en un solo vuelo. Desarrollar naves completamente reutilizables es esencial para rebajar el coste de los viajes al espacio.

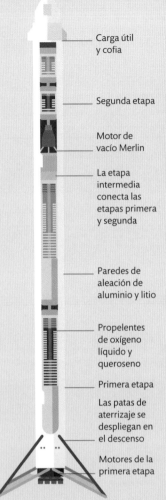

- Carga útil y cofia
- Segunda etapa
- Motor de vacío Merlin
- La etapa intermedia conecta las etapas primera y segunda
- Paredes de aleación de aluminio y litio
- Propelentes de oxígeno líquido y queroseno
- Primera etapa
- Las patas de aterrizaje se despliegan en el descenso
- Motores de la primera etapa

Reciclaje

Desde 2015, la compañía estadounidense ScapeX, con sus vehículos de lanzamiento Falcon, ha sido la primera en crear etapas de cohetes que pueden aterrizar y reutilizarse. Las etapas inferiores (tanto de cohetes independientes como de grupos de tres) están equipadas con propulsores dirigibles que las guían a un lugar de aterrizaje (en tierra o en una plataforma en el mar). Se separan de la etapa superior aún con combustible para que puedan ralentizar su descenso final.

¿CUÁL FUE LA PRIMERA NAVE PARCIALMENTE REUTILIZABLE?

El Transbordador Espacial, lanzado por primera vez en 1981, contaba con un orbitador reutilizable y propulsores de combustible sólido que podían reequiparse.

Aterrizaje de un cohete

El Falcon 9 ha logrado, con un éxito del 85 por ciento, que la difícil tarea del regreso a la Tierra y aterrizaje vertical de una etapa de cohete parezca simple. Sin embargo, hacer aterrizar un cohete con poca energía, con precisión y en condiciones de que pueda reutilizarse requiere una ingeniosa nueva tecnología.

1 ¡Despegue!
El Falcon 9 se lanza verticalmente como un cohete tradicional. La versión Full Thrust del cohete mide 70 m de alto en la plataforma de lanzamiento y consta de dos etapas, una etapa intermedia y la carga útil con su cofia en lo alto.

2 Primera etapa
En el lanzamiento, se encienden nueve motores Merlin en la primera etapa del cohete. Están dispuestos en configuración «octaweb» y consumen una mezcla de RP-1 (un combustible basado en el queroseno) y oxígeno líquido.

El apagado del motor principal precede a la separación de la etapa

3 Apagado del motor
Los motores de la primera etapa del cohete se apagan tras 180 segundos, tras llevar el vehículo a una altitud de en torno a los 70 km a velocidades de 7000 km/h.

Despegue vertical desde la plataforma de lanzamiento

LOS **MOTORES MERLIN** QUE IMPULSAN LA **PRIMERA FASE DEL FALCON 9** GENERAN **770 000 KG DE EMPUJE**

Vehículos de una fase

Lo ideal sería un vehículo orbital de una sola fase (SSTO, por sus siglas en inglés) que pudiera llegar al espacio de una pieza y regresar. Entre los proyectos de SSTO hay cohetes lanzados de forma vertical, pero también aviones espaciales con motores híbridos que podrían llevar carga útil a una órbita terrestre baja.

Dentro de un SSTO

El avión espacial Skylon incluye un motor híbrido experimental llamado SABRE, que es capaz de ponerlo en órbita.

El motor SABRE recoge oxígeno del aire para propulsarse en la atmósfera

Tanque de hidrógeno

Aerodinámicas alas delanteras tipo canard

Tanque de hidrógeno

Bodega de carga

Tanque de oxígeno

VUELO SUBORBITAL

El cohete New Shepard, de Blue Origin, es un SSTO de despegue vertical pensado para lanzar una cápsula de pasajeros para vuelos cortos que lleguen al espacio pero sin entrar en órbita. En noviembre de 2015, un New Shepard no tripulado fue el primer cohete vertical en llegar al espacio y regresar a la Tierra.

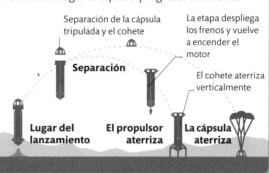

Separación de la cápsula tripulada y el cohete

La etapa despliega los frenos y vuelve a encender el motor

Separación

El cohete aterriza verticalmente

Lugar del lanzamiento

El propulsor aterriza

La cápsula aterriza

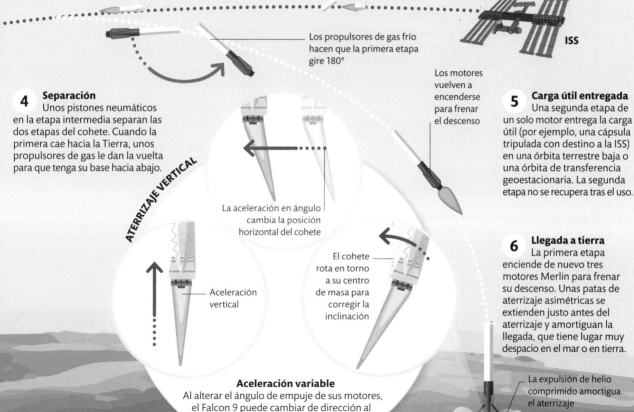

Los propulsores de gas frío hacen que la primera etapa gire 180°

ISS

Los motores vuelven a encenderse para frenar el descenso

4 Separación

Unos pistones neumáticos en la etapa intermedia separan las dos etapas del cohete. Cuando la primera cae hacia la Tierra, unos propulsores de gas le dan la vuelta para que tenga su base hacia abajo.

ATERRIZAJE VERTICAL

La aceleración en ángulo cambia la posición horizontal del cohete

Aceleración vertical

El cohete rota en torno a su centro de masa para corregir la inclinación

5 Carga útil entregada

Una segunda etapa de un solo motor entrega la carga útil (por ejemplo, una cápsula tripulada con destino a la ISS) en una órbita terrestre baja o una órbita de transferencia geoestacionaria. La segunda etapa no se recupera tras el uso.

6 Llegada a tierra

La primera etapa enciende de nuevo tres motores Merlin para frenar su descenso. Unas patas de aterrizaje asimétricas se extienden justo antes del aterrizaje y amortiguan la llegada, que tiene lugar muy despacio en el mar o en tierra.

La expulsión de helio comprimido amortigua el aterrizaje

Aceleración variable

Al alterar el ángulo de empuje de sus motores, el Falcon 9 puede cambiar de dirección al descender para así aterrizar de forma vertical.

Órbitas de los satélites

La órbita de un satélite es una trayectoria estable circular o elíptica en torno a un objeto bajo la influencia de la gravedad. Los satélites siguen distintas órbitas alrededor de la Tierra según su propósito.

LA TIERRA

SATÉLITE MOLNIYA

La constelación GPS contaba inicialmente con 24 satélites orbitales

Tipos de órbita

Los satélites con una órbita circular mantienen una velocidad constante y, de estos, los que están en una órbita baja se mueven más deprisa que los de órbitas más altas. Las órbitas elípticas hacen que un satélite se mueva a velocidades relativamente altas durante el perigeo (máximo acercamiento a la Tierra) y más bajas durante el apogeo (máxima distancia). Aunque algunos satélites orbitan por encima del ecuador, la mayoría de sus órbitas están inclinadas, y pasan sobre diferentes puntos al girar la Tierra bajo ellos.

Constelaciones de satélites

La telefonía móvil y la navegación requieren que múltiples satélites trabajen juntos en grupos llamados constelaciones. Los satélites vuelan en órbitas bajas planificadas con precisión o en órbitas medias que ofrecen una cobertura continua de la superficie terrestre.

ÓRBITA GEOESTACIONARIA

El satélite sigue la dirección de la rotación terrestre

Se tarda 23 horas y 56 minutos en completar una órbita geoestacionaria

Clasificar las órbitas

Las órbitas terrestres bajas, trayectorias casi circulares en la termosfera, se logran con más facilidad. Los satélites de observación terrestre en órbitas polares sobrevuelan una franja diferente de la superficie terrestre en cada órbita. Las órbitas heliosíncronas permiten comparar franjas de la superficie terrestre con iluminación uniforme. Las órbitas altas y elípticas los alejan mucho de la Tierra, por lo que pueden ver mayor cantidad de superficie.

SATÉLITE DE TELECOMUNICACIONES

CHATARRA ESPACIAL

Desde el inicio de la era espacial, en 1957, el espacio en torno a la Tierra se ha poblado cada vez más, no solo con satélites operativos, sino también con aparatos sobrantes, etapas de cohetes usadas y otros desperdicios. Las colisiones son un peligro constante para los satélites en funcionamiento, para las misiones tripuladas e incluso para la Estación Espacial Internacional y su tripulación.

La densidad de desechos amenaza la seguridad de los aparatos en órbita

¿CUÁL FUE LA PRIMERA ÓRBITA DE SATÉLITE?

La órbita del Sputnik variaba entre 215 y 939 km sobre la Tierra y estaba inclinada 65° hacia el ecuador.

Maniobras orbitales

La mayoría de los satélites se llevan inicialmente a una órbita terrestre baja (LEO, por sus siglas en inglés). Desde esta, usan sus motores y propulsores, o el motor de la etapa superior de su cohete, para alcanzar su órbita final. En el espacio, cambiar la forma y el tamaño de la órbita es mucho más fácil que alterar su inclinación.

Órbitas de transferencia

Los satélites pueden moverse entre órbitas circulares a lo largo de trayectorias llamadas órbitas de transferencia. Una órbita de transferencia es un segmento de una órbita elíptica que toca el círculo inferior por el perigeo y el círculo superior por el apogeo. Para ello, se requiere una propulsión muy precisa.

El segundo cohete lo lleva a la órbita circular superior

ÓRBITA ALTA

ÓRBITA BAJA

ÓRBITA DE TRANSFERENCIA

Polo norte

La órbita de transferencia lleva el satélite a una mayor altitud

El empuje del cohete pone el satélite en órbita de transferencia

ÓRBITA ALTAMENTE ELÍPTICA

ÓRBITA HELIOSÍNCRONA

Órbita Molniya de un satélite de comunicaciones (comsat) de gran altitud

LA TIERRA

ÓRBITA TERRESTRE BAJA

SATÉLITE METEOROLÓGICO

SATÉLITE DE LA CONSTELACIÓN IRIDIUM

ÓRBITA POLAR

SATÉLITE CARTOGRÁFICO

Usos de los satélites

La mayoría de los satélites están diseñados para realizar tareas específicas relacionadas con la Tierra. Seguir la órbita correcta es vital para cumplir su cometido.

Telefonía por satélite

La telefonía por satélite la proporcionan constelaciones en las órbitas LEO. Siempre hay varios satélites al alcance de cualquier punto de la Tierra.

Cartografiar la Tierra

Las órbitas heliosíncronas garantizan que las fotografías de la Tierra desde el espacio están iluminadas desde la misma dirección.

Supervisión de la Tierra

Los satélites climatológicos siguen órbitas polares. Así pueden obtener imágenes completas de las condiciones de la Tierra.

Difusión

Muchos satélites de difusión siguen órbitas geoestacionarias sobre el ecuador, donde orbitan en el mismo período en que rota la Tierra.

Altas latitudes

Para las áreas de latitud alta en que los comsats ecuatoriales quedan fuera de la vista, siguen órbitas inclinadas y elípticas llamadas órbitas Molniya.

SEGÚN UN RECUENTO RECIENTE, HAY **129 MILLONES DE OBJETOS** MAYORES DE **1 MM** EN ÓRBITA **ALREDEDOR DE LA TIERRA**

Los paneles solares generan electricidad para que el satélite funcione

Posición del satélite regulada por un propulsor estacionario de plasma

2 **Señal entrante amplificada**
Los satélites amplifican la señal de radio original mediante la energía de sus paneles solares. La tecnología de a bordo es capaz de procesar muchas señales separadas a la vez.

Combustible de los propulsores almacenado en tanques presurizados de propelente líquido

Anatomía de un comsat
Los satélites de comunicaciones cuentan con un equipamiento de gran sofisticación diseñado para funcionar durante largos períodos en el espacio en condiciones extremas y donde las reparaciones son prácticamente imposibles. Obtienen energía por medio de paneles solares.

El reflector recibe la señal de radio y la redirige al receptor de la antena

Satélites de telecomunicaciones
Muchos satélites actúan como repetidores de señales de radio que se usan en varios tipos de comunicaciones. Un satélite muy por encima de la Tierra puede mantener una línea directa de visión con receptores y transmisores en tierra, permitiendo el acceso a formas de comunicación como el teléfono, internet y la televisión por satélite incluso en áreas remotas fuera del alcance de los transmisores de radio situados en tierra. Los satélites en órbita geoestacionaria sobre un punto fijo en el ecuador, fijos en el cielo y que actúan como plataformas de retransmisión de señales, pueden captar receptores de un gran porcentaje de la superficie terrestre.

Reflectores solares ópticos controlan la temperatura del satélite

La antena de telemetría, rastreo y mando permite a la estación en tierra controlar el satélite

Las señales de radio entrantes son transmitidas de la antena al transpondedor para ser procesadas; la antena envía señales a la Tierra por medio de un reflector

SEÑALES DE RADIO

3 **Señal transmitida de nuevo a la Tierra**
El satélite retransmite la señal a la Tierra, en forma de un fino haz dirigido a otra estación en tierra o como señal de difusión, más débil pero de mayor alcance.

¿QUIÉN INVENTÓ EL COMSAT?

La idea de un repetidor de comunicaciones en órbita geoestacionaria la propuso en 1948 el escritor de ciencia ficción Arthur C. Clarke, aunque él pensó que tendría que ser una estación tripulada.

1 **Señal transmitida**
Las señales de radio pueden enviarse al satélite desde una estación en tierra equipada con una potente antena parabólica direccional o desde fuentes más débiles, como la antena de un teléfono satelital.

Tipos de satélites

Los satélites tienen gran variedad de usos, pero la mayoría se dedican a las telecomunicaciones y la navegación, con aplicaciones que van desde el rumbo de los superpetroleros a la difusión televisiva.

El GPS y los satélites de navegación

Como sabemos a qué velocidad viajan las ondas de radio (la velocidad de la luz), es posible valerse de señales enviadas por satélites en órbitas bien definidas para precisar la localización de un receptor en la Tierra. Esto es la base de los sistemas de navegación por satélite como el sistema de posicionamiento global (GPS), que se ha convertido en parte indispensable de las modernas tecnologías desde los *smartphones* a los coches o a la administración de cosechas.

Satélite 1
Una señal de un solo satélite localiza a un receptor a una distancia conocida en un punto de una esfera.

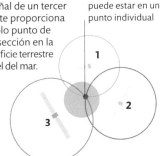

La distancia al receptor del satélite 1 es un punto en un círculo

LA TIERRA

Satélite 2
La comparación con la señal de un segundo satélite reduce la posible localización a los dos puntos de una intersección.

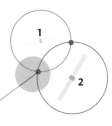

Localización reducida a uno de dos puntos

Satélite 3
La señal de un tercer satélite proporciona un solo punto de intersección en la superficie terrestre a nivel del mar.

El receptor solo puede estar en un punto individual

Satélite 4
La señal de un cuarto satélite toma en cuenta las diferentes altitudes y proporciona una posición en tres dimensiones.

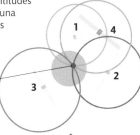

Confirmada la posición con un 1 m de margen

EL SISTEMA DE NAVEGACIÓN POR SATÉLITE EUROPEO **GALILEO** PUEDE **PRECISAR POSICIONES** EN LA TIERRA CON UN MARGEN DE **20 CM O MENOS**

CUBESATS

Los comsats geoestacionarios son grandes, pues deben generar la energía suficiente para repetir y difundir señales a gran distancia, pero para enviar y recibir señales de una órbita terrestre baja (LEO) se necesita mucha menos energía. Actualmente hay grandes bandadas de pequeños comsats en órbita LEO, a menudo diseñados según un modelo eficiente, modular y ligero llamado cubesat.

Cada cubesat es un cubo de 10 cm

Varias unidades especializadas encajadas

1 UNIDAD

24 UNIDADES

4 **Señal descodificada**
El receptor puede descodificar la señal de radio y canalizarla a una red de comunicaciones en tierra, o retransmitirla a otro comsat para repetirla alrededor del mundo.

ESTACIÓN DE TIERRA

Ver la Tierra desde arriba

Un gran número de satélites supervisa la superficie, la atmósfera y los océanos de la Tierra desde el espacio gracias a las técnicas de teledetección.

Distintas longitudes de onda

La teledetección comenzó a desarrollarse en los años sesenta, cuando los astronautas informaron de que podían ver un gran nivel de detalle. Al principio se utilizaron simples fotografías aumentadas con telescopios. Desde entonces, se han introducido herramientas más avanzadas, como fotografiar la superficie con filtros para determinar su respuesta a la luz en ciertas longitudes de onda: la técnica de imagen multiespectral.

Analizar la salud de las cosechas

Las imágenes del terreno tomadas en diferentes longitudes de onda de la luz visible y la invisible radiación calorífica revelan diferentes propiedades y pueden construir una imagen de la salud de las cosechas útil para los agricultores.

La luz solar ilumina las cosechas

Satélite en órbita

IMÁGENES MULTIESPECTRALES

Una pequeña cantidad de luz azul y roja regresa; la mayoría se absorbe para producir la fotosíntesis

La hoja sana refleja mucha luz infrarroja

Menos luz infrarroja reflejada por la hoja enferma

La hoja muerta refleja menos luz infrarroja y verde

HOJA SANA   **HOJA ENFERMA**   **HOJA MUERTA**

La tecnología de imagen multiespectral aplicada a las cosechas funciona porque las hojas y la vegetación contienen pigmentos que absorben ciertas longitudes de onda y reflejan otras. La salud de la planta crea cambios en la absorción y la reflexión que pueden detectarse midiendo el resultado en ciertas longitudes de onda.

Radiación reflejada detectada por el satélite

Los píxeles en la imagen por satélite corresponden a áreas en tierra: cuanto más pequeña es el área, mayor es la resolución de la imagen

ESTADO GENERAL DE LAS COSECHAS

Nivel más alto de nitrógeno en las plantas sanas

NIVELES DE ABSORCIÓN DE NITRÓGENO

Las áreas rojas son los cultivos más secos

NIVELES DE BIOMASA SECA

Las áreas que necesitan fertilizante

NIVELES DE FERTILIZANTES

TIERRAS DE CULTIVO

Satélites meteorológicos

La observación del clima fue una de las primeras aplicaciones de los satélites. Fotografiar la atmósfera desde una órbita alta permite una comprensión más detallada de los patrones climáticos, mientras que los sistemas de radar estudian los efectos de la atmósfera y de la superficie de los océanos en los haces de radio reflejados y miden la velocidad del viento, precipitaciones y altura de las olas. Los satélites también pueden detectar los niveles de contaminantes en la atmósfera y medir la temperatura para estudiar el calentamiento global.

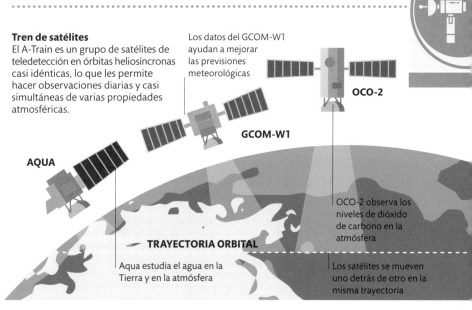

Tren de satélites
El A-Train es un grupo de satélites de teledetección en órbitas heliosíncronas casi idénticas, lo que les permite hacer observaciones diarias y casi simultáneas de varias propiedades atmosféricas.

Los datos del GCOM-W1 ayudan a mejorar las previsiones meteorológicas

OCO-2

GCOM-W1

AQUA

OCO-2 observa los niveles de dióxido de carbono en la atmósfera

TRAYECTORIA ORBITAL

Aqua estudia el agua en la Tierra y en la atmósfera

Los satélites se mueven uno detrás de otro en la misma trayectoria

---

TECNOLOGÍAS DE TELEDETECCIÓN

Los satélites van equipados con una gran variedad de sensores y herramientas, como espectrómetros que analizan la absorción y la reflexión de la luz en diferentes longitudes de onda y radares que pueden cartografiar el paisaje y los océanos de la Tierra.

Meteorología
Las fotografías de nubes se complementan con datos de radar de la velocidad del viento y las precipitaciones y con cámaras infrarrojas que miden la temperatura de la superficie.

Oceanografía
El radar mide la velocidad y altura de las olas, revelando patrones de circulación y velocidades del viento en el mar. Los infrarrojos miden las temperaturas del océano.

Geología
La tecnología de imagen multiespectral mide el espectro completo de la luz reflejada en la superficie de la Tierra. Esto ayuda a identificar rocas y minerales específicos.

Sondear
Los radares satelitales producen mapas del terreno en grandes extensiones, y la estereofotografía de pequeñas áreas puede usarse para construir modelos 3D.

Uso de la tierra
La tecnología de imagen multiespectral ayuda a distinguir entre áreas de bosque natural, agricultura, desarrollo urbano y agua, revelando pautas en el uso de la tierra.

Arqueología
Las imágenes por satélite y el radar, que penetra en el subsuelo, revelan el contorno de antiguos asentamientos y de estructuras que llevan siglos enterradas.

EN 2011, SE DESCUBRIERON
17 PIRÁMIDES EGIPCIAS
DESCONOCIDAS **CON IMÁGENES POR SATÉLITE**

TELEDETECCIÓN ACTIVA Y PASIVA

Los sistemas de sensores remotos que miden la energía disponible de forma natural se llaman detectores pasivos. Los instrumentos de teledetección pasiva solo pueden usarse para detectar energía cuando esta está disponible de forma natural. Los instrumentos de teledetección activa pueden lanzar señales mediante su propia fuente de energía y analizar los resultados.

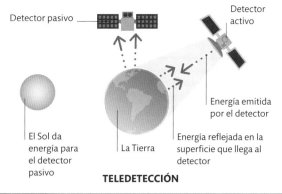

Detector pasivo

Detector activo

Energía emitida por el detector

El Sol da energía para el detector pasivo

La Tierra

Energía reflejada en la superficie que llega al detector

TELEDETECCIÓN

Ver más lejos en el espacio

Los observatorios astronómicos basados en satélites pueden estudiar el universo de nuevas formas, capturando imágenes perfectas libres de turbulencias y detectando la radiación que nuestra atmósfera bloquea.

Órbitas de los telescopios espaciales

Mientras que una órbita terrestre baja es suficiente para muchos telescopios espaciales, algunas misiones requieren órbitas más complejas. Las órbitas más lejanas reducen el tamaño aparente de la Tierra y hacen que pueda verse más cielo de una sola vez, mientras que algunos satélites siguen órbitas en torno al Sol por detrás de la Tierra para evitar que sus instrumentos sean inundados por la radiación terrestre. Al colocar satélites en localizaciones especiales llamadas puntos de Lagrange, la Tierra y el Sol permanecen fijos en la misma orientación relativa al satélite.

150 000 ESTRELLAS LEJANAS ERAN OBSERVADAS SIMULTÁNEAMENTE POR EL SATÉLITE KEPLER

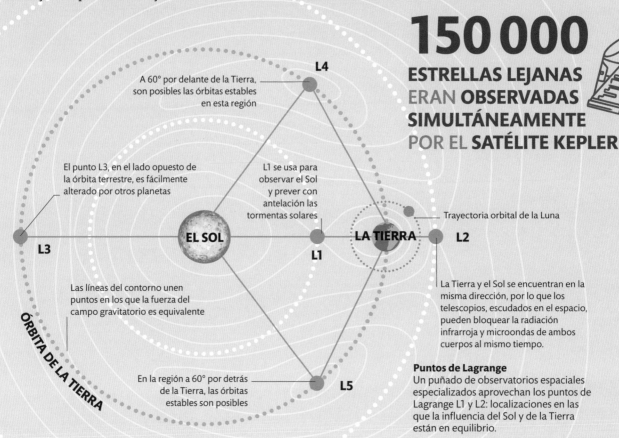

A 60° por delante de la Tierra, son posibles las órbitas estables en esta región

El punto L3, en el lado opuesto de la órbita terrestre, es fácilmente alterado por otros planetas

L1 se usa para observar el Sol y prever con antelación las tormentas solares

Trayectoria orbital de la Luna

EL SOL

LA TIERRA

L3

L1

L2

L4

L5

Las líneas del contorno unen puntos en los que la fuerza del campo gravitatorio es equivalente

La Tierra y el Sol se encuentran en la misma dirección, por lo que los telescopios, escudados en el espacio, pueden bloquear la radiación infrarroja y microondas de ambos cuerpos al mismo tiempo.

ÓRBITA DE LA TIERRA

En la región a 60° por detrás de la Tierra, las órbitas estables son posibles

Puntos de Lagrange

Un puñado de observatorios espaciales especializados aprovechan los puntos de Lagrange L1 y L2: localizaciones en las que la influencia del Sol y de la Tierra están en equilibrio.

DETECTAR RADIACIÓN BLOQUEADA

La observación desde el espacio permite detectar radiación que normalmente queda bloqueada por la atmósfera terrestre. Los rayos electromagnéticos de alta energía más allá de la luz ultravioleta son absorbidos por la atmósfera, mientras que, en el otro extremo del espectro, gran parte de la radiación infrarroja y muchas longitudes de onda más largas son absorbidas. El vapor de agua en la parte baja de la atmósfera libera radiación infrarroja que oculta los débiles rayos provenientes del espacio.

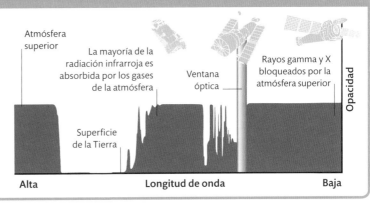

Atmósfera superior

La mayoría de la radiación infrarroja es absorbida por los gases de la atmósfera

Ventana óptica

Rayos gamma y X bloqueados por la atmósfera superior

Superficie de la Tierra

Opacidad

Alta — Longitud de onda — Baja

Buscar planetas

El telescopio espacial Kepler, de la NASA, fue un satélite lanzado en 2009 para detectar exoplanetas con la medición de las leves bajadas de luz estelar cuando estos pasan por delante de sus estrellas madre. Estaba en una órbita heliocéntrica similar a la de la Tierra, y debía escrutar una nube de estrellas en la constelación de Cygnus, lo que hizo durante más de 3 años.

La misión Kepler

A raíz de los fallos en la tecnología de enfoque del telescopio Kepler, los ingenieros encontraron una forma ingeniosa de estabilizarlo usando la presión de la luz solar, permitiendo así que siguiera estudiando diferentes partes del cielo durante cortos períodos.

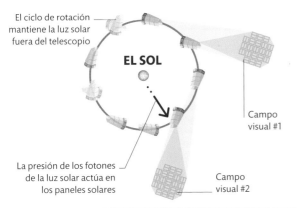

El ciclo de rotación mantiene la luz solar fuera del telescopio

EL SOL

La presión de los fotones de la luz solar actúa en los paneles solares

Campo visual #1

Campo visual #2

Astronomía de alta energía

Los satélites astronómicos de alta energía captan imágenes del universo mediante la radiación ultravioleta (UV), de rayos X y de rayos gamma emitida por los objetos más calientes y violentos del espacio, los cuales no pueden detectarse desde la superficie de la Tierra. Los rayos UV pueden enfocar telescopios tradicionales, pero la energía de los rayos X y gamma atraviesa los espejos ordinarios, por lo que hacen falta diseños diferentes.

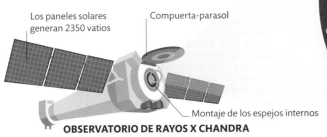

Los paneles solares generan 2350 vatios

Compuerta-parasol

Montaje de los espejos internos

OBSERVATORIO DE RAYOS X CHANDRA

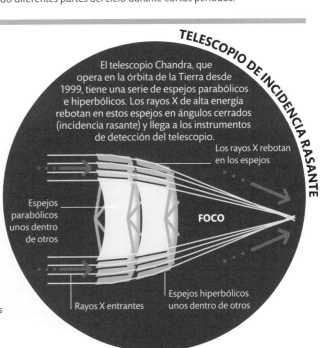

TELESCOPIO DE INCIDENCIA RASANTE

El telescopio Chandra, que opera en la órbita de la Tierra desde 1999, tiene una serie de espejos parabólicos e hiperbólicos. Los rayos X de alta energía rebotan en estos espejos en ángulos cerrados (incidencia rasante) y llega a los instrumentos de detección del telescopio.

Los rayos X rebotan en los espejos

Espejos parabólicos unos dentro de otros

FOCO

Rayos X entrantes

Espejos hiperbólicos unos dentro de otros

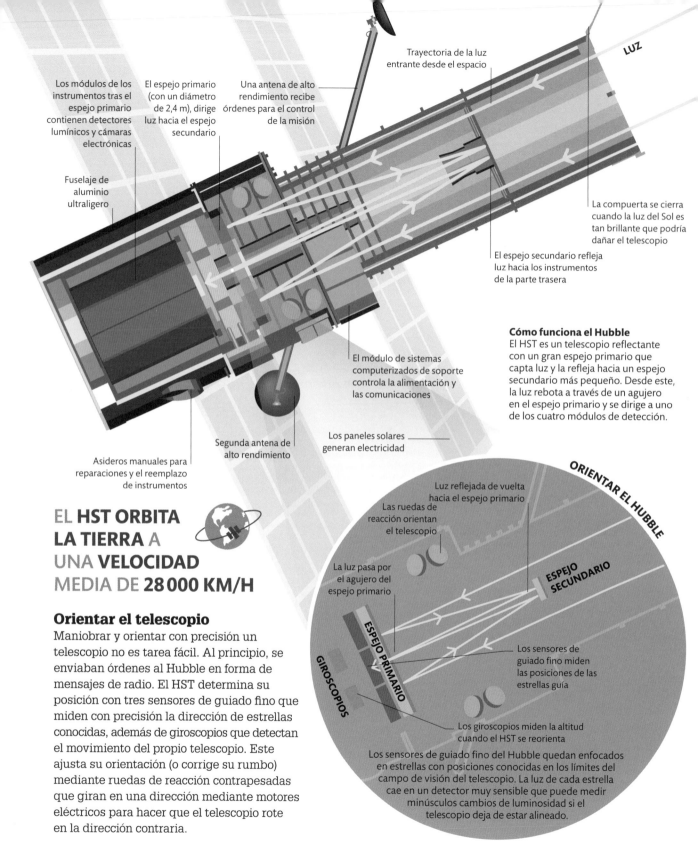

Los módulos de los instrumentos tras el espejo primario contienen detectores lumínicos y cámaras electrónicas

El espejo primario (con un diámetro de 2,4 m), dirige luz hacia el espejo secundario

Una antena de alto rendimiento recibe órdenes para el control de la misión

Trayectoria de la luz entrante desde el espacio

LUZ

Fuselaje de aluminio ultraligero

La compuerta se cierra cuando la luz del Sol es tan brillante que podría dañar el telescopio

El espejo secundario refleja luz hacia los instrumentos de la parte trasera

Cómo funciona el Hubble

El HST es un telescopio reflectante con un gran espejo primario que capta luz y la refleja hacia un espejo secundario más pequeño. Desde este, la luz rebota a través de un agujero en el espejo primario y se dirige a uno de los cuatro módulos de detección.

El módulo de sistemas computerizados de soporte controla la alimentación y las comunicaciones

Segunda antena de alto rendimiento

Los paneles solares generan electricidad

Asideros manuales para reparaciones y el reemplazo de instrumentos

EL **HST ORBITA LA TIERRA** A UNA **VELOCIDAD** MEDIA DE **28 000 KM/H**

Orientar el telescopio

Maniobrar y orientar con precisión un telescopio no es tarea fácil. Al principio, se enviaban órdenes al Hubble en forma de mensajes de radio. El HST determina su posición con tres sensores de guiado fino que miden con precisión la dirección de estrellas conocidas, además de giroscopios que detectan el movimiento del propio telescopio. Este ajusta su orientación (o corrige su rumbo) mediante ruedas de reacción contrapesadas que giran en una dirección mediante motores eléctricos para hacer que el telescopio rote en la dirección contraria.

ORIENTAR EL HUBBLE

Luz reflejada de vuelta hacia el espejo primario

Las ruedas de reacción orientan el telescopio

ESPEJO SECUNDARIO

La luz pasa por el agujero del espejo primario

ESPEJO PRIMARIO

GIROSCOPIOS

Los sensores de guiado fino miden las posiciones de las estrellas guía

Los giroscopios miden la altitud cuando el HST se reorienta

Los sensores de guiado fino del Hubble quedan enfocados en estrellas con posiciones conocidas en los límites del campo de visión del telescopio. La luz de cada estrella cae en un detector muy sensible que puede medir minúsculos cambios de luminosidad si el telescopio deja de estar alineado.

El telescopio espacial Hubble

El telescopio espacial Hubble (HST, por sus siglas en inglés) es el telescopio espacial más grande y el de mayor éxito (ver pp. 22-23). Lleva más de 30 años en la órbita terrestre y ha hecho miles de descubrimientos que han revolucionado nuestra visión del universo.

¿CUÁNTAS VECES SE HA REPARADO EL HUBBLE?

Desde su lanzamiento en 1990, el HST se ha reparado y mejorado en el espacio en cinco misiones. La más reciente tuvo lugar en 2009, poco antes de que se retirase el Transbordador Espacial.

Lo que ve el Hubble

Desde su localización en una órbita terrestre baja, el HST produce imágenes cuyo detalle solo está limitado por las dimensiones de su espejo y por la sensibilidad de sus instrumentos. En la práctica, esto significa que, aunque el telescopio es relativamente modesto para los estándares actuales, sus imágenes rivalizan con las de observatorios mucho más grandes situados en la Tierra (ver pp. 24-25). Además, la ausencia de absorción atmosférica hace que los instrumentos del HST puedan detectar radiación invisible del espectro del infrarrojo cercano y del ultravioleta cercano, lo que revela material demasiado frío o caliente para emitir luz visible.

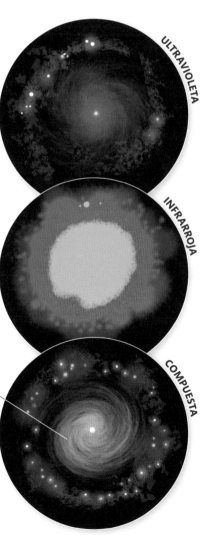

Imagen compuesta de la galaxia espiral NGC 1512, a 38 millones de años luz de la Tierra

Longitudes de onda
El telescopio espacial Hubble, al combinar mapas de infrarrojo cercano de polvo cósmico relativamente frío con imágenes ultravioleta de las estrellas más calientes de una galaxia, puede construir una imagen completa de las estructuras de una galaxia lejana.

GESTIONAR LOS DATOS

Los datos de los instrumentos del HST se almacenan en un primer momento en el propio telescopio. Cada 12 horas, se cargan en uno de los satélites de seguimiento y repetición de datos de la NASA en órbita geoestacionaria, desde el que se transmiten a una base en tierra, en Nuevo México, Estados Unidos. Desde allí pasan al centro de control del HST, en Maryland, y después al Space Telescope Science Institute, en Baltimore.

LUZ → HST → SATÉLITE

INSTITUTO CIENTÍFICO ← ESTACIÓN DE TIERRA

Anatomía de una sonda espacial

Una sonda es una nave pequeña y no tripulada equipada con instrumentos para recoger datos sobre el espacio y sobre los objetos lejanos que visita. Los instrumentos pueden detectar partículas, medir campos eléctricos y magnéticos y producir imágenes. También está equipada con sistemas que le permiten operar en el espacio y llevar a cabo su trabajo. Entre estos hay motores para cambiar la orientación y la órbita de la sonda, equipamiento de radio para recibir instrucciones de la Tierra y enviar datos científicos, ordenadores para controlar sus operaciones, sistemas de alimentación y controles para que todo funcione.

Intensos campos eléctricos y magnéticos

Ráfagas de gas caliente del Sol

EL SOL

Energías de alta energía de las fulguraciones solares

1 Recogida de datos
La sonda es bombardeada por la radiación y por partículas de energía, pero su diseño la protege de sus efectos nocivos, además de permitirle medir las condiciones y detectar partículas.

Viento solar de partículas de la atmósfera superior del Sol

Sondear el Sol
La sonda solar Parker se diseñó para volar en el hostil entorno cercano al Sol, para así medir los campos magnéticos y las partículas de alta energía que emite nuestra estrella.

Las temperaturas en el escudo térmico alcanzan los 1370 °C

El escudo térmico protege los sensibles instrumentos

Las antenas miden los campos eléctricos

Refrigeración de las placas solares

Los paneles solares le dan energía y la enfrían

El detector de partículas registra los vientos solares

Un magnetómetro mide los campos magnéticos

La sonda llega a estar a 19 millones de kilómetros del Sol

2 Comunicación con la Tierra
Los datos de cinco instrumentos científicos diferentes se procesan mediante el ordenador de a bordo y se convierten en señales eléctricas. Una pequeña antena parabólica envía los datos a la Tierra por medio de ondas de radio de alta frecuencia.

La antena parabólica capta y concentra las ondas de radio

Sondas y orbitadores

Las sondas son naves espaciales robóticas que entran en la atmósfera de otro planeta o aterrizan en su superficie para recoger datos científicos. Los orbitadores son sondas no diseñadas para atravesar la atmósfera.

RADIOTELESCOPIO

La antena crea una corriente eléctrica

3 Recibir señales
Grandes antenas parabólicas en la Tierra reciben las señales de la sonda. La antena concentra señales captadas en una gran área en un pequeño receptor.

¿CUÁNTO SE TARDA EN ENVIAR UNA SONDA A LAS ESTRELLAS?

La sonda Voyager 1, que ha alcanzado los 61 000 km/h, es el objeto más rápido en abandonar el sistema solar, pero tardaría 70 000 años en llegar a la estrella más próxima.

LA SONDA ESPACIAL MÁS RÁPIDA QUE SE HA LANZADO JAMÁS, LA SONDA SOLAR PARKER, ALCANZÓ LOS **393 000 KM/H**

5 **Descodificar los datos**
Los científicos utilizan ordenadores que descodifican los números sin procesar y los convierten en datos útiles para crear imágenes, gráficos y otros «productos de datos».

Datos descodificados y procesados mediante ordenadores

ORDENADOR

Datos enviados al laboratorio

RECEPTOR Y AMPLIFICADOR

La corriente fluye hasta el receptor

4 **Amplificación**
Un amplificador amplía la potencia de la señal y la descodifica en datos digitales (pulsaciones que representan la fuerza de las señales captadas por la sonda).

Llegar a otros mundos

Para llegar a planetas lejanos o a otros objetos, una sonda debe primero alcanzar la velocidad de escape para liberarse de la gravedad terrestre antes de entrar en una órbita de transferencia en torno al Sol (ver p. 181). Esta órbita salva la distancia hasta el lugar en el que se encontrará el objetivo en el futuro, cuando la sonda puede reducir velocidad y permitir que la capture la gravedad del objetivo. Las diversas velocidades orbitales de los objetos a diferentes distancias del Sol añaden complicaciones.

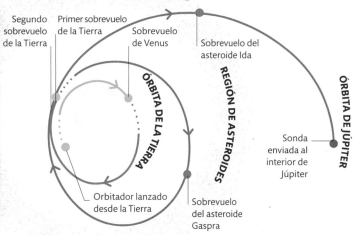

Segundo sobrevuelo de la Tierra

Primer sobrevuelo de la Tierra

Sobrevuelo de Venus

Sobrevuelo del asteroide Ida

ÓRBITA DE LA TIERRA

REGIÓN DE ASTEROIDES

ÓRBITA DE JÚPITER

Sonda enviada al interior de Júpiter

Orbitador lanzado desde la Tierra

Sobrevuelo del asteroide Gaspra

Trayectoria de vuelo del Galileo
El viaje de 5 años a Júpiter del orbitador Galileo conllevó dos sobrevuelos planetarios de la Tierra y uno de Venus. El orbitador alteró su trayectoria y ganó velocidad en cada sobrevuelo.

ESCUDO TÉRMICO

Las sondas que exploran el sistema solar interior necesitan gruesos escudos térmicos para proteger los instrumentos del abrasador calor en sus lados iluminados por el Sol. El diseño también distribuye el calor para evitar la tensión entre las partes calientes y frías del aparato.

Escudo de compuesto de carbono de 11,4 cm

Espuma que protege del calor

SONDA SOLAR PARKER

Revestimiento blanco reflectante

Propulsarse

Mientras que para alejar las naves espaciales de la superficie terrestre hacen falta cohetes químicos, hay otras formas de propulsión más eficientes que se usan en órbita y más allá.

Cómo funciona un motor de iones
Un propulsor de iones transforma átomos neutrales de un gas (normalmente xenón) en iones con carga eléctrica. Después los acelera a alta velocidad en un campo eléctrico de gran voltaje, expulsándolos hacia el espacio para generar empuje.

Electrones y átomos de xenón colisionan

CÁMARA DE IONIZACIÓN

REJILLA CON CARGA POSITIVA

REJILLA CON CARGA NEGATIVA

FUERZAS EQUIVALENTES PERO OPUESTAS

CLAVE

- Xenón
- Ion de xenón
- Electrón

Los iones de xenón escapan por el propulsor

El alto voltaje entre las rejillas acelera los iones de xenón

4 Iones expelidos
Los iones escapan por la parte trasera del propulsor y crean una pequeña fuerza de empuje de alta eficiencia. La nave es propulsada hacia delante por una fuerza igual pero opuesta.

3 Aceleración
Los iones de xenón se aceleran hasta que alcanzan una alta velocidad mediante un intenso campo eléctrico generado por el voltaje entre dos rejillas de electrodos de carga opuesta.

Motores de iones

Los propulsores de iones generan una pequeña cantidad de empuje al expeler partículas con carga eléctrica (iones) a velocidades muy altas. Esto permite que el motor funcione durante meses con la capacidad de alcanzar altas velocidades y cubrir grandes distancias gastando solo pequeñas cantidades de combustible. Los motores de iones se han usado en varias naves espaciales, entre ellas la misión Dawn a los asteroides Ceres y Vesta (ver pp. 62-63).

EL **EMPUJE** PRODUCIDO POR EL **MOTOR DE IONES DE LA SONDA DAWN** ES EQUIVALENTE AL **PESO DE DOS FOLIOS DE PAPEL**

¿CUÁNTO TIEMPO PUEDE FUNCIONAR UN MOTOR DE IONES?

Durante una misión de 11 años, la sonda Dawn de la NASA hizo funcionar su motor de iones durante un total de 5,9 años, alterando su velocidad en un total de 41 400 km/h.

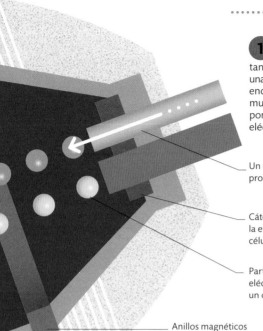

① Propelente liberado
El xenón se inyecta desde tanques de almacenamiento a una cámara de ionización, donde encuentra electrones que se mueven rápidamente emitidos por una placa caliente con carga eléctrica negativa, o cátodo.

— Un conducto del tanque de propelente inyecta xenón

— Cátodo calentado por la electricidad de las células solares

— Partículas con carga eléctrica confinadas por un campo magnético

— Anillos magnéticos

② Crear iones
Los electrones colisionan con los átomos de xenón, arrebatando electrones de los átomos del propelente y transformándolos en iones de carga positiva.

Maniobrar en el espacio

Muchas naves espaciales y satélites están equipados con propulsores que emiten pequeños chorros de gas para cambiar de orientación. El combustible es un bien precioso en el espacio, por lo que las maniobras deben planearse meticulosamente. Para mayor precisión, algunas usan ruedas de reacción: discos motorizados que giran sobre un eje y hacen que el cuerpo del aparato gire en la dirección opuesta.

Orientación en el espacio
Una sonda como el orbitador Cassini, de la NASA, se vale de una combinación de ruedas de reacción, propulsores de hidrazina y un motor químico de propulsión para orientarse.

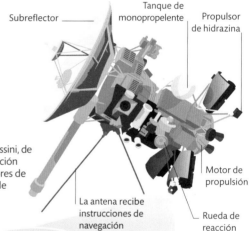

Subreflector —

Tanque de monopropelente

Propulsor de hidrazina

La antena recibe instrucciones de navegación

Motor de propulsión

Rueda de reacción

VELAS SOLARES

Las velas solares aprovechan la presión de la luz del Sol. Pese a que los fotones no tienen masa, tienen momento lineal, que se transfiere a una superficie reflectante. Como los motores de iones, producen pequeñas cantidades de empuje durante largos períodos. La tecnología se probó por primera vez en la sonda japonesa IKAROS, en 2010.

Un dispositivo de cristal líquido ajusta la transparencia

Células solares

Bridas

Membrana

El cuerpo principal contiene instrumentos

VELA SOLAR DE LA SONDA IKAROS

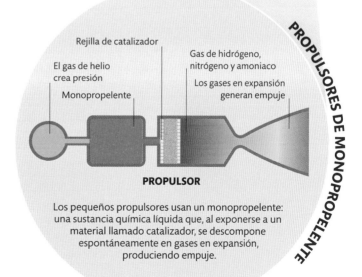

Rejilla de catalizador

El gas de helio crea presión

Monopropelente

Gas de hidrógeno, nitrógeno y amoniaco

Los gases en expansión generan empuje

PROPULSOR

PROPULSORES DE MONOPROPELENTE

Los pequeños propulsores usan un monopropelente: una sustancia química líquida que, al exponerse a un material llamado catalizador, se descompone espontáneamente en gases en expansión, produciendo empuje.

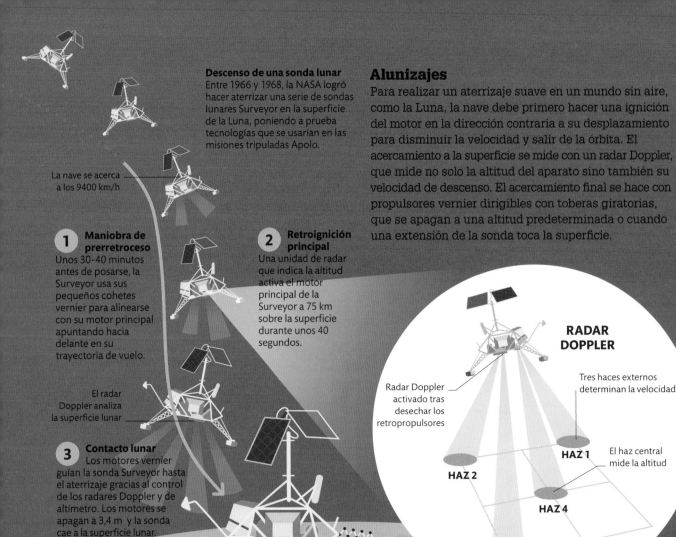

Descenso de una sonda lunar

Entre 1966 y 1968, la NASA logró hacer aterrizar una serie de sondas lunares Surveyor en la superficie de la Luna, poniendo a prueba tecnologías que se usarían en las misiones tripuladas Apolo.

Alunizajes

Para realizar un aterrizaje suave en un mundo sin aire, como la Luna, la nave debe primero hacer una ignición del motor en la dirección contraria a su desplazamiento para disminuir la velocidad y salir de la órbita. El acercamiento a la superficie se mide con un radar Doppler, que mide no solo la altitud del aparato sino también su velocidad de descenso. El acercamiento final se hace con propulsores vernier dirigibles con toberas giratorias, que se apagan a una altitud predeterminada o cuando una extensión de la sonda toca la superficie.

La nave se acerca a los 9400 km/h

1 Maniobra de prerretroceso
Unos 30-40 minutos antes de posarse, la Surveyor usa sus pequeños cohetes vernier para alinearse con su motor principal apuntando hacia delante en su trayectoria de vuelo.

El radar Doppler analiza la superficie lunar

2 Retroignición principal
Una unidad de radar que indica la altitud activa el motor principal de la Surveyor a 75 km sobre la superficie durante unos 40 segundos.

3 Contacto lunar
Los motores vernier guían la sonda Surveyor hasta el aterrizaje gracias al control de los radares Doppler y de altímetro. Los motores se apagan a 3,4 m y la sonda cae a la superficie lunar.

Patas articuladas de absorción de impacto

Pala extensible para muestras de suelo

RADAR DOPPLER

Radar Doppler activado tras desechar los retropropulsores

Tres haces externos determinan la velocidad

El haz central mide la altitud

HAZ 1

HAZ 2

HAZ 4

HAZ 3

Aterrizaje suave

Aterrizar en mundos sin aire es una tarea simple, aunque delicada. Como no hay aire que ofrezca resistencia, la nave debe frenar su descenso a la superficie mediante cohetes.

ROSETTA ATERRIZÓ EN EL COMETA **67P A UNA VELOCIDAD DE** MENOS DE **1 M POR SEGUNDO**

¿CUÁL FUE EL PRIMER ATERRIZAJE SUAVE EN OTRO MUNDO?

La primera sonda espacial que realizó un aterrizaje suave fue la sonda Luna 9, de la Unión Soviética. Utilizó airbags para sobrevivir a un impacto a 22 km/h en la Luna en 1965.

Bajar flotando hasta posarse

Las naves que orbitan en torno a cuerpos con baja gravedad, como cometas y asteroides, solo tienen que ajustar sus órbitas mediante breves igniciones de sus propulsores. Estas naves descienden gradualmente en espiral para tener una visión más detallada del objetivo y finalmente posarse con suavidad en su superficie.

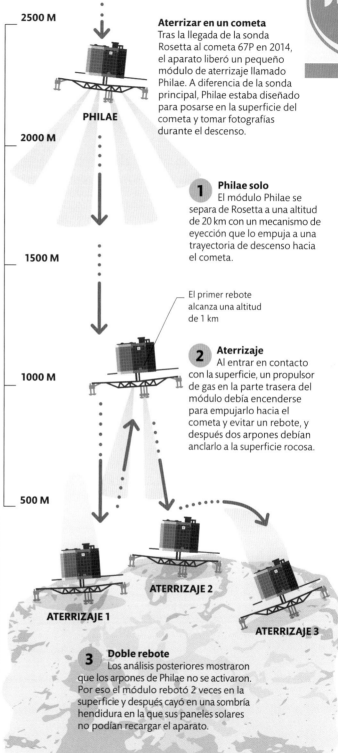

2500 M

Aterrizar en un cometa
Tras la llegada de la sonda Rosetta al cometa 67P en 2014, el aparato liberó un pequeño módulo de aterrizaje llamado Philae. A diferencia de la sonda principal, Philae estaba diseñado para posarse en la superficie del cometa y tomar fotografías durante el descenso.

PHILAE

2000 M

Trayectoria de la sonda Rosetta
Al final de su misión al cometa 67P, en septiembre de 2016, la sonda Rosetta, de la Agencia Espacial Europea, hizo un suave aterrizaje forzoso en la superficie.

1 **Órbitas finales**
Las últimas órbitas completas de Rosetta alrededor del cometa llegaron a pasar a 5 km de la superficie.

1 **Philae solo**
El módulo Philae se separa de Rosetta a una altitud de 20 km con un mecanismo de eyección que lo empuja a una trayectoria de descenso hacia el cometa.

1500 M

El primer rebote alcanza una altitud de 1 km

4 **Aterrizaje**
Rosetta aterriza en la región Ma'at del cometa y transmite imágenes hasta segundos antes del contacto.

Comienza el acercamiento final

2 **Aterrizaje**
Al entrar en contacto con la superficie, un propulsor de gas en la parte trasera del módulo debía encenderse para empujarlo hacia el cometa y evitar un rebote, y después dos arpones debían anclarlo a la superficie rocosa.

1000 M

3 **Una última ignición**
Una última ignición de 208 segundos a 19 km colocó la sonda en un descenso recto hacia el lugar previsto para aterrizar.

2 **Balanceo hacia fuera**
Tras una segunda órbita del cometa, el rumbo de Rosetta se corrige en preparación del descenso y aterrizaje.

500 M

ATERRIZAJES FORZOSOS

A veces una nave se estrella deliberadamente en una superficie planetaria a alta velocidad. La sonda Deep Impact, de la NASA, llevaba un proyectil en forma de barril que impactó contra la superficie del cometa Tempel 1 en 2005 para que la sonda pudiera estudiar los fragmentos lanzados al espacio.

ATERRIZAJE 2

ATERRIZAJE 1

ATERRIZAJE 3

TEMPEL 1

Proyectil del Deep Impact

Nube de fragmentos lanzados al espacio analizada por la sonda principal

3 **Doble rebote**
Los análisis posteriores mostraron que los arpones de Philae no se activaron. Por eso el módulo rebotó 2 veces en la superficie y después cayó en una sombría hendidura en la que sus paneles solares no podían recargar el aparato.

Naves tripuladas

Las naves que transportan astronautas son más grandes y complejas que las sondas robóticas pues, además, deben llevar equipamiento especializado para mantener con vida a la tripulación y protegerla durante el regreso a la Tierra.

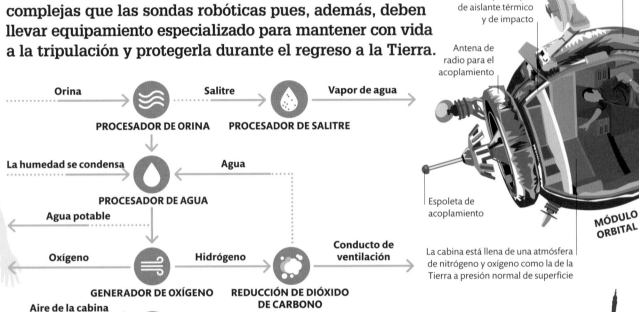

Orina → **PROCESADOR DE ORINA** → Salitre → **PROCESADOR DE SALITRE** → Vapor de agua

PROCESADOR DE ORINA →

La humedad se condensa → **PROCESADOR DE AGUA** ← Agua

PROCESADOR DE AGUA → Agua potable

Oxígeno ← **GENERADOR DE OXÍGENO** → Hidrógeno → **REDUCCIÓN DE DIÓXIDO DE CARBONO** → Conducto de ventilación

Aire de la cabina → **ELIMINACIÓN DE DIÓXIDO DE CARBONO** → Aire purificado / Dióxido de carbono

Aire de la cabina → **CONTROL DE SUSTANCIAS CONTAMINANTES**

Casco de aleación de aluminio

Múltiples capas de aislante térmico y de impacto

Antena de radio para el acoplamiento

Espoleta de acoplamiento

MÓDULO ORBITAL

La cabina está llena de una atmósfera de nitrógeno y oxígeno como la de la Tierra a presión normal de superficie

Sistemas de soporte vital
Entre los elementos esenciales para la vida están el agua potable, el oxígeno respirable (extraído del agua), la eliminación del tóxico dióxido de carbono y el procesamiento de residuos.

SE HAN REALIZADO **MÁS DE 140** LANZAMIENTOS **CON ÉXITO** DE LA **SOYUZ**

AMERIZAJE

Para las naves que amerizan en el océano, un rescate rápido es vital. En 2020, la misión Crew Dragon Demo-2, de SpaceX, completó el primer amerizaje en 45 años, cayendo a la vista de los barcos de recuperación.

El Crew Dragon se separa de la ISS

La sección media se separa de la cápsula

Reentrada atmosférica

Se abren los cuatro paracaídas principales

Amerizaje

VEHÍCULOS ESPACIALES TRIPULADOS

Desde que los primeros astronautas estadounidenses y rusos volaron al espacio en 1961, se han realizado con éxito más de 300 misiones espaciales tripuladas. Aunque hombres y mujeres de muchas nacionalidades se han convertido en astronautas, solo tres países –Estados Unidos, la Unión Soviética (hoy Rusia) y China– han desarrollado y lanzado sus propios vehículos espaciales tripulados.

	SOYUZ	APOLO	SHENZHOU	ORIÓN
País	Rusia	Estados Unidos	China	Estados Unidos
Tripulación	3	3	3	4-6
Operativo	1967-presente	1968-1975	2003-presente	2023-
Longitud	7,5 m	11 m	9 m	8 m

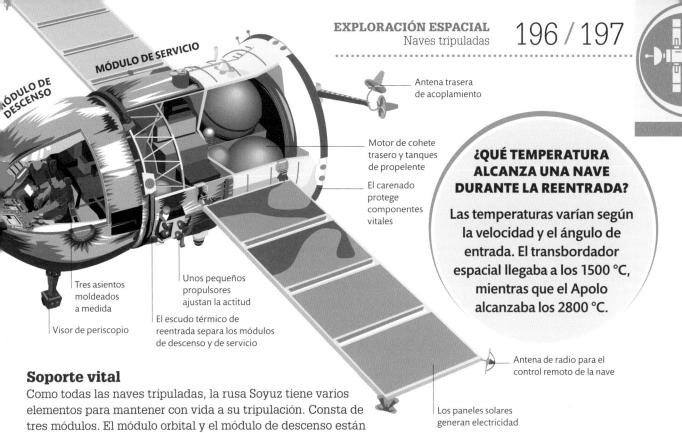

MÓDULO DE SERVICIO

MÓDULO DE DESCENSO

Antena trasera de acoplamiento

Motor de cohete trasero y tanques de propelente

El carenado protege componentes vitales

Tres asientos moldeados a medida

Visor de periscopio

Unos pequeños propulsores ajustan la actitud

El escudo térmico de reentrada separa los módulos de descenso y de servicio

Antena de radio para el control remoto de la nave

Los paneles solares generan electricidad

¿QUÉ TEMPERATURA ALCANZA UNA NAVE DURANTE LA REENTRADA?

Las temperaturas varían según la velocidad y el ángulo de entrada. El transbordador espacial llegaba a los 1500 °C, mientras que el Apolo alcanzaba los 2800 °C.

Soporte vital

Como todas las naves tripuladas, la rusa Soyuz tiene varios elementos para mantener con vida a su tripulación. Consta de tres módulos. El módulo orbital y el módulo de descenso están presurizados para permitir el trabajo «en mangas de camisa», sin necesidad de ningún atuendo especial. Un módulo de servicio no presurizado proporciona electricidad, propulsión y suministros para los sistemas de soporte vital.

Dentro de la Soyuz
Las Soyuz, operadas de diferentes formas desde los años sesenta, pueden mantener a una tripulación de tres miembros y son capaces de acoplarse con otros vehículos espaciales.

Regresar a la Tierra

La mayoría de las naves que regresan a la Tierra usan la fricción del aire para frenar su descenso hasta un punto en el que pueden abrir sus paracaídas. El módulo de reentrada o de descenso está equipado con un escudo térmico ablativo (que aparta el calor o se queda con él) y su diseño suele ser cónico para garantizar que la nave se alinea de tal forma que es su ancha base la que soporta el calor. Las naves estadounidenses suelen caer en el océano, cerca de barcos de recuperación preparados, mientras que las cápsulas rusas y chinas suelen regresar a tierra y usan retropropulsores para frenar su descenso final.

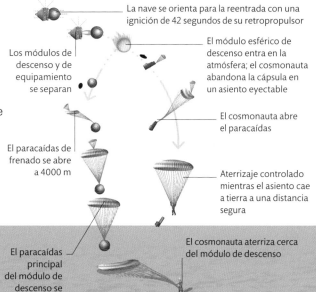

La nave se orienta para la reentrada con una ignición de 42 segundos de su retropropulsor

Los módulos de descenso y de equipamiento se separan

El módulo esférico de descenso entra en la atmósfera; el cosmonauta abandona la cápsula en un asiento eyectable

El cosmonauta abre el paracaídas

El paracaídas de frenado se abre a 4000 m

Aterrizaje controlado mientras el asiento cae a tierra a una distancia segura

El paracaídas principal del módulo de descenso se abre a 2500 m

El cosmonauta aterriza cerca del módulo de descenso

Aterrizaje seguro
Los cosmonautas de los primeros vuelos espaciales soviéticos, como los del Vostok 1, eran eyectados de la cápsula tras la reentrada y caían por separado en paracaídas. A partir de 1964, las misiones Vosjod comenzaron a hacer que los cosmonautas aterrizaran dentro de la cápsula de descenso.

Componentes del traje espacial

Un traje espacial consiste en tres elementos clave: el traje de presión, el casco y el sistema de soporte vital portátil (PLSS, por sus siglas en inglés). El traje de presión protege el cuerpo de los peligros exteriores, ejerce presión sobre la piel (en sustitución de la presión atmosférica) y regula la temperatura. El casco proporciona visibilidad y comunicaciones, además de proporcionar aire y agua al astronauta, mientras que el PLSS proporciona electricidad y productos consumibles.

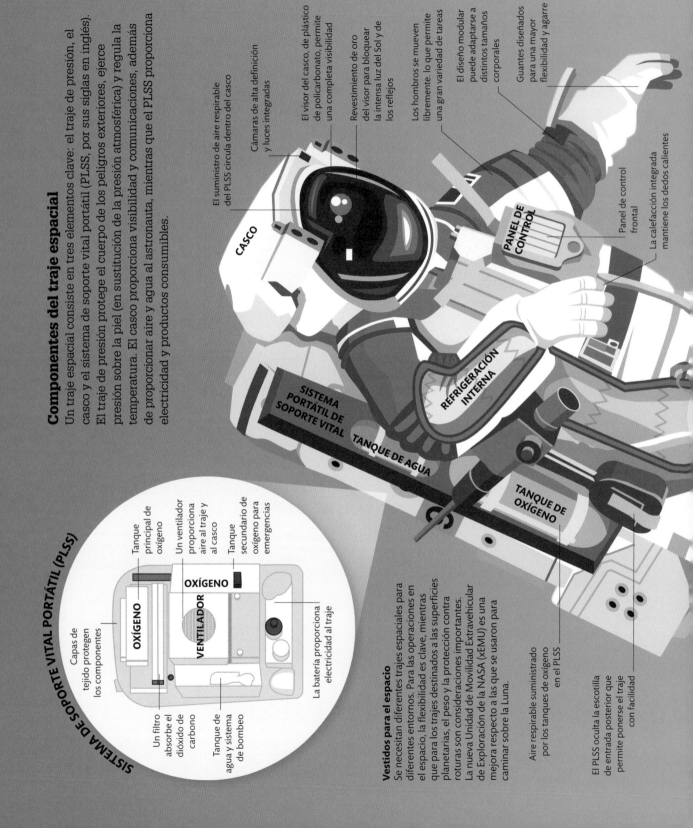

El suministro de aire respirable del PLSS circula dentro del casco

Cámaras de alta definición y luces integradas

El visor del casco, de plástico de policarbonato, permite una completa visibilidad

Revestimiento de oro del visor para bloquear la intensa luz del Sol y de los reflejos

Los hombros se mueven libremente, lo que permite una gran variedad de tareas

El diseño modular puede adaptarse a distintos tamaños corporales

Guantes diseñados para una mayor flexibilidad y agarre

Panel de control frontal

La calefacción integrada mantiene los dedos calientes

CASCO

PANEL DE CONTROL

REFRIGERACIÓN INTERNA

SISTEMA PORTÁTIL DE SOPORTE VITAL

TANQUE DE AGUA

TANQUE DE OXÍGENO

SISTEMA DE SOPORTE VITAL PORTÁTIL (PLSS)

Capas de tejido protegen los componentes

Tanque principal de oxígeno

Un ventilador proporciona aire al traje y al casco

Tanque secundario de oxígeno para emergencias

OXÍGENO

OXÍGENO

VENTILADOR

La batería proporciona electricidad al traje

Un filtro absorbe el dióxido de carbono

Tanque de agua y sistema de bombeo

Vestidos para el espacio

Se necesitan diferentes trajes espaciales para diferentes entornos. Para las operaciones en el espacio, la flexibilidad es clave, mientras que para los trajes destinados a las superficies planetarias, el peso y la protección contra roturas son consideraciones importantes. La nueva Unidad de Movilidad Extravehicular de Exploración de la NASA (xEMU) es una mejora respecto a las que se usaron para caminar sobre la Luna.

Aire respirable suministrado por los tanques de oxígeno en el PLSS

El PLSS oculta la escotilla de entrada posterior que permite ponerse el traje con facilidad

Traje espacial

El traje espacial es un ambiente aislado, completo e independiente que está diseñado para proteger al astronauta de entornos hostiles y proporcionarle los suministros necesarios para operar fuera de su nave en el casi vacío del espacio o de otro mundo.

Los peligros de la radiación

Para trabajar fuera de la atmósfera terrestre y fuera de un vehículo espacial, un traje espacial debe proteger contra varios tipos de radiación y de partículas dañinas.

Fulguraciones solares
Las partículas del Sol crean problemas electromagnéticos que alteran los aparatos electrónicos.

Rayos cósmicos
Las rápidas partículas y la radiación de alta energía del exterior del sistema solar atraviesan los materiales.

Radiación ultravioleta
La intensa luz visible y la radiación ultravioleta pueden dañar los ojos de un astronauta.

Radiación atrapada
Las partículas de los cinturones Van Allen pueden dañar las células del cuerpo del astronauta.

UN **ASTRONAUTA** PUEDE HACERSE HASTA UN 3% MÁS ALTO EN EL **ESPACIO**

Tres capas de flexible material de spandex mantienen la presión sobre la superficie de la piel

Botas de estilo de montaña con suelas flexibles para caminar con facilidad

AMARRA DE SEGURIDAD

La movilidad en caderas y rodillas facilita moverse con baja gravedad

Las capas exteriores están diseñadas para resistir las partículas

SUJECIÓN PARA LOS PIES

SOPORTE GIRATORIO

Soporte giratorio con sujeción para los pies para trabajar fuera de un vehículo espacial

ROBONAUT

Para reducir las actividades extravehiculares (EVA, por sus siglas en inglés) de los astronautas, la NASA ha desarrollado el robot humanoide Robonaut.

Tras el visor hay cámaras estereoscópicas

El torso contiene los controles del ordenador

Manos de agarre

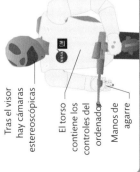

¿QUIÉN HIZO EL PRIMER PASEO ESPACIAL?

El cosmonauta ruso Alexéi Leónov fue el primero en hacer un paseo espacial. Estuvo fuera de su nave Vosjod 2 durante 12 minutos y 9 segundos el 18 de marzo de 1965.

Cohete de despegue de emergencia

Módulo de mando

Módulo de servicio

Módulo lunar

La unidad de instrumentos contiene sistemas de guiado

Un solo motor J-2 consume hidrógeno y oxígeno líquidos

Cinco motores J-2 consumen hidrógeno y oxígeno líquidos

Los anillos entre las etapas del cohete son un espacio de seguridad

Cinco motores F-1 consumen queroseno y oxígeno líquido

Lanzar el Apolo

Enviar el Apolo a la Luna requería un cohete de una potencia sin precedentes. Las tres etapas del Saturno V lo llevaban hasta la órbita terrestre y, una vez libre de la gravedad de la Tierra, la tercera etapa se encendía para colocar la nave en una trayectoria translunar.

Misión a la Luna

Entre 1969 y 1972, seis misiones Apolo, de Estados Unidos, enviaron con éxito astronautas a la Luna. Cada expedición conllevó el lanzamiento de una compleja nave de tres partes mediante el enorme cohete Saturno V.

El viaje del Apolo

Al usar un módulo lunar independiente para el alunizaje mientras el CSM permanecía en órbita, el peso de la carga útil lanzada desde la Tierra se reducía mucho, pero esto requería complejas operaciones de encuentro entre módulos que no se habían probado antes.

El módulo de comando rota 180° para entrar en la atmósfera con el escudo térmico hacia abajo

7 Reentrada
Al aproximarse a la Tierra, el módulo de mando (CM) se separa del módulo de servicio y gira 180° para reentrar en la atmósfera de la Tierra.

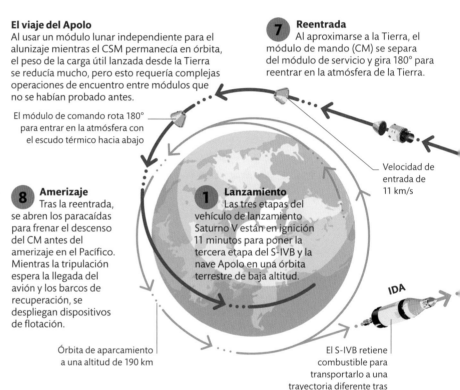

Velocidad de entrada de 11 km/s

8 Amerizaje
Tras la reentrada, se abren los paracaídas para frenar el descenso del CM antes del amerizaje en el Pacífico. Mientras la tripulación espera la llegada del avión y los barcos de recuperación, se despliegan dispositivos de flotación.

1 Lanzamiento
Las tres etapas del vehículo de lanzamiento Saturno V están en ignición 11 minutos para poner la tercera etapa del S-IVB y la nave Apolo en una órbita terrestre de baja altitud.

Órbita de aparcamiento a una altitud de 190 km

IDA

El S-IVB retiene combustible para transportarlo a una trayectoria diferente tras la separación

Ir a la Luna y volver

Cada misión Apolo envió a tres astronautas a una distancia de unos 400 000 km hasta la Luna. Uno de ellos permanecía en la órbita lunar a bordo del módulo de mando y servicio (CSM, por sus siglas en inglés) y los otros dos descendían a la superficie en el módulo lunar (LM). Al finalizar las operaciones de superficie, la parte superior del LM despegaba para encontrarse con el CSM en la órbita lunar y regresar a la Tierra. Finalmente, el módulo de mando se separaba del resto de la nave para reentrar en la atmósfera.

LAS **SEIS MISIONES APOLO** TRAJERON UN TOTAL DE **382 KG** DE **ROCAS LUNARES** A LA TIERRA

Módulo lunar

Diseñado para volar en el casi vacío, el módulo lunar Apolo consistía en una etapa de descenso de aspecto arácnido y una etapa de ascenso presurizada diseñada para llevar a dos astronautas. Cada etapa tenía su motor, y por ello la etapa de ascenso regresaba a la órbita lunar al final de la misión de superficie.

Descenso a la superficie lunar

Las fases finales del descenso requerían un preciso pilotaje con el motor principal de descenso y con cuatro propulsores de reacción: pequeños cohetes multidireccionales dispuestos en torno a la etapa de ascenso.

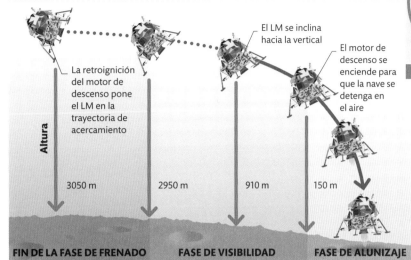

El LM se inclina hacia la vertical

El motor de descenso se enciende para que la nave se detenga en el aire

La retroignición del motor de descenso pone el LM en la trayectoria de acercamiento

Altura

3050 m 2950 m 910 m 150 m

FIN DE LA FASE DE FRENADO **FASE DE VISIBILIDAD** **FASE DE ALUNIZAJE**

3 **Unión del módulo**
El MCS se da la vuelta 180° antes de acoplarse con el módulo de ascenso del LM y sacarlo de su acoplamiento.

El CSM acoplado al módulo de ascenso del LM

4 **Órbita y aterrizaje**
La ignición del motor del CSM frena la nave para hacer que entre en la órbita lunar. Dos astronautas descienden a la superficie a bordo del ML.

La etapa final del Saturno V se ha desechado

El LM se desecha

REGRESO

• LA LUNA

5 **Acoplamiento**
La etapa de ascenso del LM despega una vez terminada la misión de superficie y se acopla con el CSM en la órbita lunar. Los astronautas y las muestras entran y el LM es desechado.

2 **Inserción translunar**
Tras los controles iniciales de seguridad, el cohete del S-IVB se enciende para impulsar la nave hasta una trayectoria translunar, antes de separarse y caer.

6 **Regreso a casa**
El CSM pone en marcha los motores para poner la nave en trayectoria de regreso hacia la Tierra. El viaje de la Luna a la Tierra dura entre 2 y 3 días.

Inserción orbital del módulo lunar de descenso

PRUEBAS ANTES DEL ALUNIZAJE

Solo cuatro misiones Apolo tripuladas, las número 7-10, volaron antes del alunizaje real para poner a prueba la nave en la Tierra y en la órbita de la Luna.

EL VEHÍCULO LUNAR RÓVER

Las tres últimas misiones Apolo llevaron un vehículo lunar róver que extendía el rango de exploración en torno al lugar de alunizaje. Este vehículo, ligero pero robusto y alimentado por batería, podía transportar dos veces su peso y tenía una velocidad máxima de 18 km/h.

Almacenamiento de muestras

Antena de radio

Asientos para dos astronautas

El trabajo del transbordador

Una vez en el espacio con su usual tripulación de en torno a siete astronautas y especialistas en la carga útil, el transbordador orbital era capaz de realizar una amplia variedad de tareas. Una cabina presurizada de gran tamaño proporcionaba alojamiento y espacio para realizar experimentos, poner satélites en órbita y sacarlos de sus órbitas para repararlos, además de transportar componentes para la Estación Espacial Internacional. La bodega de carga también podía transportar un gran módulo presurizado llamado Spacelab que ofrecía más espacio de laboratorio para realizar experimentos y misiones de reparación.

SISTEMA DE MANIPULACIÓN REMOTA DEL TRANSBORDADOR

Articulación del codo
(de arriba abajo)

Las cámaras de circuito cerrado de televisión

Articulación completa de la muñeca

El efector final del brazo robótico puede sujetar satélites y cargas

Articulación del hombro

Canadarm
La bodega de carga del transbordador incorporaba un brazo robótico controlado de forma remota llamado Canadarm.

Las compuertas de la bodega de carga actúan como radiadores para regular la temperatura en el espacio

El módulo presurizado del Spacelab dentro de la bodega de carga

El Canadarm se usaba para sujetar satélites y otras cargas

Sistemas de control situados en la cabina de mando

COMPUERTA DE LA BODEGA DE CARGA

BODEGA DE CARGA

CABINA DE MANDO

La cubierta contiene el equipamiento y aloja a los tripulantes

FUSELAJE CENTRAL

ALA DELTA

El transbordador está cubierto por más de 24 000 placas resistentes al calor

FUSELAJE DELANTERO

ORBITADOR DEL TRANSBORDADOR ESPACIAL

SISTEMA DE PROTECCIÓN TERMAL

Mientras que otros vehículos espaciales usan escudos térmicos que detienen y expulsan el calor, el casco del orbitador estaba protegido por varios tipos de aislamiento permanente. Las placas cerámicas demostraron ser vulnerables a los daños y al desgaste y provocaron un fallo desastroso.

PLACA

Placas reutilizables de superficie resistentes a las altas temperaturas

Revestimiento de borosilicato resistente al calor

Espuma de silicona que absorbe el calor

La superficie superior, cubierta de aislante, está bastante fría

PARTE SUPERIOR

Temperaturas extremadamente altas

PARTE INFERIOR

El transbordador se pone boca arriba para reducir la fricción aerodinámica

Los motores principales y los SRB se encienden para el lanzamiento

Transbordador espacial

El tranbordador espacial de la NASA fue un sistema de lanzamiento revolucionario que combinaba cohetes convencionales con un avión espacial reutilizable del tamaño de un pequeño avión de pasajeros.

¿CUÁNTOS TRANSBORDADORES ESPACIALES HA HABIDO?

La flota de la NASA incluía cuatro orbitadores capaces de volar, Columbia, Challenger, Discovery y Atlantis (y el prototipo Enterprise). Dos de ellos se perdieron en accidentes y, en 1992, se construyó el Endeavour.

Perfil de la misión

Se lanzaba de forma vertical sujeto a un gran depósito externo de combustible (ET, por sus siglas en inglés) que daba combustible a los tres motores principales de la nave. Dos cohetes de combustible sólido (SRB) a los lados del ET ayudaban en el lanzamiento. Una vez en el espacio, usaba su sistema de maniobras orbitales (OMS) para completar las operaciones. Tras 1 semana o más en el espacio, revertía su orientación y encendía sus motores principales para reentrar en la atmósfera de la Tierra y aterrizar.

CON SUS **110 TONELADAS** EN EL LANZAMIENTO, ERA CON DIFERENCIA EL **VEHÍCULO ESPACIAL MÁS PESADO** PUESTO **EN ÓRBITA**

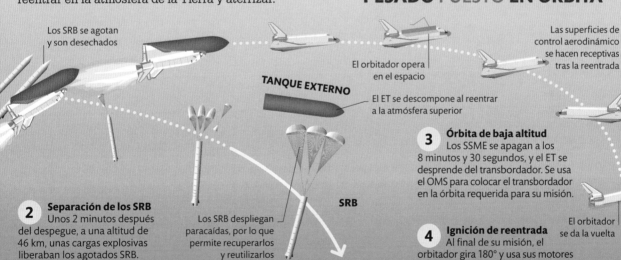

Los SRB se agotan y son desechados

El orbitador opera en el espacio

Las superficies de control aerodinámico se hacen receptivas tras la reentrada

TANQUE EXTERNO

El ET se descompone al reentrar a la atmósfera superior

3 **Órbita de baja altitud**
Los SSME se apagan a los 8 minutos y 30 segundos, y el ET se desprende del transbordador. Se usa el OMS para colocar el transbordador en la órbita requerida para su misión.

SRB

El orbitador se da la vuelta

2 **Separación de los SRB**
Unos 2 minutos después del despegue, a una altitud de 46 km, unas cargas explosivas liberaban los agotados SRB.

Los SRB despliegan paracaídas, por lo que permite recuperarlos y reutilizarlos

4 **Ignición de reentrada**
Al final de su misión, el orbitador gira 180° y usa sus motores OMS para frenar, reorientando su cono de morro hacia abajo antes de entrar en la atmósfera.

1 **Lanzamiento**
Se necesita el empuje de los tres motores principales del transbordador (SSME), que recibían combustible del tanque externo, más dos SRB para hacer que despegase del suelo.

5 **Acercamiento planeando**
Regresa a la Tierra planeando y disminuyendo su velocidad a partir de una velocidad supersónica en una serie de giros controlados por ordenador, antes de que el piloto tome los mandos.

El tren de aterrizaje se despliega poco antes de aterrizar

El orbitador comienza a planear

Estaciones espaciales

Los puestos semipermanentes en el espacio aumentan el tiempo que los astronautas pueden permanecer en órbita y permiten hacer experimentos de larga duración en gravedad cero y en el casi vacío.

Estación Espacial Internaciaonal (ISS)

La ISS es la estación espacial más grande construida. Da vueltas a la Tierra en una órbita baja y tiene 15 módulos, entre los que hay laboratorios europeos, rusos y japoneses que dan alojamiento y lugar de trabajo para una tripulación media de seis astronautas. Los módulos están conectados a la viga central, llamada estructura de armazón. En su parte exterior, la estación tiene múltiples brazos robóticos para varias tareas, junto a áreas para exponer experimentos al espacio. La electricidad proviene de paneles solares móviles conectados al armazón con una superficie mayor que la de un campo de fútbol.

LABORATORIO CIENTÍFICO COLUMBUS

El módulo ruso Zvezda contiene alojamiento para dos cosmonautas

El armazón principal es la espina dorsal de la estación

Los radiadores eliminan el exceso de calor

Compuerta que conecta con el módulo Harmony

Diez estantes para experimentos

Cargas útiles externas y almacenamiento

El laboratorio tiene 4,5 m de diámetro

Manta multicapa de aislamiento

Paneles solares móviles de doble cara dan energía a la estación

El laboratorio Columbus, de la Agencia Espacial Europea, lo instaló el transbordador espacial Atlantis en 2008. Es uno de los laboratorios más importantes de la ISS, en el que la ESA y la NASA comparten espacio para experimentos.

Entrar en órbita

Construir la ISS fue la tarea de ingeniería más compleja llevada a cabo en el espacio. La construcción principal se hizo entre 1998 y 2011, y el transbordador espacial estadounidense fue crucial para transportar sus piezas y unirlas con su brazo robótico. Las tripulaciones (normalmente grupos de tres que se solapan en expediciones de seis meses) llegaron inicialmente en el transbordador o la nave rusa Soyuz. En 2011, la Soyuz se convirtió en el único medio de acceso, pero los vehículos espaciales comerciales están empezando a tomar el relevo.

LA ESTACIÓN ESPACIAL INTERNACIONAL HA ESTADO OCUPADA SIN INTERRUPCIÓN DESDE EL 31 DE OCTUBRE DE 2000

En órbita a la Tierra

La ISS orbita a una altitud promedio de 409 km sobre la Tierra, inclinada a un ángulo de 51,6° en relación con el ecuador. Esto significa que da una vuelta a la Tierra cada 92,7 minutos, o 15,5 veces al día. La estación tiene una velocidad orbital media de 27 724 km/h.

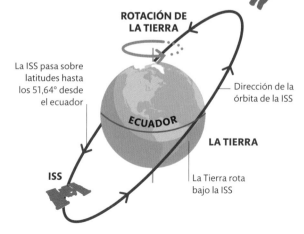

ROTACIÓN DE LA TIERRA

La ISS pasa sobre latitudes hasta los 51,64° desde el ecuador

Dirección de la órbita de la ISS

ECUADOR

LA TIERRA

ISS

La Tierra rota bajo la ISS

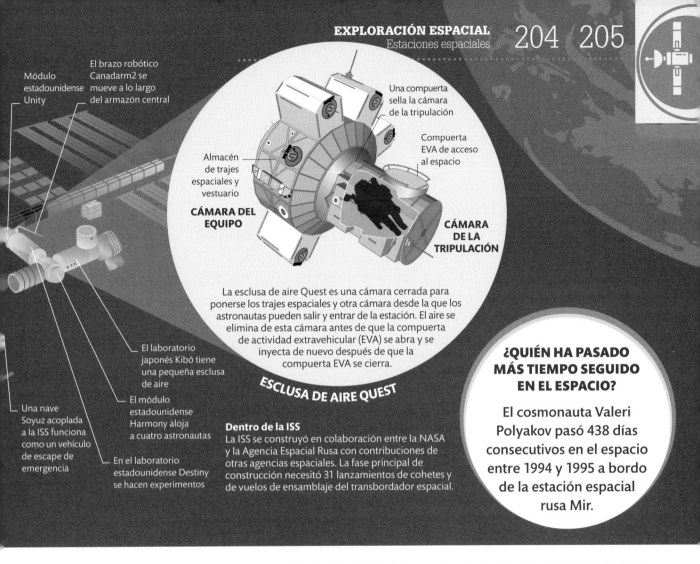

Módulo estadounidense Unity

El brazo robótico Canadarm2 se mueve a lo largo del armazón central

Una compuerta sella la cámara de la tripulación

Compuerta EVA de acceso al espacio

Almacén de trajes espaciales y vestuario

CÁMARA DEL EQUIPO

CÁMARA DE LA TRIPULACIÓN

El laboratorio japonés Kibō tiene una pequeña esclusa de aire

El módulo estadounidense Harmony aloja a cuatro astronautas

Una nave Soyuz acoplada a la ISS funciona como un vehículo de escape de emergencia

En el laboratorio estadounidense Destiny se hacen experimentos

La esclusa de aire Quest es una cámara cerrada para ponerse los trajes espaciales y otra cámara desde la que los astronautas pueden salir y entrar de la estación. El aire se elimina de esta cámara antes de que la compuerta de actividad extravehicular (EVA) se abra y se inyecta de nuevo después de que la compuerta EVA se cierra.

ESCLUSA DE AIRE QUEST

Dentro de la ISS
La ISS se construyó en colaboración entre la NASA y la Agencia Espacial Rusa con contribuciones de otras agencias espaciales. La fase principal de construcción necesitó 31 lanzamientos de cohetes y de vuelos de ensamblaje del transbordador espacial.

¿QUIÉN HA PASADO MÁS TIEMPO SEGUIDO EN EL ESPACIO?

El cosmonauta Valeri Polyakov pasó 438 días consecutivos en el espacio entre 1994 y 1995 a bordo de la estación espacial rusa Mir.

Estaciones espaciales en la órbita terrestre

Las estaciones espaciales Salyut de los setenta seguían un diseño militar soviético con una sola esclusa de aire. En 1973, la NASA lanzó un competidor con el Skylab, basado en piezas sobrantes de las misiones Apolo. La Salyut 6 (1977) fue la primera con dos esclusas de aire, lo que permitía a las tripulaciones visitar o turnarse sin que la estación quedase vacía. La Mir (1988-2001) fue una precursora del diseño modular de la ISS, con múltiples unidades.

OTRAS ESTACIONES ESPACIALES EN ÓRBITA A LA TIERRA

Nombre	País	Fecha	Información
Salyut 1	URSS	Abril de 1971	La Salyut 1, la primera basada en un diseño denominado Almaz, se abandonó después de que su tripulación muriera durante el regreso a la Tierra.
Skylab	Estados Unidos	Mayo de 1973	El Skylab de la NASA se adaptó a partir de una etapa de cohete Saturno dañada en el lanzamiento. La tripulación la reparó y dos más la visitaron en 1973 y 1974.
Mir	URSS	Febrero de 1986	La estación Mir, construida a lo largo de una década, tenía siete módulos presurizados. En los años noventa, transbordadores estadounidenses se acoplaron a ella.
Tiangong-1	China	Septiembre de 2011	El prototipo de la estación espacial china Tiangong-1 recibió la visita de una nave robotizada y dos misiones tripuladas Shenzhou en sus 2 años de operatividad.

Aterrizar en otros mundos

Aterrizar en la superficie de otro mundo requiere sistemas más complejos que los retropropulsores, especialmente si la atmósfera es sustancialmente más densa o tenue que la de la Tierra.

El Curiosity en Marte

El desafío de posarse en Marte varía según el tamaño del aparato. La atmósfera de Marte crea una gran fricción, por lo que una sonda que entra en ella debe protegerse del calor; es tenue para que las sondas más pesadas puedan frenar con paracaídas y es lo bastante densa para crear inestabilidad si se usan solo retropropulsores. El róver Curiosity logró combinar un conjunto de técnicas que le garantizaron un aterrizaje seguro.

Aterrizar en Marte

El descenso del Curiosity combinó aerofrenado, paracaídas y un complejo sistema llamado Sky Crane en una operación que, una vez activada, no necesitó control desde la Tierra.

Etapa de crucero en órbita

1016 segundos para tomar tierra

896 segundos para tomar tierra

Entrada en la atmósfera

ALTITUD: 125 KM

416 segundos para tomar tierra

Máximo de calor del escudo térmico de la sonda

1 Acercamiento final a Marte
El róver Curiosity, encapsulado en un aerofuselaje de dos partes, se separa de la etapa de crucero en órbita y desciende a la superficie de Marte.

2 Aerofrenado
La fricción con la atmósfera superior rebaja la velocidad del Curiosity de 5,8 km/s a 470 m/s en 4 minutos.

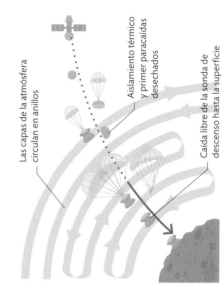

¿QUIÉN ATERRIZÓ EN VENUS POR PRIMERA VEZ?

La soviética Venera 7 fue la primera sonda de aterrizaje suave que llegó intacta a la superficie de Venus. Envió datos 20 minutos.

Aterrizar en Venus

Aterrizar en Venus es aún más peligroso que llegar a Marte. La atmósfera es más densa, así que se pueden usar paracaídas, pero también es muy tóxica y corrosiva. Aun así una serie de sondas Venera, fuertemente blindadas, hicieron descensos con éxito en los años setenta y ochenta.

Las capas de la atmósfera circulan en anillos

Aislamiento térmico y primer paracaídas desechados

Caída libre de la sonda de descenso hasta la superficie

Un descenso peligroso
Las sondas Venera usaban una combinación de aerofrenos y paracaídas para llegar a la superficie de Venus. La densa atmósfera amortiguaba los últimos 50 km de caída.

REBOTAR EN MARTE

En 2004, dos róveres llegaron a Marte con una combinación de aerofrenos, paracaídas y retropropulsores, para finalmente caer en la superficie encapsulados en airbags.

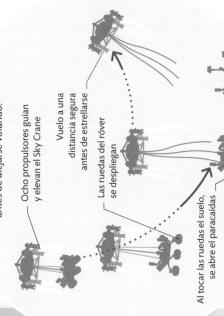

Los airbags se desinflan en secuencia para garantizar que la sonda está en la posición adecuada

DESCENSO DEL SKY CRANE

El sistema del Sky Crane permitió al Curiosity descender y aterrizar de forma suave en la superficie de Marte antes de alejarse volando.

Ocho propulsores guían y elevan el Sky Crane

Vuelo a una distancia segura antes de estrellarse

Las ruedas del róver se despliegan

Al tocar las ruedas el suelo, se abre el paracaídas

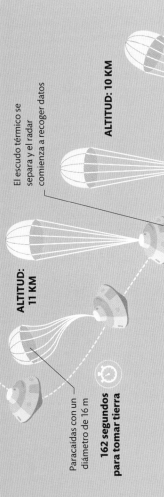

El escudo térmico se separa y el radar comienza a recoger datos

ALTITUD: 10 KM

ALTITUD: 11 KM

Paracaídas con un diámetro de 16 m

162 segundos para tomar tierra

3 Paracaídas
Un paracaídas se despliega a velocidad supersónica, ralentizando el descenso de la sonda a unos 100 m por segundo.

138 segundos para tomar tierra

Descenso propulsado

ALTITUD: 1,8 KM

4 Sky Crane
En la fase final del descenso, el róver es transportado a su lugar de aterrizaje mediante una plataforma voladora llamada Sky Crane.

El róver desciende por debajo del Sky Crane desde unos 20 m de altura

EL CURIOSITY ENTRÓ EN LA ATMÓSFERA DE MARTE A UNA VELOCIDAD DE 5,8 KM/S

SOJOURNER
Longitud: 65 cm

SPIRIT Y OPPORTUNITY
Longitud: 1,6 m

CURIOSITY
Longitud: 3 m

PERSEVERANCE
Longitud: 2 m

Tamaño de los róveres
Varían en tamaño y en complejidad según el objetivo de cada misión.

Los róveres de Marte

Hasta que podamos explorar otros planetas de forma segura, los róveres son la mejor alternativa. Hasta hoy se han enviado cinco sofisticados róveres a Marte.

El róver Curiosity

En 2012, el róver Curiosity, del tamaño de un coche, aterrizó en el antiguo lecho de un lago en el que se esperaba encontrar evidencia de condiciones favorables para la vida en el pasado del planeta. Es el más sofisticado enviado a Marte y lleva laboratorios, cámaras, instrumentos meteorológicos y un brazo mecánico capaz de perforar rocas y recoger muestras.

Analizar la superficie de Marte
El Curiosity está equipado con muchos instrumentos científicos, entre ellos un espectrómetro de rayos láser capaz de identificar muestras de roca a distancia.

¿CUÁL FUE EL PRIMER RÓVER EN OTRO MUNDO?

El Lunojod 1, de la URSS, impulsado por placas solares, llegó a la Luna en noviembre de 1970. Estuvo operativo durante casi 10 meses.

Múltiples cámaras para navegación y análisis

La MastCam capta imágenes en color de alta resolución

La ChemCam utiliza un láser con un alcance de 7 m para vaporizar capas de roca y de suelo

MÁSTIL

LÁSER

La electricidad se genera con el calor de la radiactividad del plutonio

Antena de frecuencia ultraalta (UHF) para comunicarse con satélites en órbita

ANTENA UHF

Los sensores controlan la velocidad y la dirección del viento y la temperatura del aire

ESTACIÓN METEOROLÓGICA

ANTENA DE ALTO RENDIMIENTO

DETECTOR DE RADIACIÓN

El brazo tiene cámara, taladro y espectrómetro de rayos X

CARCASA DE LA UNIDAD DE ENERGÍA

ESPECTRÓMETRO DE NEUTRONES

TALADRO

BRAZO ROBÓTICO

El taladro obtiene muestras

Las ruedas pueden salvar obstáculos de hasta 65 cm

LABORATORIOS INTERIORES

Cámara Mars Descent Imager

El brazo es de 2 m

Conducir en Marte

Para navegar en la irregular superficie de Marte y mantenerse estables, los róveres están equipados con un sistema de suspensión tipo *rocker-bogie*. El retraso entre el envío y la llegada de señales de radio entre la Tierra y Marte significa que los ingenieros no pueden manejar el vehículo en tiempo real: recogen datos e imágenes antes de planear un nuevo rumbo. El róver sigue la ruta y usa sus sensores para franquear obstáculos menores en su camino.

EL **CURIOSITY** TIENE UNA **VELOCIDAD MÁXIMA** DE SOLO **90 M/H**

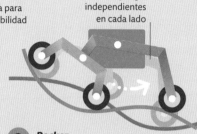

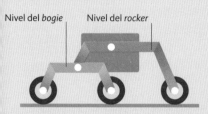

Nivel del *bogie*

Nivel del *rocker*

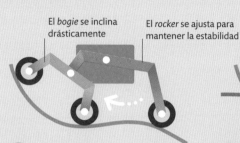

El *bogie* se inclina drásticamente

El *rocker* se ajusta para mantener la estabilidad

Rocker y *bogie* independientes en cada lado

1 Ruedas para Marte

El Curiosity avanza sobre seis grandes ruedas de aluminio con un relieve para agarrarse mejor al suelo rocoso. Cada rueda tiene motor independiente, y las delanteras y traseras tienen motores de dirección.

2 *Bogie* trasero

A cada lado del róver, su centro y las ruedas traseras están conectadas a una estructura llamada *bogie* que se puede inclinar para mantener las dos ruedas en contacto con el suelo.

3 *Rocker*

El *bogie* y la rueda delantera en cada lado están unidos al cuerpo del róver con una estructura giratoria más grande, el *rocker*. Así, las seis ruedas pueden estar en niveles diferentes sin que el róver pierda estabilidad.

Vista desde arriba

Las seis ruedas del Curiosity, sin ejes conectores entre ambos lados, permite al róver funcionar incluso si alguna rueda se queda atascada en la arena o queda inhabilitada por las afiladas rocas.

Las llantas tienen un relieve compuesto por 24 cabrios

LLANTAS

Las navcams crean imágenes 3D del terreno

UNIDAD DE ALMACENAJE DE MUESTRAS

Cámara montada en el brazo robótico toma primeros planos del terreno

Ruedas equipadas con radios de titanio

OTROS RÓVERES EN MARTE

El primer róver que aterrizó en Marte, en 1997, fue el Sojourner, un pequeño vehículo impulsado por energía solar que formaba parte de la misión Mars Pathfinder. Después se envió a los más grandes Spirit y Opportunity, en 2004, Curiosity (llamado el Laboratorio Científico de Marte) en 2012 y Perseverance, lanzado en 2020.

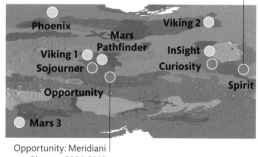

Spirit: cráter Gusev, 2004-2010

Phoenix

Viking 2

Mars Pathfinder

Viking 1

Sojourner

InSight

Curiosity

Opportunity

Spirit

Mars 3

Opportunity: Meridiani Planum, 2004-2018

○ Otras sondas de descenso

● Róveres de exploración de Marte

HONDA GRAVITACIONAL

Las Voyager dependían de la técnica de asistencia gravitatoria o efecto honda, que permite que un vehículo espacial altere su dirección y su velocidad, sin usar sus motores, cayendo en el campo gravitacional de un planeta en movimiento en el ángulo adecuado. Desde el punto de vista del planeta, la sonda se acerca y aleja a igual velocidad, pero en relación con el Sol y el sistema solar en conjunto, su velocidad se altera.

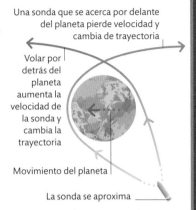

Una sonda que se acerca por delante del planeta pierde velocidad y cambia de trayectoria

Volar por detrás del planeta aumenta la velocidad de la sonda y cambia la trayectoria

Movimiento del planeta

La sonda se aproxima

¿POR QUÉ LA VOYAGER 1 NO FUE A URANO Y NEPTUNO?

La NASA quería que una de las dos sondas Voyager investigase Titán, la luna gigante de Saturno. Esto requería una trayectoria de acercamiento que pasara por debajo del polo sur de Saturno, lo que sacó a la sonda del plano del sistema solar.

Alineamiento planetario

Las misiones Voyager fueron posibles por un gran alineamiento de los cuatro planetas del sistema solar exterior a finales de los años setenta, que situó a Júpiter, Saturno, Urano y Neptuno a lo largo de una gran trayectoria en espiral. Esto, que solo ocurre una vez cada 175 años, hizo posible que las sondas sobrevolasen todos los planetas sin necesidad de grandes cantidades de combustible.

ÓRBITA DE NEPTUNO

ÓRBITA DE URANO

El gran viaje

Las dos sondas Voyager, lanzadas en 1977, nos dieron las primeras imágenes detalladas de los planetas gigantes del sistema solar exterior. Fue un viaje extraordinario que se conoce como Grand Tour.

Misiones interestelares

Aunque las sondas Voyager están mucho más allá de las órbitas planetarias, aún envían información valiosa sobre las condiciones en el límite del sistema solar. Allí es donde la heliosfera –la región llena de viento solar y partículas a altas velocidades provenientes del Sol– se funde con el espacio interestelar. Ambas sondas seguirán transmitiendo datos hasta que se agote su suministro de electricidad, a mediados de la década de 2020.

Onda de choque donde el viento solar se encuentra con el medio interestelar

Límite exterior de la heliosfera: heliopausa

Choque de terminación: donde el viento solar desciende a velocidades subsónicas

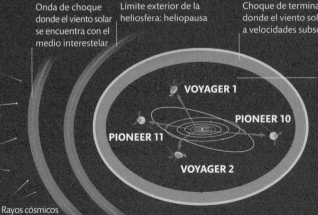

VOYAGER 1

PIONEER 10

PIONEER 11

VOYAGER 2

Rayos cósmicos galácticos

Flujo del viento solar hacia el exterior

Viajar más allá del sistema solar

Las Voyager no han sido las únicas sondas que han ido más allá del sistema solar. También lo hicieron las Pioneers 10 y 11 y la New Horizons.

Las sondas Voyager

Cada Voyager estaba construida en torno a un decágono (10 lados) que contenía los principales sistemas de la sonda y la mayoría de sus instrumentos científicos. Largas antenas emergían del cuerpo para medir los campos magnéticos y las ondas de radio, y una antena parabólica la comunicaba con la Tierra. Una plataforma dirigible en el extremo de una pértiga daba a las cámaras y otros instrumentos una visión de los planetas y las lunas.

Los espectrómetros miden la naturaleza térmica, estructural y compositiva de los objetivos

VOYAGER 2

Cada sonda lleva un disco de oro con una colección de datos sobre la Tierra

Radiadores para disipar el exceso de calor

Antena de alto rendimiento de 3,7 m

Propulsor de hidrazina

ANTENA

Generador termal de radioisótopos (fuente de electricidad) en la pértiga para evitar interferencias con los instrumentos

Pértiga con magnetómetro de bajo campo

El Voyager 1 realiza un sobrevuelo de Saturno y llega a Titán el 12 de noviembre de 1980

Sobrevuelo de Júpiter el 5 de marzo de 1979

La Voyager 1 se lanzó desde la Tierra el 5 de septiembre de 1977

La Voyager 2 se lanzó desde la Tierra el 20 de agosto de 1977

La Tierra

Sobrevuelo de Júpiter el 9 de julio de 1979

La Voyager 2 realiza un sobrevuelo de Saturno el 26 de agosto de 1981

Saturno

Urano

La Voyager 2 realiza un sobrevuelo de Urano el 24 de enero de 1986

Sobrevuelo de Neptuno el 25 de agosto de 1989

Neptuno

Debido a su encuentro con Titán, la Voyager 1 ya no es capaz de llevar a cabo más sobrevuelos

Las herramientas de la Voyager

Además de su magnetómetro y de su antena de radio, entre los principales instrumentos de la Voyager había una cámara óptica, espectrómetros para analizar la química de las atmósferas planetarias e instrumentos para detectar partículas en el espacio interplanetario.

Pinball planetario

Tras despegar desde la Tierra, las dos sondas Voyager sobrevolaron Júpiter y después Saturno. La Voyager 2 continuó hacia Urano y Neptuno, mientras que la Voyager 1 se desvió a una trayectoria que la sacó del plano del sistema solar.

VOYAGER 1

EL **25 DE AGOSTO DE 2012**, LA **VOYAGER 1** FUE EL **PRIMER OBJETO ARTIFICIAL** QUE ENTRÓ EN EL ESPACIO INTERESTELAR

Viaje a Saturno

Poner una sonda en la órbita de un planeta requiere una trayectoria muy diferente de un simple sobrevuelo. Para acercarse a Saturno en el ángulo correcto, Cassini realizó un vuelo de 7 años que necesitó varias maniobras asistidas por gravedad.

1 Venus asiste
En 1998 y 1999, Cassini realizó dos sobrevuelos de Venus. El primero aumentó su velocidad unos 7 km/s, pero tuvo que frenar mediante una ignición del motor para reorientarse y realizar un segundo sobrevuelo y obtener otro aumento de velocidad.

Segundo sobrevuelo de Venus

Primer sobrevuelo de Venus

2 Regreso a la Tierra
En agosto de 1999, Cassini sobrevoló la Tierra a una altitud de 1171 km. El orbitador obtuvo otro aumento de velocidad, de 5,5 km por segundo, y entró en el rumbo correcto para realizar un sobrevuelo de Júpiter.

ÓRBITA DE LA TIERRA

EL SOL

La sonda entra en una maniobra de reorientación sobre Venus

Lanzamiento de la sonda

Sobrevuelo de Cassini de la Tierra

El sobrevuelo de Júpiter incrementa la velocidad de Cassini

ÓRBITA DE JÚPITER

Orbitar Saturno

En los 13 años que Cassini pasó en Saturno, cambió su órbita varias veces con asistencias gravitacionales (principalmente de Titán) y ocasionales igniciones del motor para garantizar encuentros cercanos con las muchas lunas del planeta.

Trayectoria desde la Tierra

ENCUENTRO ENTRE HUYGENS Y TITAN

SATURNO

Cuarta órbita

Tercera órbita

Segunda órbita

Primera órbita

Órbita de Titán

Órbita de Japeto

El aparato llega a la órbita de Saturno

4 Llegada a Saturno
A mediados de 2004, Cassini logró llegar con éxito al sistema de Saturno y se valió de su motor principal en dos maniobras que rebajaron su velocidad y le permitieron descender a una órbita elíptica inicial del planeta.

3 Sobrevuelo de Júpiter
En diciembre de 2000, Cassini sobrevoló Júpiter a una distancia de 9,7 millones de kilómetros. Llevó a cabo investigaciones del planeta más grande del sistema solar y recibió un nuevo aumento de velocidad.

La sonda Cassini

La sonda Cassini, del tamaño de un autobús, sigue siendo el aparato no tripulado más complejo que la NASA ha enviado al espacio. Lanzada en 1997, orbitó Saturno entre 2004 y 2017 y envió mucha información sobre el planeta, sus anillos y sus lunas. La sonda transportaba el módulo de descenso Huygens, fabricado por la Agencia Espacial Europea (ESA, por sus siglas en inglés), que se posó en la luna Titán 5 meses después de la llegada de Cassini a la órbita. Al final de su misión, Cassini se dejó caer en la atmósfera de Saturno para evitar una posible contaminación de sus lunas.

Espectrómetro de masa para analizar partículas capturadas

Sonda Huygens antes de ser lanzada sobre Titán

Antena de bajo rendimiento

Antena de alto rendimiento

Cámaras cartográficas y espectrómetros

Motores duales principales

Los instrumentos de Cassini

Cassini llevaba muchos instrumentos. El radar le permitía ver más allá de la atmósfera de Titán y las cámaras de luz visible, infrarroja y ultravioleta captaron una enorme cantidad de información.

En la órbita de los gigantes

Los sobrevuelos del Grand Tour de los años ochenta (ver pp. 210-11) fueron seguidos por exploraciones más detalladas de los planetas gigantes Júpiter y Saturno mediante complejas sondas.

La misión Galileo

La sonda Galileo orbitó Júpiter desde 1995 a 2003 y llevó a cabo con éxito múltiples sobrevuelos del planeta y de sus cuatro lunas gigantes: Ío, Europa, Ganímedes y Calisto (ver pp. 68-71). Galileo rebajó su velocidad excesiva sin necesidad de la ignición de un retropropulsor gracias a la osada estrategia de aerofrenado, que consistía en reducir la velocidad al rozar las capas superiores de la atmósfera de Júpiter. Poco después de su llegada, Galileo lanzó una sonda atmosférica que atravesó en paracaídas las nubes de Júpiter y envió valiosa información sobre la composición de estas.

HUYGENS EN TITÁN

La sonda de descenso Huygens llevaba numerosos instrumentos científicos para investigar las condiciones de Titán. De forma única, esta sonda estaba diseñada para flotar, pues se preveían grandes lagos de hidrocarburos líquidos en la superficie de Titán.

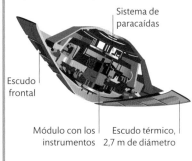

Sistema de paracaídas

Escudo frontal

Módulo con los instrumentos

Escudo térmico, 2,7 m de diámetro

SONDA HUYGENS

LOS **GASES** QUE RODEARON LA **SONDA GALILEO**, A **15 500 °C** DE **TEMPERATURA**, CONSUMIERON SU **ESCUDO TÉRMICO**

¿CÓMO DE GRANDE ERA LA SONDA CASSINI?

La sonda Cassini tenía 6,8 m de largo y 4 m de ancho y una masa de 2150 kg, sin contar los 3132 kg de propelente para los cohetes.

Sondeando la atmósfera de Júpiter

La sonda atmosférica entró en las gaseosas capas exteriores de Júpiter a una velocidad de 48 km/s. En 2 minutos, la sonda descendió a velocidades subsónicas antes de desplegar su paracaídas.

La sonda entra en la atmósfera de Júpiter

Se despliega el paracaídas principal, azotado por vientos de hasta 610 km/h

VIENTO

La sonda atraviesa una capa de nubes de pequeñas partículas condensadas

CAPA DE NUBES

El escudo térmico de la sonda se desprende durante el descenso

El contacto por radio cesa tras 78 minutos por las altas temperaturas de la atmósfera de Júpiter

INTERIOR DE JÚPITER

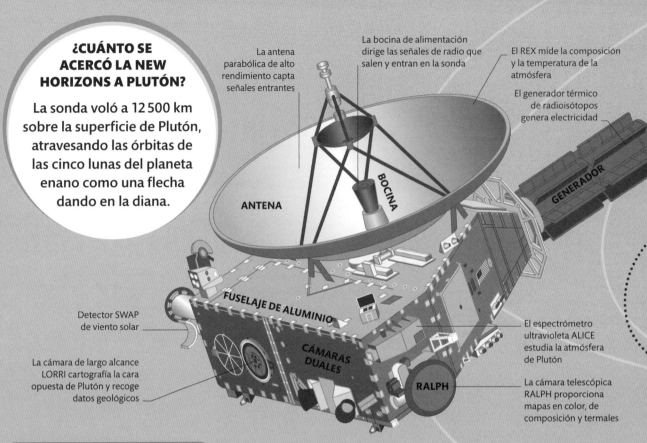

¿CUÁNTO SE ACERCÓ LA NEW HORIZONS A PLUTÓN?

La sonda voló a 12 500 km sobre la superficie de Plutón, atravesando las órbitas de las cinco lunas del planeta enano como una flecha dando en la diana.

La antena parabólica de alto rendimiento capta señales entrantes

La bocina de alimentación dirige las señales de radio que salen y entran en la sonda

El REX mide la composición y la temperatura de la atmósfera

El generador térmico de radioisótopos genera electricidad

ANTENA

BOCINA

GENERADOR

Detector SWAP de viento solar

FUSELAJE DE ALUMINIO

El espectrómetro ultravioleta ALICE estudia la atmósfera de Plutón

La cámara de largo alcance LORRI cartografía la cara opuesta de Plutón y recoge datos geológicos

CÁMARAS DUALES

RALPH

La cámara telescópica RALPH proporciona mapas en color, de composición y termales

---

NUEVA ETAPA

Tras su visita a Plutón, la NASA quería enviar la New Horizons a otro objeto del cinturón de Kuiper. El escaso combustible restante disminuía sus posibilidades, pero un pequeño ajuste de trayectoria le permitió sobrevolar un pequeño mundo llamado Arrokoth el 1 de enero de 2019.

EL TIEMPO PASA: 1 MINUTO

Acercamiento máximo a 3500 km

SOMBRA

Arrokoth sigue una órbita casi circular alrededor del Sol

En ruta a Plutón

La masa total de la New Horizons estaba limitada a 401 kg más el propelente de sus propulsores, así que la sonda solo tenía espacio para 30 kg de instrumentos. La electricidad era también un reto, pues la cantidad de combustible que podía llevar para generar corriente era limitada. Por suerte, los avances en microelectrónica permitieron equiparla con un total de siete instrumentos que necesitaban solo 28 vatios en conjunto.

El camino a Plutón

Un año después de dejar la Tierra, la New Horizons sobrevoló Júpiter, del que recibió una asistencia gravitatoria que aumentó su velocidad. Después entró en hibernación hasta finales de 2014, cuando fue despertada para prepararla para su cita con Plutón.

Transmitir datos

Enviar señales de radio desde los límites del sistema solar es un reto. El ancho de banda se necesita para los comandos más importantes y para la navegación, por lo que la New Horizons guardaba sus datos en grabadores de estado sólido y los enviaba cada varios meses.

	2015												2016											
OPERACIONES PRIMARIAS	01	02	03	04	05	06	07	08	09	10	11	12	01	02	03	04	05	06	07	08	09	10	11	12
	Aproximación a Plutón							Proceso de datos					Calibrado de instrumentos											

Navegación óptica (OpNav) #2

OpNav #3
Conexión con base

OpNav #4

Fase de partida

Proceso de los datos científicos

Proceso de los datos científicos

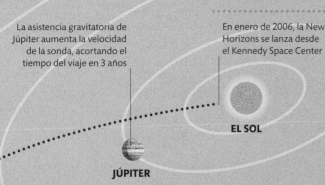

La asistencia gravitatoria de Júpiter aumenta la velocidad de la sonda, acortando el tiempo del viaje en 3 años

En enero de 2006, la New Horizons se lanza desde el Kennedy Space Center

EL SOL

JÚPITER

ENCUENTRO CON PLUTÓN

Órbitas de las lunas de Plutón

Trayectoria de la New Horizons

La New Horizons pasó junto a Plutón a una velocidad de más de 84 000 km/h. El aparato tomó detalladas fotografías de Plutón, estudió su atmósfera y midió su masa.

Hacia Plutón

Pese a que ya no está clasificado como planeta, Plutón es uno de los objetos de mayor tamaño del cinturón de Kuiper (ver pp. 82-83), en el límite de nuestro sistema solar. En 2006, la NASA lanzó la sonda New Horizons, que pretendía llegar a este planeta enano mientras aún estaba cercano al Sol.

PLUTÓN

Sobrevuelo de Plutón en julio de 2015

Planear la misión

La órbita alargada de Plutón hace que su distancia (y la facilidad para llegar a él desde la Tierra) varíe mucho. Además, se preveía que las condiciones de la superficie de este planeta enano cambiarían considerablemente dependiendo de la cantidad de luz que llegase desde el Sol. Como Plutón estaba alejándose desde la posición más cercana al Sol, que se produjo en 1989, era crucial que la sonda fuera ligera y rápida.

LA **NEW HORIZONS** ES EL **VEHÍCULO ESPACIAL MÁS RÁPIDO** LANZADO DESDE LA TIERRA: **SALIÓ DE NUESTRA ÓRBITA** A 16 KM/S

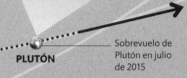

Impulso de lanzamiento

Para enviar la New Horizons a la suficiente velocidad, se utilizó un cohete de configuración especial. Era un potente Atlas 5b de dos etapas con cinco propulsores auxiliares de combustible sólido agrupados en la base –algo sin precedentes– y rematado por una tercera etapa Star 48B. Esto le permitió, en solo 45 minutos, alcanzar la velocidad necesaria para salir del sistema solar.

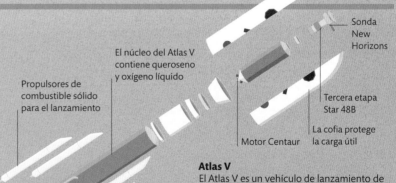

El núcleo del Atlas V contiene queroseno y oxígeno líquido

Sonda New Horizons

Propulsores de combustible sólido para el lanzamiento

Tercera etapa Star 48B

La cofia protege la carga útil

Motor Centaur

Atlas V
El Atlas V es un vehículo de lanzamiento de gran rendimiento que consiste en la primera etapa Atlas V y una segunda etapa Centaur, ayudadas por varios propulsores auxiliares de combustible sólido en la base.

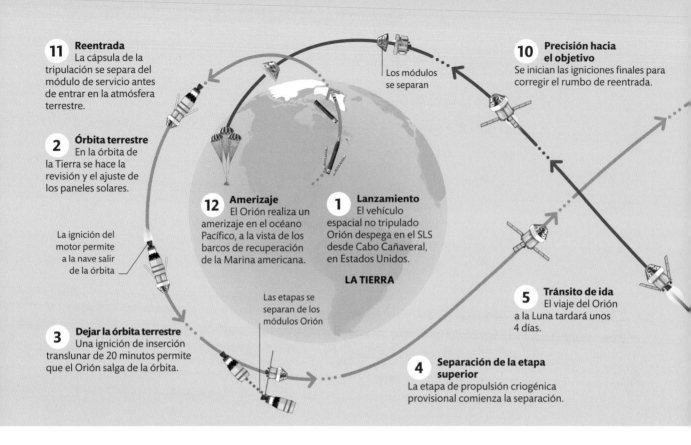

11 Reentrada
La cápsula de la tripulación se separa del módulo de servicio antes de entrar en la atmósfera terrestre.

Los módulos se separan

10 Precisión hacia el objetivo
Se inician las igniciones finales para corregir el rumbo de reentrada.

2 Órbita terrestre
En la órbita de la Tierra se hace la revisión y el ajuste de los paneles solares.

La ignición del motor permite a la nave salir de la órbita

12 Amerizaje
El Orión realiza un amerizaje en el océano Pacífico, a la vista de los barcos de recuperación de la Marina americana.

1 Lanzamiento
El vehículo espacial no tripulado Orión despega en el SLS desde Cabo Cañaveral, en Estados Unidos.

LA TIERRA

Las etapas se separan de los módulos Orión

3 Dejar la órbita terrestre
Una ignición de inserción translunar de 20 minutos permite que el Orión salga de la órbita.

5 Tránsito de ida
El viaje del Orión a la Luna tardará unos 4 días.

4 Separación de la etapa superior
La etapa de propulsión criogénica provisional comienza la separación.

La nave del futuro

En el futuro, los astronautas viajarán en vehículos espaciales, desde transbordadores comerciales que entrarán y saldrán de la ISS, o cápsulas suborbitales para el turismo espacial, hasta vehículos para explorar las regiones más lejanas del sistema solar.

LA **VARIANTE BLOCK 2** DEL **SLS** PODRÁ PONER EN LA ÓRBITA TERRESTRE **130 TONELADAS**

El MPCV Orión

El Orión, vehículo tripulado de traslado multipropósito (MPCV, por sus siglas en inglés), es una nueva y versátil nave diseñada por la NASA para llevar a cabo una gran variedad de misiones de exploración. Parece una versión más grande de una nave Apolo y podrá llevar entre cuatro y seis astronautas en misiones de hasta 21 días sin soporte. Será lanzado en lo alto del nuevo sistema de lanzamiento espacial (SLS) de la NASA.

Sucesor del Saturno V

El SLS, inicialmente desarrollado a partir de elementos ya puestos a prueba en el programa de la NASA del transbordador espacial, puede configurarse en diferentes bloques, el más potente de los cuales puede poner en órbita una carga útil un 20 por ciento más pesada que el cohete Saturno V.

SATURNO V SLS

Módulos del Orión

Los propulsores de combustible sólido caen cuando se agotan

Cuatro motores

6 Igniciones de trayectoria
Los motores el Orión corregirán su rumbo para su acercamiento final a la Luna.

Los paneles solares generan electricidad mientras orbita la Luna

7 Entrar en la órbita
Antes de la inserción orbital, existe la posibilidad de un sobrevuelo.

LA LUNA

Órbita distante retrógrada

En un vuelo de prueba, el Orión regresa sin enviar a la Luna el módulo de descenso

9 Tránsito de regreso
El Orión mantiene una trayectoria de regreso a la Tierra, con igniciones del motor para corregir el rumbo.

La ignición del motor saca al Orión de la órbita lunar

8 Dejar la órbita lunar
El Orión inicia una ignición para salir de la órbita lunar y regresar a la Tierra.

El futuro de la exploración lunar

El Orión y el SLS son la base del programa Artemis, de la NASA, un plan para regresar a la Luna en 2024. El programa quiere establecer una estación de tránsito en la órbita de la Luna, nuevos transbordadores de carga para llevar suministros y el Sistema de Aterrizaje Humano, que llevará hombres y mujeres a la superficie del polo sur lunar y les dará soporte durante una semana.

Primer paso hacia la Luna
La primera misión Artemis 1 es un vuelo no tripulado para poner a prueba componentes clave del SLS y del Orión en la Tierra y en la órbita lunar.

MÓDULOS DE TRIPULACIÓN Y DE SERVICIO

El vehículo espacial Orión consta de dos elementos principales: una cápsula tripulada reutilizable y un módulo de servicio desechable construido por la Agencia Espacial Europea.

Sistema de acoplamiento automático

Los propulsores de monopropelente controlan la orientación

Conector umbilical para acoplarse al módulo de servicio

MÓDULO DE TRIPULACIÓN

Escudo térmico para la reentrada

MÓDULO DE SERVICIO

Sistema de control de actitud para maniobras orbitales

Paneles solares para generar electricidad

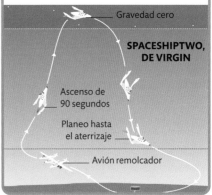

TURISMO ESPACIAL

En la próxima década veremos cómo varias compañías ofrecerán turismo espacial. La primera apuesta de Virgin Galactic es la SpaceShipTwo, una cápsula reutilizable parecida a un transbordador que se lanza desde un avión y se impulsa hasta el borde del espacio mediante cohetes antes de dejarse caer de nuevo a la Tierra.

Gravedad cero

SPACESHIPTWO, DE VIRGIN

Ascenso de 90 segundos

Planeo hasta el aterrizaje

Avión remolcador

Índice

Agradecimientos

DK quiere agradecer a las personas siguientes su ayuda en la preparación de este libro: Giles Sparrow por su ayuda en la planificación de la lista de contenidos; Helen Peters por preparar el índice; Katie John por la revisión de los textos; Harish Aggarwal, por el diseño de página sénior; Priyanka Sharma, por coordinar la edición de la cubierta, y Saloni Singh, por dirigir la edición de la cubierta.